智慧水利

苑希民　王秀杰　田福昌　编著

内容提要

智慧水利是伴随着我国新时代水利高质量发展而诞生的一门新兴学科，充分体现了水利工程、计算机科学与技术、地理信息系统、人工智能等多学科交叉特征，故亟须编撰涵盖该学科基础理论、技术方法和典型案例的专业教材。本书内容共分为10章，包括概述、智慧水利框架与建设内容、水利数字孪生平台、智慧水利“2+N”应用系统、水利工程智慧管理信息系统、水利智能通信网络系统、人工智能理论与应用、大型水库灌区智慧系统示范、典型流域智慧系统示范和典型河道智慧系统示范等。

本书可作为高等学校水利水电工程、智慧水利等专业的教材，也可供防汛应急决策、洪水风险管理、水利信息化等方面的研究人员参考使用。

图书在版编目(CIP)数据

智慧水利 / 苑希民, 王秀杰, 田福昌编著. -- 天津: 天津大学出版社, 2024.4 (2024.8 重印)
ISBN 978-7-5618-7659-6

Ⅰ. ①智… Ⅱ. ①苑… ②王… ③田… Ⅲ. ①智能技术－应用－水利工程－研究－中国 Ⅳ. ①TV-39

中国国家版本馆CIP数据核字(2024)第041658号

出版发行 天津大学出版社
地　　址 天津市卫津路92号天津大学内（邮编:300072）
电　　话 发行部:022-27403647
网　　址 www.tjupress.com.cn
印　　刷 北京虎彩文化传播有限公司
经　　销 全国各地新华书店
开　　本 787mm×1092mm　1/16
印　　张 13.75
字　　数 343千
版　　次 2024年4月第1版
印　　次 2024年8月第2次
定　　价 58.00元

前　言

水是生命之源、生产之要、生态之基。人类社会的生存和发展，需要不断适应、利用、改造和保护水环境。水利事业随着社会生产力的发展而不断发展，并成为人类社会文明和经济发展的重要支柱。历史上，人类利用自身的智慧和才能，积极修建水利工程，治理水旱灾害，造福广大人民，取得了一系列巨大成就。20世纪，随着社会经济的快速发展，以及系统论、控制论、信息论等新理论和电子计算机、地理信息系统、遥感、微波通信等新技术的出现，水利事业进入蓬勃发展时期。进入21世纪，以信息化技术为支撑，通过应用云计算、大数据、物联网、移动终端、人工智能等新兴技术，智慧水利应时而生。

智慧水利是水利信息化的新发展阶段，是落实水利十大业务需求分析、补短板和强监管的重要抓手，是水利业务流程优化再造的驱动引擎、水利工作模式创新的技术支撑，也是推进水治理体系和治理能力现代化的客观要求。为进一步推进算据、算法、算力建设，加快构建具有预报、预警、预演、预案功能的智慧水利体系，本书从智慧水利框架、水利数字孪生平台、智慧水利"2+N"应用系统、水利工程智慧管理信息系统等方面深入介绍智慧水利的技术方法体系以及智慧水利应用系统示范等内容。本书内容翔实、逻辑清晰，可使读者较容易地了解智慧水利的发展历程、技术方法及应用实践等方面的内容。

本书内容共分为10章。第1章简述智慧水利产生背景、基本概念、发展历程及技术进展等内容；第2章主要对智慧水利的目标与框架、建设内容和应用功能等内容进行阐述；第3章深入介绍水利数字孪生平台组成，包括2D+3D数字平台、水利信息智能图谱、GIS+BIM融合场景、水利信息管理系统及水利信息展示系统等内容；第4章介绍智慧水利"2+N"应用系统，包括防洪管理"四预"系统以及水资源预测、预警、优化配置等水资源智慧管理系统以及供水系统、水环境管理系统等；第5章介绍水利工程智慧管理信息系统，包括项目管理、施工管理、运维管理及工程档案管理等；第6章主要介绍水利智能通信网络系统的架构、方式、汇集等内容；第7章主要介绍人工智能理论与应用，包括人工智能理论与方法、洪水智能预报系统、水资源智能优化调度系统、水情遥测智能识别系统等；第8、9、10章主要介绍智慧水利应用，包括大型水库灌区智慧系统示范、典型流域智慧系统示范及典型河道智慧系统示范等。

本书得到国家重点研发计划项目（2022YFC3202501）、国家自然科学基金（52309103）、水利部堤防安全与病害防治工程技术研究中心开放课题基金（LSDP202201）、承德市应用技术研究与开发暨可持续发展议程创新示范区专项科技计划项目（202305B009）的联合资助，在编写过程中参考和引用了国内外相关论文和网站资料，在此向资助单位和文献作者表示衷心感谢！由于编者学识水平所限，书中不足之处在所难免，敬请专家学者和广大读者批评指正。

编者

目　录

第 1 章　概述

1.1　背景综述

水安全是涉及国家长治久安的大事。党的十八大时期，习近平总书记提出了“节水优先、空间均衡、系统治理、两手发力”的治水思路，先后对水利工作发表了一系列重要讲话，做出了一系列重要指示批示，指导治水工作实现了历史性转变，国家水安全保障能力显著提升，为决胜全面建成小康社会提供了有力支撑。随着水利进入新发展阶段，高质量发展已成为水利工作的主题。高质量发展是完善、准确、全面贯彻新发展理念的重要体现，网信事业代表着新的生产力和新的发展方向，应该在践行新发展理念上先行一步。

党的十九大时期，党中央、国务院对实施网络强国战略做出全面部署。习近平总书记指出“没有网络安全就没有国家安全，没有信息化就没有现代化”，并提出了一系列新思想、新观点、新论断，形成了习近平总书记关于网络强国的重要思想。党的十九届五中全会对数字中国建设做出一系列重要部署，指出要加强数字社会、数字政府建设，提升公共服务、社会治理等数字化、智能化水平。进入新发展阶段，我国产业数字化、网络化、智能化转型升级加速，智慧化已成为衡量行业发展水平的重要指标，以信息化驱动现代化已成为各行业的必经之路。当前，水利网信事业仍面临瓶颈，主要体现在透彻感知能力不足，信息基础设施“算力”欠缺，信息资源开发和整合共享有待提高，业务应用智能水平差距较大，网络安全防护能力不足，公共服务水平有待提高，保障体系有待完善等方面。水利作为经济社会发展的基础性行业，必须突破自身发展瓶颈，充分利用新一代信息技术驱动水利现代化，将智慧水利建设作为推动新阶段水利高质量发展的实施路径之一大力推进。

《中华人民共和国国民经济和社会发展第十四个五年规划和 2035 年远景目标纲要》提出了构建智慧水利体系的明确要求。智慧水利工程也被列入国务院常务会议研究审议通过的 150 项重大水利工程。加快推进智慧水利建设不仅是对表对标习近平总书记一系列重要讲话精神的集中体现，也是推动新阶段水利高质量发展的必然要求。

以习近平新时代中国特色社会主义思想为指导，按照国家信息化建设的指导方针，紧密围绕水利现代化建设要求，坚持“统一设计标准，先进安全实用，分级建设管理，资源充分共享”的原则，贯彻党的二十大“防范化解重大风险，站在人与自然和谐共生的高度谋划发展”的要求，高起点、高标准地推进智慧水安全和水生态环境保护建设，推动水利信息化技术升级，提高水利现代化管理水平，更好地服务于经济社会可持续发展。

1.2　基本概念

智慧是一个十分抽象的概念，一般特指生物所具有的自主性、创造性的思维活动能力。

IBM 的“智慧地球”概念是从智慧型基础设施建设入手，将传感或感应装置嵌入各种人类赖以生存、生活的基础设施中，如输用电设备和线路、交通基础设施和运输工具、桥梁大坝以及供水系统设备等，然后将这些具备传感功能的物体或设备相互连接，形成一种“物联网”。在此基础上，再将这种“物联网”与以计算机为载体的“互联网”相融合，形成人与物两个系统间的信息联通。智慧水利是在“智慧地球”概念基础上延伸出来的一个子概念，是水利领域基于新一代信息技术从数字化、智能化到智慧化的发展过程，是水利信息化的高级阶段。从某种程度来说，智慧水利属于“智慧地球”大系统的一个组成部分，是以水利领域新一代信息技术应用为基础构建的一种高度智能化的水利信息管理系统。

智慧水利是利用新一代信息技术，如云计算、大数据及人工智能等，使水利对象在运行过程中所产生的信息能够被自动感知、记忆、存储和分析判断，并通过数据信息的广泛共享和集中管理，实现物联网和互联网的资源整合，进而为水利业务提供更为精准、专业的智能分析和泛在服务，全面提升水利管理和决策的水平。从这个角度来说，智慧水利主要包括以下四个方面的特征。

①具备对水利对象全要素的感知能力。能够全面感知水利对象的各种状态指标是智慧水利的基本特征。地面监测站、卫星遥感及无人机遥感监测等构成的天空地一体化监测感知体系，是实现对各种类型的水利对象进行全要素感知的基础。

②水利物联网的形成以及与互联网的深度融合。水利物联网的形成是智慧水利的重要特征之一，不但要将各种类型的水利对象连通形成网络，同时要与互联网进行深度融合，实现水利系统各种数据的全面整合以及和互联网信息平台的互联互通。

③水利信息跨平台、跨系统分享和资源整合。水利系统是一个十分复杂、庞大的综合性系统，智慧水利应具备跨系统、跨平台的数据信息分享和整合能力，才能在更高层次和更大空间范围内实现高效、智能的数据分析和挖掘，进而为水利业务提供更为全面、精准的信息服务支持。

④能够通过利用机器学习、深度学习等技术具备解决复杂水利问题的能力，能够结合水利水文专业模型与知识，实现场景式态势智能推演，为水利决策提供科学依据。

1.3 发展历程

智慧水利作为一种新的水利管理模式，利用现代信息技术手段对水资源进行监测、管理和运营。智慧水利的发展经历了以下四个阶段。

1.3.1 前期阶段（2000 年之前）

在 2000 年之前，我国由于信息化技术尚未成熟，传统的水利管理模式仍占主导地位，主要采用人工或单一仪器进行监测和管理，信息技术应用范围有限。

1.3.2 起步阶段（2000—2010 年）

进入 21 世纪以来，随着信息技术的发展，2000—2010 年智慧水利逐渐兴起，主要应用于水资源监测、水文预报、防洪调度等领域。同时，出现了大规模的水利数据中心和数字化水利应用平台。

国家对于水利信息化建设一直都十分重视,从“十五”时期开始,水利部便对水利信息化建设进行了总体部署,多年来在水利信息化建设方面所取得的成果为智慧水利的发展打下了坚实的基础。早在 2003 年,水利部就发布了第一部全国性的水利信息化发展规划,即《全国水利信息化规划》(即“金水工程”规划),为在全国水利系统开展水利信息化建设提供了指引和统筹安排。

1.3.3 快速发展阶段(2011—2019 年)

2011—2019 年,数字水利快速发展,广泛应用于水资源调度、供水调配和水文信息更新等方面。各级水利部门大力推动物联网、大数据、人工智能(Artificial Intelligence, AI)和遥感(Remote Sensing, RS)等信息技术与水利业务融合创新,不断跟踪新技术、使用新技术,积极探索第五代移动通信技术(5G)、区块链和北斗卫星等新技术应用,驱动水利转型升级。

水利部发布了 51 项智慧水利典型案例和解决方案,选择了 11 家单位开展 36 项任务的智慧水利先行先试。面对突如其来的新冠肺炎疫情,各级水利网信部门利用信息技术迅速补位,视频会议、网上办公、自动监测、远程查勘、网络培训等成为常态化应用。黄委利用 3S(RS、GPS 及 GIS)、云计算、移动互联网等技术研发“清河行动”调度指挥和综合服务平台。浙江实现全省水利政务线上办、掌上办和不跑腿三个 100%。福建在全国率先推动省级数字水安视频监视,建立了统一的水利视频监视融合云平台。宁夏致力于解决“农村供水最后 100 米”问题,探索形成“互联网+农村供水”新模式。无人驾驶智能碾压技术在引汉济渭工程大规模应用,智能温控系统为大藤峡混凝土工程质量保驾护航。广西左江治旱驮英水库及灌区工程综合管理信息系统、黄河宁夏段堤坝安全监测与智能管理系统、建筑信息模型(Building Information Modeling, BIM)技术助力引江济淮工程、珠三角水资源配置工程,实现工程建设与管理全生命周期数字化。宁波动态洪水风险图支撑洪水灾害防御精细管理等。

1.3.4 智慧水利阶段(2020 年至今)

自 2020 年以来,智慧水利的技术不断升级,大数据、人工智能等领域的应用更加广泛和深入,智慧水利的管理范围也不断扩大,包括涉水环节的灾害监测等方面。

“十四五”时期是乘势而上开启全面建设社会主义现代化国家新征程、向第二个百年奋斗目标进军的第一个五年,是加快生态文明建设和经济高质量发展的攻坚时期,也是深入贯彻“节水优先、空间均衡、系统治理、两手发力”的治水思路、落实习近平总书记关于网络强国的重要思想的关键时期。站在新的历史起点,我国进入新发展阶段,国家信息化战略和治水方略的部署要求、水安全保障的迫切需求、信息技术的快速发展,都对智慧水利建设提出了新的更高要求。

未来,随着相关技术的不断更新和完善,智慧水利行业的应用将进一步拓展,成为推动水利工作现代化的重要手段,为保护和发掘水资源提供科技支持。

1.4 技术进展

1.4.1 物联网传感技术

物联网传感技术是智慧水利发展的关键基础支撑技术之一。水利系统拥有十分庞大、复杂的运行体系，水利对象复杂多样，要实现万物互联，对传感技术提出了较高的要求，很多水利对象所要感知的性能指标和参数不仅包括一些常规项（如温度、湿度、位置变化等），还包括一些特殊的性能指标（如强度、浓度等），这使传感器的种类及应用精度成为关键技术问题。就目前来说，智慧水利的主要应用场景包括城市供水、农业灌溉、河湖水质监测、水工建筑安全监控、洪旱灾害风险评估与预警等，水利对象感知所涉及的传感器类型包括温度传感器、湿度传感器、水位传感器、压力传感器等。一些水利对象感知所要求的传感精度并不是很高，如使用场景十分广泛的液位传感器、压力传感器、温度传感器等，目前基本能够实现低成本、大范围的应用；在一些应用场景中涉及感知精度要求较高且感知类型较为特殊的水利对象，这些传感器一般应用于精密测量，造价高昂，大面积应用尚难以做到低成本和高精度的平衡。

1.4.2 大数据技术

基于水利领域物联网和互联网深度融合的智慧水利，在水利业务各项工作开展过程中必将产生海量的数据信息，这些数据的传输、存储和分析挖掘技术是智慧水利发展所需要的关键技术。水利系统的数据来源主要包括三个方面，即人、物和环境。人的数据主要是指人在水利业务各项活动中产生的数据信息，包括经济信息、管理信息等；物的数据主要是指自然或非自然的水利对象，如水利基础设施、设备等在运行过程中产生的数据信息；环境的数据则主要是指影响水利对象状态的各种自然环境数据和人工环境数据，如气象数据、流域地质和水文数据、水体生态环境数据等。所谓智慧水利，是在对水利系统各类数据进行大范围采集的基础上进行的传输、存储和分析处理，进而提高水利治理的智能化水平。对水利对象的透彻感知是实现数据大范围、大规模采集的基础，而数据的传输、存储和分析处理则是实现水利自动化、智能化、智慧化管理的核心所在。目前，国家智慧水利在构建全面透彻的天空地一体化感知网络方面取得了有效进展，但在确保感知水利大数据高效传输和安全存储，以及大数据分析处理必需的存储和算力研究方面还有待进一步的技术突破。

1.5 智能应用体系

充分利用水利十大业务需求分析成果，重点突出防洪、供水、生态修复、水利信息化等工程短板和加强江河湖泊、水资源、水工程、水土保持、资金、政务等业务监管需求，基于信息融合共享、工作模式创新、流程协同优化、应用敏捷智能等新时代水利业务应用思路，在整合优化现有的水利业务应用系统的基础上，充分运用水利大脑提供的大数据分析、机器学习、遥感解译、水利模型等平台能力，构建涵盖水资源、水生态水环境、水旱灾害、水工程、水监督、水行政、水公共服务等核心业务的水利智能应用。

1.5.1 水资源智能应用

围绕“合理分水、管住用水”两大工作目标及节水型社会建设、保障城乡供水安全等重点工作，以解决水资源短缺、水生态损害等突出问题为导向，在国家水资源监控能力建设、国家地下水监测工程等基础上，扩展业务功能、汇集涉水大数据、提升分析评价模型智能水平，构建水资源智能应用，支撑水资源开发利用、城乡供水、节约用水等业务。

1.5.2 水生态水环境智能应用

围绕河湖长制、水域岸线管理、河道采砂监管、水土保持监测监督治理等重点需求，在全国河湖长制管理信息系统、水土保持监测系统、水土保持监督管理系统、重点工程管理系统等基础上，运用高分遥感数据解译分析、图像智能分析、边缘计算等技术，构建水生态水环境智能应用，支撑江河湖泊、水土流失等管理业务。

1.5.3 水旱灾害智能应用

围绕水情旱情监测预警、水工程防洪抗旱调度、应急水量调度、防御洪水应急抢险技术支持等重点工作，在国家防汛抗旱指挥系统、全国重点地区洪水风险图编制与管理应用系统、全国山洪灾害防治非工程措施监测预警系统、全国中小河流水文监测系统等基础上，运用分布式洪水预报、区域干旱预测等水利专业模型，提高洪水预报能力，开展旱情监测分析，强化水情旱情预警和工程联合调度，构建水旱灾害智能应用，支撑洪水、干旱等业务。

1.5.4 水工程智能应用

围绕工程运行管理、工程运维、项目建设管理、建设市场监督等重要工作，强化工程建设综合管理，充分整合水利工程运行管理系统、全国水库大坝基础数据管理信息系统、全国农村水电统计信息管理系统、水利规划计划管理信息系统、水利建设与管理信息系统、全国水利建设市场监管服务平台、水利安全生产监管信息系统，强化运行全过程监管，推进建设全流程管理，加强建设市场监管，构建水工程智能应用，支撑水利工程安全运行，水利工程建设等业务。

1.5.5 水监督智能应用

围绕监管信息预处理、行业监督稽查、安全生产监管、工程质量监督、项目稽查和监督决策支持、水行政执法业务等重点工作，整合水利安全生产监管信息系统、水利督查平台等，推进行业监督与专业监督信息互通，扩展质量监督、决策支持等功能，分门别类建立问题台账，实现行业监督检查、安全生产监管、质量监督、项目稽查等业务工作中问题发现上报、筛选分类、情况核实、整改反馈、跟踪复查、责任追究、统计分析、预测决策等环节的全流程支撑，提升监督水平和处置效率，推进水利监督体系现代化。

1.5.6 水行政智能应用

围绕综合办公、规划计划、资产、财务、人事、移民与扶贫、标准化、科技、出国团组等行政事务管理需求,以提升行政效能和决策支持能力为目标,采用自主可控的技术路线,优化完善升级现有应用系统,构建水行政智能应用,实现水利政务、水利移民、水利扶贫、项目规划、财务、机关等智慧化管理。

1.5.7 水公共服务智能应用

围绕政务服务全国“一网通办”,整合公众服务事项,融合业务应用,建设互联网+水利政务服务平台;建立精准化政务需求交互模式,建立用户行为感知系统、智能问答系统,创新优化智能自动化服务应用;运用移动互联、虚拟/增强现实、互联网+、用户行为大数据分析等技术,创新构建个性化水信息服务、动态水指数服务、数字水体验服务、水智能问题服务、一站式水政务服务,全面提升社会各界的感水知水能力、节水护水人文素养、管水治水服务水平。

1.5.8 综合决策智能应用

围绕政府监管、江河调度、工程运行、水利政务等综合管理决策需要,横向打通水资源、水灾害、水生态水环境、水工程、水监督、水公共服务、水行政等水利业务智能应用,利用多源融合、纵横联动、共享服务的水利大数据,运用水利大脑的学习算法库、机器认知库、知识图谱、水利模型库等提供的智能支撑能力,通过多业务联动的大数据分析与计算,构建综合决策类智能应用。

1.5.9 综合运维智能应用

围绕智慧水利感知网、水利信息网、水利大脑、智能应用等运维管理需求,优化完善现有运维系统,利用大数据、AI、可视化、虚拟现实(Virtual Reality, VR)等新技术,构建一体化综合运维智能应用(Artificial Intelligence for IT Operations, AIOps),实现运维对象全覆盖、运维人员全覆盖、运维流程全覆盖、运维状态可视化、运维预警精准化、运维处置自动化、运维决策数据化。

1.5.10 区域特色及重点领域智能应用

全国地理分区的水利发展要求和短板差异明显,东北地区节水增粮任务重,界河水资源开发利用潜力较大;黄淮海平原水资源承载能力低,水生态环境保护和修复压力大;长江中下游地区防洪排涝能力亟待提升,华南地区供水骨干网络尚未形成,西北地区资源性缺水和水生态环境问题破解难度大,西南地区工程性缺水依然突出。因此,各个区域面临的主要问题及构建的智能应用各有侧重。

第2章　智慧水利框架与建设内容

2.1　目标与框架

2.1.1　指导思想

以习近平新时代中国特色社会主义思想和党的十九大精神为指导，牢固树立创新、协调、绿色、开放、共享的新发展理念，按照建设网络强国、数字中国、智慧社会的总体部署，积极践行“节水优先、空间均衡、系统治理、两手发力”的治水方针，聚焦新老水问题，贯彻“水利工程补短板、水利行业强监管”的水利改革发展总基调和“安全、实用”的水利网信发展总体要求，坚持问题导向，补齐信息化短板，构筑网络安全防线，支撑行业强监管，加快推进智慧水利，明显提升水利信息化水平，为国家水治理体系和治理能力现代化提供有力支撑与强力驱动。

智慧水利是运用云计算、大数据、物联网、移动互联网和人工智能等新一代信息技术，对水利对象，如河流、湖泊、地下水等自然对象，水库、水电站、水闸、堤防、灌区等水利工程对象，以及挡水、蓄水、泄水、取水、输水、供水、用水、耗水和排水等水利管理活动进行透彻感知、网络互联、信息共享和智能分析，为水旱灾害防范与抵御、水资源开发与配置、水环境监管与保护、河湖生态监督与管理等水利业务提供智能处理、决策支持和泛在服务，驱动水利现代化的新型业态。实现智慧水利要做到五个转变：一是信息化作用从支撑保障到驱动引领的转变；二是服务方式从被动响应到主动应对的转变；三是工作模式从流程复制到流程优化的转变；四是建管方式从分建专用向共建共享的转变；五是监管方式从传统人工到智能自动的转变。

2.1.2　建设目标

2010年3月，水利部党组提出要将智慧水利作为新阶段水利高质量发展的显著标志大力推进。按照水利部党组决策部署和工作要求，水利部网络安全与信息化领导小组办公室组织编制《智慧水利建设顶层设计》，于2010年10月由中华人民共和国水利部正式发布，指出智慧水利建设目标要求、总体框架、建设路线、建设布局、建设安排等。

1. 总体目标

充分运用云计算、大数据、物联网、移动互联、人工智能等新一代信息技术，强化水利业务与信息技术深度融合，深化业务流程优化和工作模式创新，构建覆盖全国江河水系、水利工程设施体系、水利管理运行体系的基础大平台，建立水利部、流域管理机构和省级水行政主管部门三级物理分布，逻辑统一且服务于各层级、各领域水利业务的水利大数据，建立涵盖洪水、干旱、水利工程安全运行、水利工程建设、水资源开发利用、城乡供水、节水、江河湖泊、水土流失和水利监督等水利主要业务的应用大系统，建立多层级、一体化、主动感知、智能防御的网络大安全，加快推进智慧水利建设，促进水利信息化提档升级，为国家水治理体系和治理能力现代化提供有力支撑与强力驱动。

2. 阶段目标

（1）到 2021 年，补齐水利信息化突出短板，提升强监管支撑能力

初步构建天空地一体化监测感知网，基本实现网络全面互联、数据融合共享、数据深度挖掘分析和关键业务智能应用，基本建成水利网络安全防护体系，力争三年时间加快补齐水利信息化突出短板，提升强监管支撑能力，具体目标如下。

1）建成省级以上水利网络安全防护体系

水利关键信息基础设施等级保护达标率达到 100%，三级以上信息系统等级保护达标率达到 90%。推进水利部、流域管理机构和省级水利网络安全态势感知网建设。

2）初步建成天空地一体化的水利监测感知网

充实优化水文站网，推进应用先进技术手段和仪器设备，加快现有水文测站提档升级，30%以上水文测站实现自动监测，其他水文测站基本实现自动监测。覆盖全国的高分卫星遥感影像实现每年更新 4 次。水利视频集控平台基本实现流域和省级平台接入。

3）构建高速互联的水利信息网

县级以上水行政主管部门及其主要技术支撑单位网络和高清视频会议系统全联通，骨干网带宽达到 100 Mbit/s、流域省区网带宽达到 50 Mbit/s、地区网带宽达到 30 Mbit/s。应急水利监测通信保障能力显著提升。

4）基本建成水利数据共享分析服务体系

基本建成水利大数据中心中央节点和省级节点，实现水利数据行业内外共享，水利一张图得到全面应用，基本实现水利部、流域管理机构、省级水利数据联动更新，水利数据得到全面分析处理和挖掘应用。

5）基本建成高效协同的水利业务应用体系

人工智能等新技术得到应用，初步建成水利应用支撑平台和智慧使能平台，省级以上水利部门十大业务基本实现流程优化、业务协同和部分领域智能应用。

6）提供较为丰富的水利公共服务产品

水利政务服务事项实现全流程网上办理和移动服务，打造并推广“水利一张图公众版”“水利易搜”“水利融媒体”等品牌服务。

（2）到 2025 年，全面提升水利数字化、网络化水平，明显提升重点领域智能化水平

建成水利行业全覆盖的天空地一体化水利感知网和高速安全的新一代水利信息网，建成全面支撑水利业务应用的大数据中心，水利业务智能应用体系和网络安全防护体系全面形成，水公共服务能力全面提升，具体目标如下。

1）全面构建网络安全防护体系

建成覆盖水利部门、关键信息基础设施运行管理单位的网络安全态势感知平台，形成覆盖各级水利部门的网络安全信息通报机制和应急响应体系。

2）建成天空地一体化水利感知网

重要江河湖泊水文测站覆盖率超过 95%，水库水雨情自动监测覆盖率超过 95%，大中

型水库安全监测覆盖率超过 90%，水利部视频集控平台级联接入流域和省级平台超过 95%，物联网、无人机、遥感技术得到全面应用。

3）建成新一代水利信息网

基于 IPv6 的新一代水利信息网全面建成，实现各级水行政主管部门、各级各类水利企事业单位网络高速互联互通，实现各级水行政部门及水管理单位视频会议全覆盖。

4）建成水利大数据中心

大数据在水利各业务领域得到全面深入应用，形成 2 500 个计算节点和 500 PB 存储能力，水利基础数据业务化实时更新，水利业务数据业务化实时汇集，卫星遥感数据年度实现月度更新并提供业务化实时服务，实现业务化的大数据治理，建成功能强大的水利大数据中心，省级水行政主管部门水利大数据实现快速发展。

5）全面提升水利智能应用水平

建成水资源、水生态水环境、水灾害、水工程、水监督、水行政、水公共服务、综合决策、综合运维等九类智能应用，全面支撑水利十大业务，支撑各级水利部门业务应用。

6）进一步丰富水公共服务产品

提供全国范围洪水影响预报和风险预警产品，实现水情预报预警信息的定点精准推送，基本建成城市水文预报预警公共服务体系。建成国家级一体化水体验中心，构建线上线下一体化水科普模式。水利行业政务服务事项实现“掌上办”“指尖办”。

（3）到 2035 年，全面支撑水治理体系和治理能力现代化

水利对象万物互联、协同感知，水利信息化基础设施按需服务，水利信息资源全面共享，水利网络安全有力保障，物联网、人工智能、虚拟现实、移动互联网等新技术在水利行业全面深入应用，水利大数据智能决策全面支撑各项水利业务，现代化水利业务管理和应用模式全面形成。

2.1.3　基本要求

1. 统一技术架构与大系统设计

在业务上要全面覆盖，确保信息化支撑技术运用到水利部门的各项管理中；在技术上要通盘考虑，构建层次清晰、结构稳定、标准统一的总体框架，规范业务横向协同、纵向贯通，指导各业务领域和各级水利部门协同推进智慧水利建设。

2. 统一技术要求与分系统建设

按照国家网信建设的要求，统一网络通信、计算存储、全国水利一张图、身份认证等基础公用的算据、算法、算力建设，提升智慧水利建设集约化水平。要从实际操作和精准作战出发，分业务、分专业设计针对性强、目的性强的信息系统，满足用户精准履职的需要。要有效安排流域防洪、水资源管理与调配等建设，逐步覆盖水利工程建设和运行管理、河湖长制及河湖管理、水土保持、农村水利水电等各项水利业务。

3. 统一技术标准与模块化链接

要按照标准化、模块化设计开发的要求，重点统一业务流程、数据资源、互联互通技术标准，确保模块化链接。业务流程方面，在业务需求分析的基础上，重点梳理“2+N”业务的“四预”流程。数据资源方面，重点统一基础数据、监测数据、地理空间数据等标准。互联互

通方面，重点统一通信传输、服务管理、功能调用等标准。

2.1.4 总体框架

智慧水利由数字孪生流域、业务应用、网络安全体系、保障体系等组成，其框架如图2-1所示。

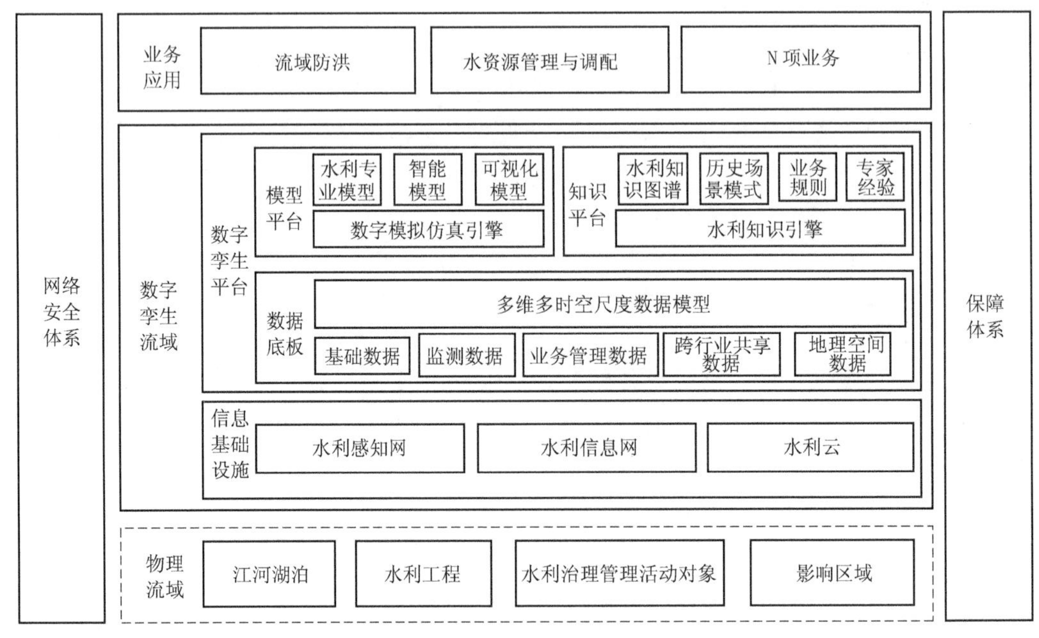

图2-1 智慧水利框架

数字孪生流域是物理流域在数字空间的映射，通过数字孪生平台和信息基础设施实现与物理流域同步仿真运行、虚实交互、迭代优化。其中，物理流域主要包括江河湖泊、水利工程、水利治理管理活动对象等水利对象及其影响区域。业务应用调用数字孪生流域提供的算据、算法、算力等资源，支撑流域防洪、水资源管理与调配以及N项业务应用。网络安全体系为智慧水利建设提供安全管理、安全防护、安全监督等方面的支撑。保障体系为智慧水利建设提供体制机制、标准规范、技术创新、运维体系、人才队伍、宣传与交流等方面的支撑。

1. 数字孪生流域

数字孪生流域包括数字孪生平台和信息基础设施，主要通过物联网、大数据、人工智能、虚拟仿真等技术，以物理流域为单元、时空数据（包括基础数据、监测数据、业务管理数据、跨行业共享数据、地理空间数据等）为底座、水利模型为核心、水利知识为驱动，对物理流域全要素和水利治理管理活动全过程的数字化映射、智慧化模拟，支持多方案优选，实现数字孪生流域和物理流域的同步仿真运行、虚实交互、迭代优化，支撑精准化决策。

（1）数字孪生平台

数字孪生平台主要包括数据底板、模型平台、知识平台三部分。

数据底板为智慧水利提供“算据”支撑，主要是升级扩展全国水利一张图，建设基础数据统一、监测数据汇集、二/三维一体化、三级贯通的数据底板，并提供三维展示、数据融合、分析计算、动态场景等功能。建设内容主要包括基础数据、监测数据、业务管理数据、跨行业共享数据、地理空间数据和多维多时空尺度数据模型，数据主要来源于物理流域的自然地理、干支流水系、水利工程、经济社会等对象的全要素数字化映射。

模型平台为智慧水利提供“算法”支撑，主要是建设标准统一、接口规范、分布部署、快速组装、敏捷复用的模型平台，包括水利专业模型、智能模型、可视化模型和数字模拟仿真引擎。建设内容主要包括水文、水力学、泥沙动力学、水资源、水环境、水土保持、水利工程安全等7大类专业模型，语音识别、图像与视频识别、遥感识别、自然语言处理等智能模型，以及自然地理、干支流水系、水利工程、经济社会等场景的可视化模型。

知识平台为智慧水利提供知识，主要是建设结构化、自优化、自学习的知识平台，包括水利知识图谱、历史场景模式、业务规则、专家经验和水利知识引擎。建设内容主要包括各类知识的抽取、表示、融合，以及具有机器推理和机器学习等功能的水利知识引擎开发。

（2）信息基础设施

信息基础设施主要包括水利感知网、水利信息网、水利云等三部分。

水利感知网主要是在已有水利监测体系的基础上，充分利用智能感知技术和通信技术，从航天、航空、地面、地下、水下等空间维度，对点、线、面等尺度范围的涉水对象属性及其环境状态进行监测和智能分析的天空地一体化的综合感知网，是数字孪生流域从物理流域中获取全面、真实、客观、动态水利数据和信息的渠道。其中，水利感知技术主要包括设备监测、遥感、导航定位、互联网抓取、人工填报等，水利感知对象主要包括江河湖泊、水利工程和水利治理管理活动对象及其影响区域。

水利信息网主要包括水利业务网和水利工控网，水利业务网与水利工控网相对独立，仅根据需要在同级节点受控连接。其中，水利业务网由广域网（骨干网、流域省区网和地区网）、城域网和部门网组成，主要是依托国家电子政务网络、租赁公共网络、利用卫星通信等多种方式，覆盖水利部本级、流域管理机构、省（自治区、直辖市）、市、县以及工程管理单位等。水利工控网覆盖各水利工程及其相关管理单位。

水利云为智慧水利提供“算力”支撑，主要提供云端按需扩展和安全可信的大规模联机计算服务，包括专有云、公有云以及高性能计算资源等。建设内容主要包括一级水利云（水利部本级和流域管理机构节点）、32个省级水利部门二级水利云，水利部本级建立同城、异地灾备中心，省级水利部门节点充分依托地方政务，实现同城和（或）异地灾备。

2. 业务应用

（1）流域防洪

在国家防汛抗旱指挥系统的基础上，扩展定制流域防洪数字化场景，升级完善洪水预报、预警功能模块，建设预演模块，选择支撑预案，实现流域防洪“四预”功能；补充旱情综合监测预测、淤地坝洪水预报等功能，搭建防汛抗旱“四预”业务平台。

数字化场景方面，扩展中小河流、中小水库、淤地坝等信息感知，补充流域下垫面、社会经济等数据。预报方面，集成“降水—产流—汇流—演进”全过程模型，实现气象水文、水文水力学耦合预报以及预报调度一体化。预警方面，扩展防洪风险影响和薄弱环节判别，以及主要江河风险防控目标识别等功能，提高洪水预警时效性、精细化和覆盖面。预演方面，扩展模拟计算和动态仿真等功能，支撑防洪调度方案集合生成。预案方面，集成各类防洪方案、调度规则和专家经验等，扩展方案自动生成、多方案比选等功能，支撑形成防洪调度决策优化方案。旱情综合监测预测方面，主要是建设全国旱情一张图。

（2）水资源管理与调配

在国家水资源监控能力建设项目、国家地下水监测工程的基础上，完善水资源管理与调配数字化场景，整合取水许可审批、取水计划、水资源税（费）、计量水量管理、用水统计、计量管理等信息系统以及水资源监管预警、调配管理决策等功能，搭建取用水管理政务服务与调配综合平台。

数字化场景方面，整合水资源总量、可用量、分配量等基础数据，汇集重要断面、取退分水口、取用水户等监测数据，共享税务、统计等部门相关数据，打造水资源管控一张图，动态掌握并及时更新水资源监测计量台账。水资源监管预警方面，完善水资源承载力、预警等模型，扩展超许可取水、生态流量、取用水总量、地下水双控等功能，实现流域区域取用水的精细化管理和超前预警，支撑水资源刚性约束制度实施与监督。调配管理决策方面，构建来水预报、需水调配、水量分配、水量调度等模型，开发不同来水、不同调度措施、不同调度目标下的调度预演以及多方案比选等功能，支撑提前规避风险、制定预案，为国家水网智慧调度奠定基础。

（3）N 项业务

1）水利工程建设和运行管理

水利工程建设管理方面，收集整合水利工程规划、设计和建设等有关数据，共享发改、住建、市场、税务等部门的建设市场交易及市场主体信用等信息，扩展市场监督、信用监管、抽查检查等功能，支撑水利建设市场监管。同时，依托全国水利一张图整合集成水利工程建设基础数据库，完善水利工程建设设计、施工、资金、进度、质量、验收、移民安置等功能，强化水利工程项目建设管理。加强 BIM、电子签章、视频 AI 等技术应用，推动新建重大水利工程 BIM 数据汇交、施工现场监控等动态数据接入等工作，提升水利工程建设精细化管理水平。

水利工程运行管理方面，在全国水库运行管理信息系统、大型水库大坝安全监测监督平台、堤防水闸基础信息数据库等基础上，扩展完善水库、重点水闸、重要堤防等水利工程基础数据联动更新功能，整合接入水雨情、安全监测、视频监控等信息，构建工程运行安全评估预警、工况视频智能识别、工程险情识别、工程风险诊断等模型，扩展完善水利工程注册登记、日常运行、降等报废等功能，并强化病险水库除险加固项目管理、度汛限制措施监管等功能，实现水利工程安全管理运行预演应用，提升水利工程安全运行监控和智能化水平。推动水利工程智能化改造，推进重大水利工程的数字孪生工程建设。其中，三峡工程运行监管方面，完善三峡工程综合管理信息服务平台功能，扩展升级三峡后续项目管理系统、三峡工程运行安全综合监测系统、三峡库区高切坡监测预警系统功能，推进数字孪生三峡建设，提升三峡工程综合管理智慧化水平。

2）河湖长制及河湖管理

以河湖长制管理信息系统为基础，整合集成河湖管理范围划定成果、岸线保护和利用规划、涉河建设项目审批、河道采砂规划、河道采砂许可、卫星遥感、视频监控、互联网舆情等数据，扩展河湖管理保护突出问题遥感智能识别、视频智能分析及舆情自动分析预警等模型，升级完善河湖长制、水域岸线管理、河道采砂等方面的“四查”（巡查、详查、核查、复查）功能，构建支撑查、认、改、罚全生命周期的河湖监管平台，实现河湖监管问题的发现上报、复核抽查、跟踪问责、问题销号的全过程闭环管理，支撑河湖长制从“有名有责”到“有能有效”。

3）水土保持

基于水土保持基础数据、遥感影像和数字高程模型（Digital Elevation Model，DEM）等数据，健全水土保持数据库，形成水土保持一张图，建设水土保持数字化场景，研究构建水土保持智能模型，服务水土保持智慧化模拟和精准化决策。依托国家水利大数据中心和国家水利综合监管平台等项目实施，推进智慧水利水体保持分系统平台建设，完善建立水土保持数据管理规则体系，加快构建具有水土流失动态监测评价、生产建设活动人为水土流失监管风险预警、水土流失综合治理评价管理、淤地坝安全运行管理等功能的智慧水土保持应用体系。

4）农村水利水电

在农村水利水电信息管理系统的基础上，建立农村供水工程名录台账、供水问题台账，推动农村供水基础信息动态更新及管理信息填报，制作全国农村供水专题图，推进千吨万人供水工程在线监测，打造农村供水智慧管理样板，实现农村供水工程数字化管理。依托灌区现代化改造项目，改造完善灌区监测计量、关键配水口闸门和重点泵站远程控制等设施，扩展完善项目管理、用水管理、水量调度、水费计收、灌区工程巡检等功能，提升灌区现代化管理水平。获取小水电站监测及运行信息，汇集小水电站安全度汛预案、生态流量监测等信息，完善小水电站安全生产监督、生态流量监管等功能，增强小水电站监管能力。

5）节水管理与服务

在国家水资源监控能力建设项目的基础上，依托有关项目整合节水相关信息系统和信息资源，构建区域与行业节水潜力评估、用水效率评价等模型，构建节水管理与服务平台，实现水利部门与用水单位网络互联、管理互动，推动计划用水、用水定额对标达标、节水技术产品发布、节水载体等业务线上办理，强化用水总量与强度双控信息化管理，为国家节水行动提供支撑。

6）南水北调工程运行与监管

在南水北调中线和南水北调东线一期工程已有信息系统的基础上，围绕“供水安全、水质安全、工程安全”，整合接入水量、水位、分水以及工程安全运行监管需要的有关信息，共享沿线及受水区相关水雨情、地下水、水生态以及经济社会等数据，结合遥感等手段强化工程安全运行监管和安全预警，支撑南水北调工程安全运行监管，推进数字孪生南水北调建设。

7）水行政执法

以水行政执法统计信息系统数据库等为基础，充分运用卫星遥感遥测、无人机调查、遥控船监测、视频监控等信息化手段，依托国家水利大数据中心、国家水利综合监管平台和水利部在线政务服务平台等，整合集成河湖、水资源、水土保持、水利工程等相关数据，建立全国水行政执法数据库，实现数据高效采集、互联互通、有效整合，搭建水行政执法综合管理平台，将执法基础数据、执法程序流转、执法信息公开等汇聚一体，实现多方数据互联互通、汇聚共享，逐步构建预警防控及时化、执法操作规范化、执法文书标准化、执法过程痕迹化、统计分析可量化、执法监督严密化的水行政执法管理信息化体系。大力推进智慧执法，推行水行政执法APP掌上执法，积极推行以远程监管、移动监管、预警防控为特征的非现场监管。

8）水利监督

充分运用遥感、大数据、人工智能等新技术，结合水利基础数据和江河湖泊、水资源、水利工程、资金和政务等业务数据，研发水利行业风险评估预测模型，构建水利综合监管平台，为水利部各业务司局管理提供统一入口，对水利监督检查、水利工程安全生产监管和质量监督、水利项目稽查等业务工作中的计划任务分配、督查队伍管理、问题发现上报、筛选分类、情况核实、整改反馈、跟踪复查、责任追究、统计分析、预测决策等环节进行全流程支撑，提升水利综合监管水平和处置效率，推进水利兼顾体系现代化。

9）水文管理

完善现有水文业务系统，强化水文站网管理、水文测站信息管理、数据处理与监控、报讯管理、资料整编、水文信息和产品服务等业务功能，提升数据处理自动化、预报实时化、分析评价智能化水平。

10）水利行政

完善综合办公、规划计划、财务、人事、党建、移民和乡村振兴、国际合作与科技、宣传教育等水利管理服务功能。

移民和乡村振兴方面，补充完善移民征地补偿、搬迁安置、后期扶持实施情况等，对水库移民工作进行全过程监管；整合统一乡村振兴数据指标，构建乡村振兴智能监管应用。国际合作与科技方面，加强国际河流管理合作，扩展共享国际河流的采集信息。

11）水利公共服务

完善"互联网+水利政务服务"公共服务门户，构建服务智能化、管理云端化的公共服务门户。对水利部在线政务服务平台进行标准化改造，推进水利涉企证照电子化和涉水政务服务数据共享利用，强化政务服务平台用户认证，提升水利部政务服务平台效能，建设完善水利部"互联网+监管"平台，推动实现线上线下一体化监管，拓展全国水利一张图服务，扩展预报预警、水指数、水体验等水利公共服务，打造水利融媒体平台。

3. 网络安全体系

网络安全体系包括安全管理、安全防护、安全监督等方面。其中，网络安全管理主要是建立制度、规范、流程和规程构成的网络安全管理制度标准体系，覆盖网络安全组织管理、人员管理、建设管理、运维管理、应急响应和监督检查等各项工作；网络安全防护主要是开展行业网络安全基础防护能力、监测分析和应急响应网络安全态势感知预警及应急处置能力建设，特别是水利关键信息基础设施安全保护能力等建设；网络安全监督主要是建立健全水利网络安全"查、改、罚"监管机制，推进三级及以上重要信息系统登记保护测评、密码应用评估和实战化攻防，健全水利网络安全联防联控、通报预警、奖惩等机制。

4. 保障体系

保障体系主要包括体制机制、标准规范、技术创新、运维体系、人才队伍、宣传与交流等方面的保障，重要是落实责任、加大投入、加强监督、建强队伍。

2.2　建设内容

为了贯彻“水利工程补短板、水利行业强监管”的水利改革发展总基调，围绕水利改革发展亟须解决的重要问题，结合水利信息化发展现状，按照“安全、实用”的总要求，遵循智慧水利总体框架，提出智慧水利的主要建设内容，包括构建水利感知网、升级水利信息网、建设水利大脑、研发水利智能应用、提升网络安全体系、完善保障体系等。

2.2.1　构建天空地一体化水利感知网

围绕水利十大业务需求，利用传感、定位、视频、遥感等技术，构建江河湖泊水系、水利工程设施、水利管理活动等天空地一体化实时在线监测体系，构建数据汇集与服务平台，完善水文、水资源、水生态、水环境、水土流失、工程安全、洪涝干旱灾害、水利管理活动、水行政执法等监测内容。应用卫星、雷达、无人机、视频、遥控船、机器人等监测手段，以及 5G、基于蜂窝的窄带物联网（Narrow Band Internet of Things，NB-IoT）等新一代物联通信技术，构建动态监控、预警体系和大容量、高覆盖、低功耗、低成本、自适应、高速率、自愈合的物联通信网络，以及针对无线、有线、近距离、中距离、远距离的不同通信组网方式。

1. 扩大感知范围

（1）扩大江河湖泊水系的监测范围

针对尚未全面开展水文在线监测的大江大河、中小河流等补充实现水位、流量等多要素在线监测。扩大对重点防洪区域、山洪易发区实现雨量监测，扩大对潮汐影响河段、水面面积大于 1 km^2 的湖泊、中小型水库实现水位和流量等多要素监测。扩大实现对 100 万人以上的集中供水水源、1 万亩以上灌区、地表取水年许可取水量在 100 万立方米以上、地下取水年许可取水量在 20 万立方米以上取用水户的水量在线监测。扩大对 1 万人以上集中供水工程实现水质水量监测。扩大实现对重要江河湖泊水功能区、河道采砂重点水域或敏感河段、饮用水水源地的水质常规监测和市、县行政监测断面水量水质在线监测，加强对地下水超采区的雨量、水位、水温、水质等多要素监测，加强对重要水源涵养区、重点水土流失监控区域的雨量、土壤侵蚀、植被覆盖度等监测。在充分共享全国 5 000 多个土壤墒情站的田间持水量信息的基础上，进一步补充墒情站站点建设。根据各地实际情况，针对现有感知体系设备存在的问题进行升级改造。

（2）扩大水利工程设施的监测范围

水文监测预警设施建设覆盖全部中小型水库、大中小型水库大坝、大中型水闸、骨干和中型淤地坝，重要堤防险工险段配备视频或安全监测设施。完善水利工程建设全过程数据采集，水利工程建设全面采用 BIM 技术。补齐和提升大中小型水库、长江与黄河下游险工险段堤防、重点水闸、下游有村庄或重要设施的骨干淤地坝等水利工程安全及运行监测设施；按照“先表观、后内观”的原则，优先加强水库的安全运行监测，补充建设中小型水库监测预警设施，补充水库异动、形变、沉降、裂缝、渗漏等险情监控站点，针对大型和重点中型水库，实现大坝安全表观和内观监测、水情自动监测、闸门和溢洪道视频监控；针对一般中型和重点小型水库，实现大坝安全表观监测、水情自动监测和大坝视频监控；针对其他小型水库，实现水情自动监测、大坝视频监控和大坝形变卫星遥感周期性监测。加强对水闸的安全运行监测，针对平原和沿海区域大型水闸，实现安全监测、自动控制、运行监测和视频监控；针对一般大型和中型水闸，实现运行监测和视频监控；针对其他水闸，实现人工巡视监测。加强对堤防的安全运行监测，针对大江大河一级堤防及险工险段所在二级以上堤防，实现穿堤建筑物视频监控、险工险段渗流渗压监测及视频监控；针对重点防洪城市城区防洪堤，共享城市视频监控信息；针对三级以上其他堤防，实现人工巡视和汛期巡堤。

（3）提升水利管理活动的动态感知能力

全面提升水资源、水生态、水环境、水灾害、工程运行等水利核心业务管理活动中的重要事件、行为和现象的遥感监测、定点监测、移动监测和应急监测，以及智能化信息处理、解析等动态感知能力，满足水利十大业务对数据和信息在空间尺度、时间频次等方面的不同需求。

2. 构建数据汇集与服务平台

（1）构建感知数据汇集平台

在水利部、流域管理机构和省级水行政管理部门分别建立三级感知数据汇集平台。省级感知数据汇集平台应具有汇集所辖区域全部感知数据的能力；流域管理机构感知数据汇集平台应具备汇集所辖区域的全部感知数据及从省级平台汇集重要感知数据的能力；水利部感知数据汇集平台应具备汇集全国范围重要感知数据的能力。

（2）构建视频级联集控平台

建立三级级联、多级应用的水利视频集控体系，并与现有水利视频会议系统整合，实现全国水利视频联网。设置水利部、流域管理机构和省级水行政管理部门三级视频集控平台，以及现地视频监控系统。各级平台接入各流域、省辖的现有全部视频监控系统，或接入中央直管大型水库、引调水工程、大型水利枢纽视频监控系统；同时根据"先共享、后建设"的原则，接入公安、交通部门的相关视频数据到水利部门，对于重点区域或重点工程的视频监控能力不足的，进行补充建设。通过视频集控平台实现对重点目标的连续监视和智能发现预警，对突发涉水事件或重点关注对象的在线调取查看，对历史视频信息的离线回放。

（3）建立遥感接收处理服务平台

由水利部统一订购和接收相应卫星应用中心的遥感影像资源和产品，根据不同的应用需求进行图像处理、图像解译和数据分析等，提取可用的水利要素，制作相关专题图，并建立数据产品服务目录，按照业务和区域等进行数据分发，供业务部门按需取用，为各级业务部门和流域管理机构、各省和重点水利工程单位提供数据级和产品级服务。

3. 提升感知智能水平

（1）卫星、雷达等遥感监测手段的应用

共享获取到的国内外、多行业的卫星、雷达等监测数据，通过对遥感数据的解译和加工处理，实现对水雨情、工情、险情、旱情、水土流失、水质水环境、非法采砂、水域岸线占用等进行大尺度的动态监测预警，实现对地表水体、水域岸线、水域深度、水生物分布、植被覆盖率、干旱指数、水土流失面积、堰塞湖位置及面积变化的动态监测。加强遥感数据的精加工处理和水利专题产品的业务化应用，利用提取的水体、岸线信息制作重点河段形态变化监测专题图、河道侵占情况监测专题图、洪灾淹没区监测专题图、大中型水库及重点湖泊水域面积监测专题图。利用提取的土壤含水量分析农作物受旱、缺水缺墒面积，通过提取的植被指数、水体面积等参数建立旱情遥感监测模型，实现遥感监测的专题应用。

（2）高清视频监控的应用

增加针对江河湖泊水系、水利工程设施、水利管理活动的高清视频点建设，实现水利部、流域、省、市、县等视频监控的多级互联，共享接入其他行业的视频信息；同时，根据“先共享、后建设”的原则，接入自然资源、生态环境、公共安全、交通等领域的视频数据，对于重点区域或重点工程视频监控能力不足的，进行补充建设。通过视频监控提升感知对象实时状况的动态监测，实现江河湖泊的水情、非法采砂、非法侵占岸线、水面漂浮物、山洪及滑坡易发区域情况、水利工程调度运行状况、水工建筑物安全状况等的动态监测。通过图像智能分析，实现河道采砂、河道漂浮物、河岸垃圾的自动识别与智能监视，实现水域岸线侵占、水体污染物排放、河道湖库水位、河道湖库水情/工情/险情、工程建设与运行状态的动态监控和自动预警。

（3）无人机、遥控船、机器人等新型监测手段的应用

根据监测感知的需要，增加补充无人机、遥控船、机器人等监测手段，实现对江河湖泊、水利工程、管理活动的动态感知。

（4）感知终端的智能升级

加强各种智能传感设备、控制执行设备和精准计量设备的升级与应用，实现感知终端向高可靠、模块化、微型化、低功耗、少维护、易校准的标准升级。

（5）新一代物联通信技术应用

加强5G、NB-IoT等新一代物联通信技术的应用，构建大容量、高覆盖、低功耗、低成本、自适应、高速率、自愈合的物联通信网络，支持有线、无线、近距离、中距离、远距离各种不同的通信组网方式，实现复杂条件下感知终端接入水利感知网的能力。

2.2.2　完善全面互联、高速可靠的水利信息网

立足现有基础，构建覆盖各级水行政主管部门、各类水利工程管理单位、相关涉水单位的全面互联互通的水利网络大平台，面向下一代网络的发展，升级改造网络核心设备，优化网络结构，打造高速、灵活、安全的新一代信息骨干网络，全面建成适应智慧水利业务动态变化的泛在互联的智能水利信息网。

1. 扩展水利信息网

（1）扩展水利业务网

扩展水利业务广域网，扩展互联互通范围，全面提升互联带宽，建设完善冗余链路；完善水利业务部门网，完善水利数据中心网、外联网和园区网，建设完善省级以上水利部门、关键信息基础设施运行管理单位的水利数据中心网络，依托政务外网、租用专线等实现互联互通，各级水利部门应建设园区网，为各类终端提供便捷、高速的网络接入。

（2）加强水利工控网建设

完善水利工控网现地控制网络，在大型及重要中型水利工程现场建设工控网，与其他外部网络严格物理隔离；完善水利工控网集控中心网络，与现地网络连接，实现对所辖水利工程的集中控制。

(3)提升网络新技术应用水平

充分考虑面向下一代网络,全面支持 IPv6,广泛应用软件定义网络(Software Defined Network,SDN)等网络新技术,优化网络结构,增强资源动态调配能力。

2. 完善基础环境

(1)完善水利综合会商中心

在省级以上水行政主管部门、关键信息基础设施运行管理单位建设集水工程调度、水资源管理、水行政监管功能于一体的水利综合会商调度中心。

(2)完善视频会议系统

在省级以上水行政主管部门建设高清视频会议云平台,并实现互联互通,提供视频会议会商的基础支撑能力,为各类业务应用提供安全、稳定、可靠、按需使用、弹性伸缩的云视频资源能力,支持各类视频终端、桌面端、手机、无人机等接入;在县级以上水行政主管部门、大型及重要中型水利工程管理单位建设高清视频会议终端系统,配备音视频输入输出设备,接入相应云平台,实现双向视频会议会商;在乡镇级水利部门、小型水利工程管理单位等其他单位可建设单向视频会议设备,实现收听收看视频会议,也可建设一体化视频会议终端系统,实现双向视频会议。

3. 提升新技术应用和装备水平

建设水利部门信息化办公设备设施、应急通信设施、水利监管设施设备、仪器仪表等,提升信息化技术装备水平。

2.2.3 建设超强水利大脑

完善水利云建设,扩展大规模联机计算能力;建立统一数据标准,汇集多源数据,开展数据治理,构建数据资源池,统一数据服务,快速、灵活地适配前端业务调整与业务升级;应用深度挖掘、机器学习、知识图谱等技术,构建水利模型和算法共享平台。建设上述“一云一池两平台”三方面能力,提升水利大脑的智慧水平。

1. 完善水利云

充分利用各级水利部门现有资源,依托分布式存储、分布式计算、软件定义网络以及云安全防护等技术进一步完善水利云,集约地为整个水利行业提供统一标准且稳定可靠的计算和存储基础设施,并能更好地适应未来水利业务扩展需要。

水利云采用“两级部署、多级应用”、专有云和公共云(包括政务云)相结合混合模式,对于水利核心业务以及数据敏感度较高的业务应用部署在专有云上;对于公共服务类的互联网应用以及数据敏感度较低的业务应用部署在公共云上。专有云与公共云之间通过专线或专有网络进行连接,实现数据交换。

水利云以水利部和流域管理机构为一级、省(自治区、直辖市)和新疆生产建设兵团为二级,进行两级部署,包括水利部、7 个流域管理机构、31 个省(自治区、直辖市)和新疆生产建设兵团以及关键信息基础设施运行管理单位等建设节点。

2. 建设数据资源池

通过统筹规划水利数据资源,形成统一水利数据资源目录,开发数据资源管理(数据资产管理、数据研发管理)平台,进一步整合水利行业数据,融合相关行业和社会数据,通过多元化采集、主体化汇集构建全域化原始数据，基于“一数一源、一源多用”原则，汇集全域数据，开展存量和增量数据资源汇集和治理，建成数据资源池。

3. 建设智慧使能平台和应用支撑平台

按照“数据标准化、功能模块化、平台生态化”思路，建设智慧使能平台和应用支撑平台，为水利业务应用提供统一的公共基础服务支撑，并支撑应用快速构建，提升应用智能化水平。

2.2.4　开发创新协调的智能应用

充分利用水利十大业务需求分析成果，重点突出防洪、供水、生态修复、水利信息化等工程短板和加强江河湖泊、水资源、水工程、水土保持、资金、政务等业务监管需求，基于信息融合共享、工作模式创新、流程协同优化、应用敏捷智能等新时代水利业务应用思路，在整合优化现有的水利业务应用系统的基础上，充分运用水利大脑提供的大数据分析、机器学习、遥感解译、水利模型等平台能力，构建涵盖水资源、水生态水环境、水灾害、水工程、水监督、水行政、水公共服务等核心业务的水利智能应用，全面提升水利业务的精细管理、预测预报、分析评价与决策支持能力。

2.2.5　提升网络安全体系

依据《信息安全技术　网络安全等级保护基本要求》（GB/T 22239—2019）等标准规范，建设完善涵盖安全技术、安全管理、安全运营的智慧水利网络安全主要防御体系，全面提升网络安全威胁防御、发现和处置能力。

2.2.6　建立多维并重的智慧水利保障体系

健全体制机制，完善标准规范，开展基础研究与技术创新，建立运维体系，优化人才队伍，拓展宣传交流，统筹谋划，持续推进，保障智慧水利健康、可持续发展。

2.3　应用体系任务

2.3.1　水资源智能应用任务

1. 提升水资源动态监管分析与精细化配置调度能力

运用大数据和专业模型技术，构建中长期来水预测、水资源供需平衡分析、水资源调配模型、水资源承载能力分析等相关算法模型，建成覆盖全面的水资源信息采集体系、功能完备的业务应用体系、科学智能的调度决策体系，支撑形成水资源开发利用管控、全流程业务联动的现代化业务运转模式。构建水资源立体监测与统一管理体系，建立基于地面监测和卫星遥感相结合的水资源立体监测体系，建设全国水资源数据资源目录，进行数据资源统一管理，增强水资源的调度能力、协同能力和使用效率。

2. 构建用水动态监管系统

集成各类用水管控指标动态信息，实现用水总量动态评估，支撑水量分配及用水总量动态监管。升级完善取水许可管理子系统，建立重点取水口台账，增加电子证照管理功能，实现取水许可在线审批、动态监管和取水口、取用水户、取水许可证管理。加强江河流域水量分配方案落实与生态水量（流量）及地下水超采监管，基于国家水资源管理系统，增加跨省江河流域水量分配监管功能，实时监控已批复水量分配方案省界断面和重大水利工程下泄流量，加强江河流域水量分配方案落实的监管，对重点河湖生态流量进行监控和预警。基于农村水利水电工作平台，开发农村水电站生态流量分析预警等功能，汇集全国农村水电站生态流量监测信息，实现生态流量下泄实时监管、生态泄放考核等功能。

2.3.2 水生态水环境智能应用任务

1. 提升江河湖泊长效保护与动态管控能力

融合互联网舆情、卫星遥感、视频监控等数据，运用大数据技术，加强遥感动态解译、视频智能分析及舆情自动分析预警，以河湖长制管理信息系统为基础，整合丰富河湖管理范围、涉河建设项目审批许可、采砂重要水域及敏感河段和视频点分布、岸线及采砂规划等基础数据，推进覆盖河湖管理各业务的监管“四查”平台建设，提升涉河湖网络舆情感知能力，搭建公众参与的智能服务呼叫中心，加大卫星遥感、无人机、视频监控、河长巡河 APP 等的应用，实现天上看、网上管、地上查的全国河湖动态监管，提升河湖管理信息化、现代化水平。

2. 提升土壤侵蚀定量监测和人为水土流失精准监管能力

利用遥感、大数据等新技术，构建地面监测站点观测数据与遥感监测扰动图斑数据融合模型，建设水土保持信息管理平台，实现主要业务的精细、全流程信息化管理，实现水土流失预测预警、生产建设项目全覆盖动态监测监管等的智能决策支持和服务。应用水土流失预测预报模型定量掌握水土流失状况，构建监测点数据、遥感影像、降雨、土壤等多源数据融合的水土流失预测预报模型，定量掌握全国和重点区域水土流失、崩岗状况及变化情况，开展水土流失安全预警。利用人工智能等新技术开展生产建设项目水土保持网格化管理，开展水土保持信息化全覆盖监管，共享自然资源用地审批范围数据。利用人工智能等新技术提取监管对象，按照自上而下的方式开展生产建设项目水土保持网格化管理，及时发现生产建设项目违法违规行为。

2.3.3 水旱灾害智能应用任务

1. 提升洪水预报精细化水平、预报调度一体化和工程联合调度能力

加强新技术应用，扩大信息采集覆盖面，深化行业内外数据共享和资源整合，提高洪水监测、预报、调度和抢险技术支撑能力和智能化水平，推进洪水灾害防治体系和防治能力现代化。构建网格化数值预测预报，提升精细预报水平，在利用多源预报信息延长预见期的基础上，建设多源信息融合的预报大数据，运用网格化分布式水文预报模型，实现网格化、多要素的洪水预测预报并实时动态修正，加强基于强物理基础、遥感大数据和高性能并行计算的新型分布式水文模型研发，增强水文信息服务能力，提升水文监测预报预警信息的专业化服务水平和能力。提升水工程防灾联合调度能力，统筹考虑流域各类水利工程防洪抗旱能力，构建预报调度一体化的电子化洪水调度方案和统筹兼顾的优化联合调度方案，建设以防洪、抗旱和应急水量等调度为主要功能的水利工程防灾联合调度系统，以预报调度一体化、水利

工程联合调度和控制性枢纽调度为核心，逐步实现全流域或区域的水库、湖泊、堤防、分洪河道、闸坝和蓄滞洪区等水利工程联合调度，发挥工程体系整体效能。构建流域模型，加强江河流域洪水预报，构建如水文-水动力学耦合预报方法以及平原河网地区、感潮河段、下游工程影响复杂的流域模型，加强中小流域洪水预报建设。

2. 提升旱情预报预警和综合评估能力

充分利用卫星遥感监测及智能分析技术，完善全国抗旱基础数据体系与全国旱情监测评估一张图，确定江河湖库、地下水旱警（限）水位（流量），开发气象、水文、土壤墒情、遥感农情融合的旱情监测评估模型，构建旱情监测评估结果校核体系，建立全国旱情监测预警综合平台，实现旱情综合监测评估，提升旱情监测预警、水量调度及应急响应能力。加强数据共享，完善全国抗旱基础数据体系，加强现有数据收集整理，建立数据共享机制，开展流域及区域降雨量分析统计、水库蓄水分析统计、土壤墒情分析统计和历史典型干旱数据库建设等工作，完善全国抗旱基础数据体系，为实现全国旱情监测预警业务工作提供基础支撑。

2.3.4　水工程智能应用任务

1. 加强水利工程安全运行监控

综合运用卫星遥感、视频监控等新技术，建成覆盖全国水坝、水闸、堤防、农村水电站等水利工程运行管理的信息采集平台，研发工程运行安全评估预警模型，提升水利工程的险情识别、风险诊断、安全运行、应急处置等能力。通过水情和视频、物联网传感监测设备的集成监控提升工程运行监控能力，集成水情和视频、物联网传感监测设备等监控设施，对水利工程安全监测设施增设及改造，获取中小水库、重点水闸、农村水电站、险工险段运行信息，通过视频影像智能识别获取水位等水文信息和关键部位的实时工况。通过智能巡检系统支撑工程管理标准化和智能化，采用 BIM、GIS（Geographic Information System，地理信息系统）技术，实现故障点快速空间定位，结合运维期数据资料，融合模型构件，开发工程安全智能巡检系统，选取典型区域，开展水库、水闸、堤防、农村水电站等工程智能运维试点，并在此基础上逐步推广应用，提升工程运维能力、水平和效率。

2. 加强水利工程建设全生命周期管理

利用“互联网+”等新技术，全面掌握水利工程建设基础信息，积极推进 BIM、GIS、电子签名以及施工现场实时在线视频监控等技术的运用，构建智慧工地系统、水利工程建设管理信息系统，提升水利工程建设精细化管理水平，实现水利工程全生命周期管理。打破数据壁垒，实现水利工程建设全生命周期的数字化管理，加强现有数据收集整理，建立数据共享机制，收集水利工程建设相关资源，整合指挥系统、水利普查、主要江河防洪规划、重要水利工程设计成果、卫星遥感影像等数据，形成水利工程建设基础数据库。强化监管手段，建设各建设项目管理业务应用，利用视频监控、遥感卫星监测等现代化感知手段，动态监管重要水利工程建设各阶段的安全、进度、投资、质量的全过程，逐步实现智能化、精细化的工程管理模式。

2.3.5 水监督智能应用任务

1. 应用新技术自动发现问题和复核整改情况

结合水利基础数据和江河湖泊、水资源、水工程、资金和政务等业务数据，建立准确发现问题的监管数据指标体系，对照“问题清单”构建线索自动发现模型。在高清遥感影像解译、大数据分析以及无人机航拍的基础上，实现问题主动发现和整改情况自动复核。

2. 构建模型实现行业风险评估

构建风险评估模型，实现领域、区域和行业总体风险评估，按领域、区域对监督重点问题进行预测，为针对性监督、问题整改复查、强有力责任追究提供技术支撑。

3. 强化水行政执法和互联网监管能力

基于水信息基础平台和水利一张图，整合流域管理机构执法管理系统和水行政执法统计系统，完善执法基础数据库和水利部水行政执法管理功能，构建水行政执法管理工作平台，实现执法任务管理、执法巡查、执法办案、执法监督、水政监察队伍、人员和执法证件以及执法统计分析等信息化功能，全面提升水行政执法工作水平。

按照国务院统一部署，依托水利部在线政务服务平台，加快建设水利部“互联网+监管”系统，并与国家“互联网+监管”系统实现对接。

2.3.6 水行政智能应用任务

1. 加强智慧政务管理

建设统一、高效、便捷的政务办公协同体系，构建包含政务办公、业务协同、督查督办、公文交换、科技管理、人事管理、党建管理、审计监督、舆情监控、考核评价、电子档案等内容的智能协同应用，打破部门间信息壁垒，促进水利政务办公标准化、流程化、移动化、智慧化，实现办公信息整合、事务审批、自动跟踪、督办、查办、签章、归档，实现办公智能辅助、舆情分析预测、人事监管决策分析等智能智慧应用。

2. 优化移民智能监管

利用大数据分析技术，从可持续性、公平性、合作性以及后扶效率四个维度，对移民项目进行绩效评估；形成移民监管业务闭环，掌控移民现有状态、追踪资金流动去向、评估后扶项目的实施效果，对未来后扶政策进行合理规划和预测。基于已有水利移民管理信息系统，补充完善移民征地补偿、搬迁安置、移民一张图监控、历史过程追溯、工程进度跟踪等移民精准管控和移民公众服务能力；为全国 2 600 余个各级移民管理机构，提供覆盖全国的水利工程项目进展情况、资金利用需求自动推算、存留问题汇总等方面的信息服务，实现对移民工作的动态监管和追溯，充分利用系统的数据分析统计、一张图汇集展示提高工作效率。

3. 加强扶贫智能监管

整合水利工程、社会经济、遥感监测等数据，优化完善水利扶贫信息系统，通过大数据分析、可视化技术进行智能校验和关联分析，实现对 832 个片区县和国家扶贫开发重点县的扶贫对象信息、水利扶贫指标、水利工程设施、水利扶贫项目库、水利建设项目、水利扶贫成效情况等管理。统一扶贫数据指标，确定数据指标的维护入口，共享交换相关部门，实现扶贫信息标准统一、交换共享；通过大数据实时处理能力，对交换共享的村庄点、人口、工程等数据自动载入、挖掘分析，实现对扶贫填报指标的合理性及数据来源的一致性、关联性的评价、趋势研判、规律分析；利用空间分析技术精准定位投资分布、投资完成、投资趋势，基于水利一张图监控展现贫困人口区域分布、个体分布、扶贫资金分配，实现扶贫对象、资金分配跟踪、扶贫效果对照、扶贫工作进度考核、扶贫指标在实施过程中的校核和修正，为扶贫工作开展提供依据。

4. 加强项目智能规划

构建全国水利项目规划计划数据采集和共享体系，辅助全国重点水利建设项目和部直属基础设施建设项目的项目建议书、可行性研究报告和初步设计的审查工作，提高项目立项审查及其投资计划安排的科学性和规范性。基于大数据技术，对未来趋势的研判、业务发展规律的总结分析，进行数据挖掘，发现规律，充分发挥水利统计数据价值，为规划项目决策提供数据支撑。针对水利中长期发展规划的编制，提供统计数据、计算工具、规划模板等，为智能形成规划方案提供辅助支持。

5. 加强财务智能管理

建设与财政部的财务数据共享通道，提升财务管理智慧化水平，全面贯通预算、“互联网+”，实现商旅服务协同、加强智慧机关建设。通过人脸识别、语音智能、图像识别、虚拟一卡通、移动应用和大数据分析等技术应用，构建智慧化机关后勤与行政管理，实现安全、节能门禁、考勤、车辆、会议室等方面智能化管理。

2.3.7 水公共服务智能应用任务

1. 强化水利政务服务

完善“互联网+”水利政务服务公共服务门户，以水利部网站为基础、部门和地方水利(务)厅(局)政府网站为支撑，建设整体联动、高效惠民的网上政府，建立精准化政务需求交互模式，建立用户行为感知系统、智能问答系统，创新优化智能自动化服务应用，构建服务智能化、管理云端化的公共服务门户。建设智能联动的水利信用信息评价体系，以全国水利建设市场信用信息平台、全国水利建设市场监管服务平台数据和系统为基础，整合水利信用信息，实现水利信用信息智能采集。推进与国家、省级相关部门工作平台的互联互通，实现信用信息的充分共享，建立水利信用信息的联动机制。全面完成水利部政务服务平台建设，实现水利部政务服务“一网通办”。

2. 打造水利公共服务品牌

打造推广“水利一张图公众版”“水利易搜(百度)”“水利监督举报热线服务平台”等品牌服务产品，提供一站式水利地理信息综合服务，实现水利数据一图全搜。拓展水利一张图服务范围，搭建水利公众地图服务平台，基于主流的高德、百度等第三方标准地图、导航等系统，增值开发高品质、差异化、多层次的与公众相关的专题信息服务产品。提供预报预警公共服务，将全国网格化、精细化的洪水预报预警业务产品与农业、环境、旅游、交通等领域需求相结合，从农作物播种、灌溉，水生态区保护、鱼苗巡游产卵，公众出行旅游等方面入手，提供农作物耕地土壤墒情、水功能区来水量和城市乡村积水淹没范围、河道洪水预报预警服务。由中短期预报预警向长期预报预警延伸，基于月度、季度重要江河、湖库径流量预报，结合不同产业和区域用水计划需求，向社会各行业提供用水预警服务。基本建成全国预报预警公共服务体系，实现国家、流域、省、市、县预报预警产品的汇集、展示、管理等功能，提供全国重点区域洪水影响预报和风险预警产品，实现水情预报预警信息的定点精准推送，洪水预警基本实现县级行政区域全覆盖。

3. 提升水体验服务

依托水利工程和水利博物馆，采用虚拟现实、三维扫描建模、高清影像采集等技术，补充科普展示功能，为用户提供线下线上数据融合、智慧交互、智能泛在的国家级水体验中心。系统深入开展面向青少年的水情教育，把青少年水情教育与中小学课堂教学、综合实践活动有机结合，增强青少年水情教育的针对性，扩大中小学课堂教学的覆盖面，构建整体规划、分层设计、有机衔接、系统推进的在线智能青少年水情教育基地。

4. 强化宣传服务能力

建设水利融媒体智慧平台，实现行业新闻媒体资源融合、数据融合、媒体融合、用户融合，努力打造全程、全息、全员、全效的“四全”媒体，推动水利媒体深度融合发展，构建水利全媒体融合传播新格局。

2.3.8 综合决策智能应用任务

1. 构建政府监管综合智能决策

围绕水利行业强监管的业务目标，横向打通水资源开发利用、河湖管理、工程建设、安全监督、节水管理、水土保持等相关业务，抽取整合和综合利用相关业务智能应用的成果，融合水资源、河湖、工程、安全、节水、水土保持等多源大数据，运用人工智能技术，构建政府监管综合决策模型，实现水资源监管、河湖监管、工程监管、安全监督、节水监管、水土流失监管的综合分析评价和预测预报，提供水利综合监管的风险评估和科学处置策略，自动生成政府监管智能决策报告，实现行业监督稽查、水资源监管、水生态水环境监管、安全生产监管、工程质量监督、项目稽查和监督的辅助决策，提升水利综合监管的智能决策能力。

2. 构建江河调度综合智能决策

围绕江河水系及水利工程联合优化调度的业务目标，横向统筹防汛、抗旱、水资源开发利用、城乡供水等相关业务，抽取整合和综合利用水资源供需分析、水资源调度配置模型、洪水/干旱的精细化预测预报、城乡供水安全分析与预测等智能应用的成果，构建全流域江河水系及水利工程的联合优化调度模型，实现江河调度智能决策的辅助支撑，提升江河调度的综合智能决策能力。

3. 构建工程运行综合智能决策

围绕水库、水闸、堤防、泵站、农村水利等水利工程的科学建设和安全运行，融合水利工程规划、建设、运行和维护全生命周期数据，构建水利工程安全运行的综合评价和预测预警模型，实现水利工程全生命周期的综合分析、安全运行预测预报和保障策略，提升水利工程建设管理和安全运行保障的综合决策能力。

4. 构建水利政务综合智能决策

围绕水利政务的综合决策，横向打通电子政务、资产管理、移民管理、扶贫管理、项目规划、机关建设、水利财务等水行政业务，抽取整合和综合利用各项水行政业务的精准化管理和智能应用成果，融合水利政务大数据，构建资产、移民、项目规划、行政审批等政务类的智能决策模型，利用人工智能分析，实现水利政务管理全过程的分析评价、综合预测和辅助决策，提升水利政务的综合智能决策能力。

2.3.9 综合运维智能应用任务

1. 加强运维监控

建立运维监控平台，对智慧水利涉及的感知、网络、计算、存储、应用支撑平台、智慧使能平台、智能应用等对象进行全面的监控，从用户体验角度，面向业务全面掌握各对象运行状态，并进行可视化展示；建立知识库，基于专家经验和历史处置方案，对日常巡检、配置、故障处置等进行自动化操作；完善告警通知，采用桌面消息、短信、水利蓝信、电话等多种方式，及时将告警信息发送至相关人。

2. 优化运维流程

建立运维流程管理平台，对巡检、例行维护、响应式维护、故障处置、应急响应、分析总结等运维工作场景进行全面、规范、流程化的管理，并与运维监控平台对接，随着流程流转，对涉及运维对象进行自动化配置；对运维工作涉及的一线、二线、外包服务等各类人员进行全面支撑；对各类维护对象从入库、上线、变更、盘点、出库、报废等进行全生命周期管理；建立服务级别管控机制，确保突出重点、保障重点。

3. 强化运维分析决策

建立基于AI的运维智能分析平台，成系列收集运维监测数据、工作流程数据、资产数据等，通过大数据分析、机器学习等，建立运行基线，洞察运行状态，准确进行故障告警、风险预警，深入挖掘问题根源，自动恢复故障，全面掌握运维薄弱环节，提出科学优化建议。

2.3.10 区域特色及重点领域智能应用任务

1. 东北地区

重点构建水资源智能应用、水生态水环境智能应用和水灾害智能应用。以水资源智能应用为支撑，全面提升三江平原、松嫩平原等现代化灌区高效节水的精准管控和科学评价能力，全面提升东北地区河水资源开发利用和水资源调配的精细化管理及分析决策能力。以水灾害智能应用为支撑，全面提升东北地区城市和粮食主产区防洪排涝的科学防御、智能决策和应急响应能力。以水生态水环境智能应用为支撑，全面提升东北地区黑土地水土流失、重要河湖水生态保护与修复的智能分析、科学决策和智能监管能力。

2. 黄淮海地区

重点构建水工程智能应用和水生态水环境智能应用。以水工程智能应用为支撑，围绕京津冀协同发展、雄安新区建设以及中原经济区、山东半岛、太原城市群等重要区域发展要求，全面提升南水北调东中线后续工程和配套工程、小浪底南北岸灌区建设工程、引黄涵闸改建工程、黄河下游河势控制及海河蓄滞洪区建设和骨干河道治理、沿海防洪防潮设施建设等工程建设全过程的精细化监管和安全运行的智能管控能力。以水生态水环境智能应用为支撑，全面提升黄淮海地区的地下水超采区治理修复、重点水源地涵养保护、重要河流湖泊水环境的治理、河湖水系生态环境改善的智能分析、科学决策和智能监管能力。

3. 长江中下游地区

重点构建水灾害智能应用、水工程智能应用和水生态水环境智能应用。以水灾害智能应用为支撑，全面提升洞庭湖、太湖、长江中下游、淮河、蓄滞洪区、沿海防潮、重点涝区的科学防御和联合调度的智能决策及应急响应能力。以水工程智能应用为支撑，全面提升引江济淮等重大工程建设的全过程精细化监管和安全运行的智能管控能力。以水生态水环境智能应用为支撑，全面提升长江生态环境的保护和修复，以及鄱阳湖、洪湖、巢湖等河湖生态修复与水环境综合整治的智能分析、科学决策和智能监管能力。

4. 华南地区

重点构建水灾害智能应用、水资源智能应用和水生态水环境智能应用。以水灾害智能应用为支撑，全面提升珠江、独流入海河流、沿海重点湾区的防洪防潮排涝等科学防御和联合调度的智能决策及应急响应能力。以水资源智能应用为支撑，全面提升珠三角、海南海岛、闽西南、闽江口、环北部湾等地区的水灾害、水资源、水生态及水环境等区域水问题的智能应用、智能管控和科学评价能力，全面提升粤港澳大湾区、海峡西岸经济区、海南自贸区等重要区域城乡供水的精准监管和水安全保障能力。以水生态水环境智能应用为支撑，全面提升重要河湖水生态环境综合治理的智能分析、科学决策和智能监管能力。

5. 西北地区

重点构建水资源智能应用、水工程智能应用和水生态水环境智能应用。以水资源智能应用为支撑，全面提升西北地区的科学节水、水资源开发利用和农村饮水安全的精细化管理、科学评价和智能监管能力。以水工程智能应用为支撑，全面提升引汉济渭、引绰济辽、引洮供水、白龙江引水、引黄济宁、新疆重点水源工程、河道整治、病险水库和淤地坝除险加固、灌区等工程建设的全过程精细化监管和安全运行的智能管控能力。以水生态水环境智能应用为支撑，全面提升黄土高原、三江源等生态功能区，以及塔河、黑河、石羊河等生态脆弱河流生态保护与修复的智能分析、科学决策和智能监管能力。

6. 西南地区

重点构建水工程智能应用、水灾害智能应用和水生态水环境智能应用。以水工程智能应用为支撑，全面提升滇中引水、重点水源工程和“五小”水利工程建设的全过程精细化监管和安全运行的智能管控能力。以水灾害智能应用为支撑，全面提升西南地区重要支流、跨界河流、中小河流治理、石漠化和山洪灾害防治的科学防御、智能决策及应急响应能力。以水生态水环境智能应用为支撑，全面提升江河源头区水源涵养与石漠化地区水土流失治理，以及滇池、草海、泸沽湖、邛海等高原湖泊治理修复与保护的智能分析、科学决策和智能监管能力。

2.4 小结

智慧水利是智慧社会的重要组成部分，是新时代水利信息化发展的更高阶段，是落实水利十大业务需求分析、补短板和强监管的重要抓手，是水利业务流程优化再造的驱动引擎、水利工作模式创新的技术支撑，也是推进水治理体系和治理能力现代化的客观要求。本章第一节阐述了智慧水利的总体目标和不同阶段的具体目标，提出了智慧水利的总体框架，并从数字孪生流域、业务应用、网络安全体系、保障体系等方面进行了详细论述；第二节从构建天空地一体化水利感知网、完善全面互联高速可靠的水利信息网、建设超强水利大脑、开发创新协调的智能应用、提升网络安全体系、建立多维并重的智慧水利保障体系等方面详细介绍了智慧水利的主要建设内容；第三节介绍了相关各领域的水利智能应用体系任务，包括水资源、水生态水环境、水旱灾害、水工程、水监督、水行政、水公共服务、综合决策和综合运维等多个领域。

第3章　水利数字孪生平台

数字孪生(Digital Twin，DT)是使用数字化方式创建物理实体的虚拟模型，借助数据实现安全可视化模拟仿真、管理等操作，实现物理现实与数据信息的交融。数字孪生最初出现在Grieves提出的DT三维模型方法理论，DT模型主要包含物理空间、虚拟空间和连接它们的数据信息，DT模型最初被美国国家航空航天局(NASA)应用于航天设备的开发、管理、运维，使用数字化方式建立物理实体的虚拟模型。伴随着信息科学、大数据技术和三维可视化技术发展趋于成熟，很多专业领域开始探索数字孪生技术在实体产品全生命周期管理上的应用，如工业和制造业，通过数字孪生框架的管理，工厂可以更加灵活、准确地控制生产过程，近期西门子公司(Siemens)与英伟达(NVIDIA)计划连接开放式数字业务平台Xcelerator与3D设计和协作平台Omniverse，这将很好地使西门子的物理世界数字模型和英伟达的人工智能与自然规律结合实现仿真技术。

3.1　2D+3D数字平台

2D+3D数字平台是基于地理信息系统(GIS)、遥感(RS)、网络(IT)、数据库(DB)、虚拟现实(VR)等现代高新技术，通过数据的采集、加工、处理、存储、管理，系统的综合设计、开发、集成，以及模型构建等一系列复杂设计完成的。

3.1.1　平台建设内容

1.三维场景信息展示

(1)数据分层功能

根据系统功能结构要求，将数据按不同比例尺进行分层，具体如下。(图3-1)

①1∶25万比例尺，反映宏观信息，包括全国气候分带、年均降雨分布、年均暴雨分布、一级河流、一级水库、一级湖泊、公路、铁路、行政区划、全国30 m分辨率的影像数据、全国DEM数据等。

②1∶5万比例尺，反映流域级较详细信息，包括全流域的ETM影像数据、DEM数据、(大、中、小型)水库、(一级、二级、三级、四级)河流、湖泊、堤防、蓄滞洪区、公路、铁路等。

③1∶1万比例尺，反映重点工程的详细信息，包括彩色(或伪彩色)航片、DEM数据、面状河流、水库、湖泊、三维大坝、三维堤防、三维水文站等。

图 3-1　三维场景信息展示

（2）展示分层功能

三维地理信息系统建设要求展示丰富的基础地理信息和防汛专题信息，为了达到更好的展示效果，要求对这些信息进行分类和分级。可以从全景开始，层层推进，逐级展示；也可以从局部区域开始，在不同级别之间进行切换。即遵照系统功能的要求，如按照先后顺序展示流域 1∶5 万比例尺三维电子江河场景及重点河系和防洪保护区以及 1∶1 万比例尺重点水利工程场景，从综合、宏观入手，层层推进，逐步完成细节展示，实现数据的无缝切换。（图 3-2）

图 3-2　图层标注切换功能

（3）自动切换功能

根据不同的视野范围、不同比例尺、不同清晰度的三维场景，展示不同信息内容，实现在系统运行中进行快速切换的功能。

（4）自动飞行功能

通过自动飞行浏览进行空间场景及水利工程信息的动态展示是三维地理信息系统建设的基本要求之一。在系统建设中采用动态控制技术实现三维场景的自动飞行功能，并且可沿设定的路线以合适的角度及高度进行飞行浏览，并具备适时调整俯视角和飞行高度等功能。

（5）平面与三维标注切换功能

在三维场景中，平面标注与三维标注同样重要，平面标注主要用于正射角度，三维标注则用于场景旋转、角度倾斜变化，因此系统开发应具有平面标注和三维标注功能。

2. 二、三维一体化

二维地理信息系统和三维地理信息系统都拥有独特的优势，并在各自的应用领域发挥重要作用。其中，二维地理信息系统侧重于全局表现，在展示地理信息数据时更加直观和形象，但缺少对第三个维度空间数据的描述；三维地理信息系统则在分析和处理空间数据方面更有优势。二、三维一体化的地理信息系统可实现二维和三维地图的联动及数据同步，有利于全面提高信息的综合表现力，用户可通过二维和三维同时浏览及处理地理信息数据。WebGIS 技术和 3D-GIS 技术的发展，为实现二、三维一体化提供了可靠的技术支持；同时，海量数据的已有资源和实时获取技术的成熟，提供了丰富的数据基础。这两方面为二、三维一体化的行业应用提供了必要的基础条件。

（1）二、三维一体化需求

1）应急会商对场景的要求

防汛应急会商需要各方面人员的参与，包括决策领导、专业技术人员、行政人员等，不同人员对会商场景的习惯和要求不同。二、三维一体化的会商环境，可以满足不同层次的参与人员对会商场景逼真或抽象的要求。

2）水利工程管理的需要

为了更好地进行水利工程管理，有时需要查看水利工程的平面图，有时需要查看水利工程与河道、水库等水利要素的逻辑关系，有时又需要查看水利工程所处的地形背景。为更好地满足这些要求，必须实现二、三维一体化。

3）快速分析的需要

有些数据的量算，在二维地图中更准确；而有些专业分析，如水淹范围、险情程度等，则在三维场景中更容易实现。因此，实现二、三维一体化，更能满足这些快速及时的分析、计算要求。

（2）二、三维一体化集成方式

1）基于数据共享的二、三维一体化

二维地图和三维场景采用统一的数据源进行数据存储，既保证了数据的统一，又实现了“数据中心”的建设模式。

2）统一的数据坐标系统

基于 ArcGIS 地图和三维模块的技术特点，二维地图和三维场景所使用的数据都可以进行动态投影，而不需要进行投影方式的硬性转换要求。同时，二维地图和三维场景中的坐标系统完全不需要转换，保证了数据坐标系统的准确性。

3）功能模块共用模式

二维地图和三维场景的区别只是展示环境，具体专业功能调用的则是统一的后台计算模型，场景和模型之间通过坐标或数值等与场景无关的参数进行交互。

4）功能界面的无缝集成

二、三维前端的展示界面包括三种方式：

①两种场景可以无缝切换，通过地理坐标进行位置的对应；

②在二维地图中，如果关心某个水利要素，可以直接查看水利要素的三维形态；

③在三维场景中，可以随时查看目标范围的二维地图。

（3）二、三维一体化技术路线

二维系统采用基于 J2EE 技术路线的多层分布式应用体系架构，应用前端可通过各种浏览器访问二维系统，通过 Windows 应用程序客户端访问三维系统。二维应用程序前端分为表现层、业务逻辑层和数据处理层。表现层使用富媒体（Rich Internet Application，RIA）技术，以提高用户体验的方式访问；业务逻辑层处理具体的三防业务逻辑；数据处理层处理三防数据、元数据、模型参数、模型计算的最终结果、预处理平台的计算结果等。其中，三维系统可以嵌入二维系统查询分析的结果数据，分析算法使用统一的算法组件。（图 3-3）

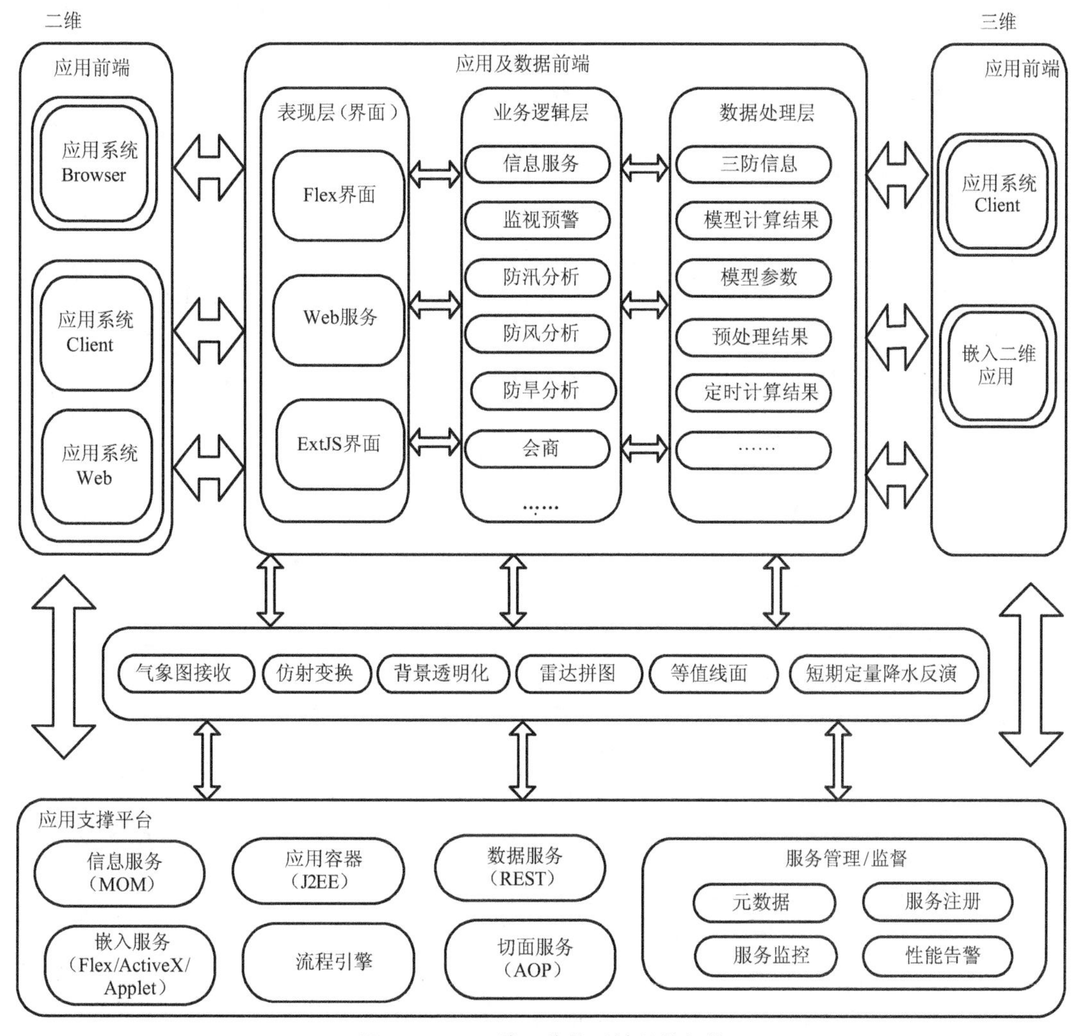

图 3-3　二、三维一体化系统总体架构

3. 数据采集与处理

(1)3S 系统

3S 系统是全球定位系统(Global Positioning System，GPS)、遥感(RS)、地理信息系统(GIS)的统称。GPS 用于空间定位，RS 用于地理信息和专题信息获取，GIS 用于信息数据的存储与管理。利用 3S 系统可对工情、险情、凌情、汛情等信息进行地理定位,对自然地理和社会经济基础信息进行采集与建库,为信息系统建设提供空间数据支撑。

(2)数字摄影测量

摄影测量是大范围地理信息获取的主要手段。传统摄影测量主要采用框幅式航空摄影,需要进行大量的外业相片控制测量工作,成图周期长,作业效率低。随着摄影测量技术的发展,新型航空传感器(ADS40/80)在航空摄影测量中得到广泛应用,其可同时获得前视、底点、后视,具有 100%三度重叠、连续无缝的地面立体影像。航空摄影可获得全色、红色、绿色、蓝色、近红外的数字影像,实现数字摄影测量过程端的全数字化。POS 系统的应用,可直接获取航空影像的外方位元素,从而省略或大大减少野外相片控制测量工作量,提高作业效率,且成图周期短,产品精度高,实现基础地理信息的快速更新。

4. 海量数据处理

三维地理信息系统建设是以海量数据为基础的,包括 DEM 数据、遥感影像、基础地理矢量数据以及水利专题数据等,总数据量超过 100 GB,甚至在 1 000 GB 以上。通常的数据处理主要是采用文件方式组织和管理数据,无法有效管理海量数据。在三维地理信息系统建设中利用金字塔三维数据引擎技术,实现海量数据的存取与高效管理。

金字塔三维数据引擎是海量数据技术构架中多种技术的合集。这些技术涉及许多技术领域,包括磁盘数据存储技术、内存数据组织技术、数据动态装载/卸载技术、纹理动态载入技术、复杂消隐技术、多分辨率模型以及其他相关技术。其实现了对不同尺度海量数据的连续浏览,在保持高效浏览效果的同时,可保持整个数据从宏观纵览到每个局部细节的表现,达到图形表现质量与速度的完美统一。

三维地理信息系统展示系统在设计方面采用金字塔三维数据引擎技术对数据进行处理和管理,存储不同比例尺的矢量空间数据、不同精度的栅格 DEM 数据以及不同空间分辨率与光谱分辨率的航天和航空遥感数据等,采取集中存储、统一处理的方法,将这些数据通过金字塔三维数据引擎技术进行存储。金字塔三维数据引擎技术可以管理大型地理要素,提供对空间、非空间数据进行高效率操作的服务。

金字塔三维数据引擎技术通过 SQL 引擎执行空间数据的搜索,将满足空间和属性搜索条件的数据在服务器端缓冲存放并发回到客户端,这样在客户端得到的数据仅是一个数据子集,其速度仅取决于数据子集的大小而与整个数据集大小无关,所以可以管理海量数据。每次系统只读取当前范围内需要的数据,减少了数据流量,极大提高了系统的性能。

5. 影像处理

遥感影像包含丰富的信息,处理方法比较成熟,是建设三维地理信息系统的主要数据源之一。三维地理信息系统使用的遥感影像主要包括 30 m 分辨率的 TM 影像、15 m 分辨率的 ETM 影像和 1 m 分辨率的航空遥感影像,以及 2.5 m 分辨率的 SPOT 卫星数据和 5.8 m 分辨率的印度 P6 卫星数据等。在三维地理信息系统建设中采用了多种影像处理技术,如图像处理、影像纠正、多源遥感影像配准与影像融合等。

(1)图像处理

三维地理信息系统建设使用了多项图像处理技术,包括格式转换、图像色彩调整、多种滤波处理、多种图像的逻辑处理、图像批处理等,对图像进行了诸如滤波、增强、光学特征调整以及逻辑运算等处理。

(2)影像纠正

遥感影像一般都有变形,引起影像变形的原因主要有两种:

① 通常获取的遥感影像由于传感器位置与姿态的变化、地球曲率的影响以及地形起伏、地球旋转等原因会导致影像外部变形;

② 遥感影像的内部变形是由于传感器本身性能技术指标偏离标称数值而导致的。

因此,影像纠正主要是利用控制点信息、DRG或正射影像等参考数据对遥感影像的变形进行纠正。

(3)多源遥感影像配准

多源遥感影像配准是对多种不同来源、不同分辨率的遥感影像进行配准。其中遥感影像主要包括1 km分辨率的气象卫星数据、30 m分辨率的TM数据、2.5 m分辨率的SPOT卫星数据、1 m分辨率的航空遥感影像。由于在三维地理信息系统建设中同时采用了多种不同来源、不同比例尺的遥感影像,因此需要利用参考数据对这些多源遥感影像进行配准或选取控制点进行配准。

(4)影像融合

影像融合是指从多种观测手段所获取的关于同一地物的不同遥感数据中,通过一定的数据处理,提取有用信息,最后将其汇集到统一的空间坐标系(图像或特征空间)中进行综合判读或进一步解析处理。影像融合技术通过多种信息的互补性表现,提高多源空间数据综合利用质量及稳定性,进一步提高地物识别、解译与决策的可靠性及系统的自动化程度。

6. 洪水演进展示

在防汛抗旱减灾工作中,水文和水力学模型在水情预报、预警、模拟等方面发挥着重要的作用。但现有的水文和水力学模型专业性较强,计算结果可视化方面相对较弱,在防汛决策支持领域的应用受到较大制约。基于二维地理信息系统的模型结果展示系统已得到较快发展,但是由于洪水在空间上的传播过程是与地形地貌紧密相连的,二维地理信息系统的模型结果展示仍然无法直观地表现洪水在地形地貌约束下传播的过程。在三维地理信息系统建设中,可以实现将水动力学模型计算结果在三维场景中直观展现,并可以提供任意时刻和任意地点的水情信息查询,为防洪决策提供十分直观便捷的支持。

洪水演进展示主要是通过洪水仿真模型的模拟计算,在三维地理信息系统平台中嵌套洪水仿真计算模型,利用所计算的结果,结合ArcEngine中的GlobeControl控件及OpenGL的建模与展示功能,充分利用GlobeControl对DEM影像良好的支持以及OpenGL绘图的灵活性和高效率,把洪水淹没的计算结果借助三维地理信息系统平台予以直观展示。

7. 虚拟现实

虚拟现实是利用计算机生成逼真的三维虚拟环境。与传统模拟方法不同的是,其将模拟环境、视景系统和仿真系统结合起来,并利用显示器、各种传感装置,把操作者与计算机生成的三维虚拟环境联结在一起。虚拟现实最重要的特点就是“逼真感”与“交互性”。参与者置身于虚拟世界中，环境、人像都犹如在真实环境中，其中的各种物体及现象都在相互作用着。虚拟现实技术可以创造形形色色的人造现实环境，形象逼真，使人有身临其境的感觉，并且可与虚拟的环境进行交互作用。

三维地理信息系统建设中的虚拟现实技术主要体现在两个方面：一是建立防洪工程三维数字模型，并叠放在三维场景中，逼真展示防洪工程布局、结构与地形地貌；二是在三维场景中进行河道水流形态的动态展示。其具体体现如下。

①实体模型与地形地貌的结合，将防洪工程以电子化的方式建立数字模型，并叠放在三维场景中，用软件中的传感器控制实体模型的展示和应用，使地形、地貌、河流、高山、城镇等地物以及水库、堤防、涵闸等水利工程建筑直观地呈现在人们面前，给人以身临其境的感觉。

②对河流的流动及模拟展示，通过建立与数据库的关联，实现河道断面数据及水文数据的查询，并结合多媒体手段进行信息显示，真实、直观、动态地再现洪水情况及防洪措施应用情况，为防汛减灾服务。

8. 系统集成

在三维地理信息系统建设中，使用了大量不同结构和不同格式的数据，采用了 ArcGlobe、VRMap 等多种软件平台。为了达到统一的效果，三维地理信息系统采用了很多集成技术，主要包括数据集成技术、功能和界面集成技术以及多软件应用集成技术。

（1）数据的集成

三维地理信息系统建设涉及影像数据、DEM 数据、地理信息数据、水利工程数据等，这些数据的结构、格式各不相同。三维地理信息系统依据各类数据空间上或属性上的联系，屏蔽掉各类数据在格式、结构方面的不同，把不同类型的数据集成到统一平台中，方便系统使用。

（2）功能和界面的集成

三维地理信息系统可多层次展示不同比例尺的三维场景，不同层次的场景功能和界面是不同的，系统在开发中实现了不同比例尺场景在切换的过程中，功能和界面也同时切换，既保证了系统平台的一致，也保证了系统风格的统一，同时还实现了三维场景的完整性和功能结构的合理性。

（3）多软件应用集成

三维电子江河系统建设应用了许多软件，如 ArcGlobe、VRMap、Oracle、SDE、VB 等，系统以这些软件为基础进行开发，并形成一个统一的应用平台。

除此之外，还在三维地理信息系统总体功能安排、界面布局、色彩、硬件匹配及数据存储设备等方面进行了统一设计，最终形成统一的应用系统平台。

9. 基于 DEM 的洪水淹没分析与展示

数字高程模型（DEM）是以数字的形式按一定结构组织在一起，表示实际地形特征空间分布的模型，也是地形形状大小和起伏的数字描述。DEM 的核心是地形表面特征点的三维坐标数据和一套对地表提供连续描述的算法，最基本的 DEM 由一系列地面点位置(x, y)及其相联系的高程 z 所组成，用数学函数可表达成 $z=(x, y)$，$(x, y)\in$ DEM 所在区域。利用 DEM 可以进行在给定水位条件下的洪水淹没范围计算。基于 DEM 给定水位条件下的洪水淹没范围可分为两种情况，即无源淹没和有源淹没。无源淹没是指凡是高程值低于给定水位的栅格都是淹没区域，不考虑地域连通性；有源淹没则考虑地域连通性。无源淹没往往应用于给定范围和水位的淹没情况分析，而有源淹没往往可应用于洪水演进淹没分析。无源淹没计算较为简单，只需遍历给定范围内的所有栅格单元，找出低于给定水位的栅格即可，这样即可确定在给定范围内，在一定水位条件下的淹没范围，当然也可以通过累加各单元的淹没水量来统计给定范围的淹没水平，以及判断淹没单元的极值来确定最大淹没水深。对于有源淹没计算，可用堆栈节点遍历法来实现。在三维地形场景中，通过事先构建一定量的不同水位高程的水面模型，根据需要实时进行判别和加载，同时借助碰撞分析和显示技术，以实现洪水淹没动态展示。

3.1.2　洪水演进仿真

1. 洪水仿真模型

蓄滞洪区的洪水计算模型采用无结构不规则网格，结合显式有限差分法与有限体积法的优点，划分网格时可以较好地适应地形，能够计算河道、河堤、闸、泵、地表不透水面积的影响。

（1）计算方法

二维模型采用规则网格建模是最方便的，技术也比较成熟，但是蓄滞洪区的地形地貌比较复杂，如果采用规则网格的话，为了避免地形失真和合理体现小河沟、河堤等的影响，就必须把网格划分得很密，以提高对地形的分辨率，这样就会加大计算量，延长计算时间。当分洪形势紧迫时，为了满足实时计算的要求，就要尽量减少计算需要的时间。

不规则网格发展很快，对复杂地形的适应性好，网格的边可以沿着挡水建筑物（堤防）、导水建筑（河渠）或者边界设置，使地形概化更接近实际。无结构不规则网格可以根据计算需要灵活布置，便于考虑计算区域内对洪水演进有比较明显影响的因素，适合洪水演进计算。

不规则网格计算方法主要包括有限元法、贴边坐标法、有限体积法等。有限元法的状态变量定义在网格的节点上，需要求解大型的系数矩阵，计算量相对比较大，一般适用于求解形状复杂的连通水域的定边界问题。贴边坐标法要将不规则网格转化成规则网格后再求解，由此增加的计算量要靠减少网格数来抵消。其网格是有结构的，因此虽然网格能够反映计算域整体外形的特点，但是在计算域内部并不能随意布置，对有阻水作用的堤防与有导水作用的小河等难以细致刻画，一般比较适合求解仅受外部复杂边界控制水域的水流运动问题。有限体积法采用的是无结构不规则网格，基本状态变量为水深和流速。其基本的物理概念是状态变量在网格内随着时间的变化取决于网格周边水量与动量的法向通量的变化。

系统选用的二维计算模型具有体积积分形式的有限差分法的优点，即在网格周边计算流量，在网格中心计算水位。同时，该模型也吸收了有限体积法中非结构不规则网格的优点，在通道上定义单宽流量，不限于正交的 x 方向或 y 方向，可以是任意通道法线方向的流量。根据模拟对象的特点，网格类型和通道类型还可以灵活划分。通道划分为不同类型可以简化计算，并且使以后模型的扩展非常方便，只需要在模型中定义新的通道类型号，并在通道计算的程序块中添加对应的处理代码即可。

（2）基本方程

平面二维浅水不恒定流的水动力学控制方程，在选择不同的物理量作为基本状态变量时有不同的表达形式。此模型选择将平均单宽流量 Q 和水深 H 作为基本状态变量。

以平均单宽流量 $Q(M,N)$ 和水深 H 作为基本状态变量时，平面二维浅水不恒定流的水动力学控制方程组是由一个连续方程和分别定义在 x 与 y 方向上的两个动量方程组成的。在略去扩散项和科氏力这两项后，沿着深度方向积分的控制方程组可以写成如下的质量守恒和动量守恒形式。

水流连续方程：

$$\frac{\partial H}{\partial t}+\frac{\partial M}{\partial x}+\frac{\partial N}{\partial y}=q \tag{3-1}$$

水流动量方程：

$$\frac{\partial M}{\partial t}+\frac{\partial (uM)}{\partial x}+\frac{\partial (vM)}{\partial y}+gH\frac{\partial Z}{\partial x}+g\frac{n^2u\sqrt{u^2+v^2}}{H^{1/3}}=0 \tag{3-2}$$

$$\frac{\partial N}{\partial t}+\frac{\partial (uN)}{\partial x}+\frac{\partial (vN)}{\partial y}+gH\frac{\partial Z}{\partial y}+g\frac{n^2v\sqrt{u^2+v^2}}{H^{1/3}}=0 \tag{3-3}$$

式中 H——水深；

Z——水位；

q——连续方程中的源汇项，此模型中代表有效降雨强度，不计降雨情况下，$q=0$；

M 和 N——x 和 y 方向的垂向平均单宽流量；

u 和 v——垂向平均流速在 x 和 y 方向的分量；

n——曼宁糙率系数；

g——重力加速度。

基本状态变量与其他变量之间有以下转换关系：

$$Z=H+B \tag{3-4}$$

$$u=M/H \tag{3-5}$$

$$v=N/H \tag{3-6}$$

式中 B——地面高程。

上面两个动量方程中，等号右边第一项为加速度项，第二项和第三项为对流项，第四项为重力项，第五项为阻力项。

（3）控制方程的简化与离散

当采用规则网格的有限差分法求解时，上述形式的控制方程组很容易离散，因为在规则网格的通道上定义的正是 x 和 y 方向的单宽流量 M 与 N。但是，当计算域很大时，上述的非线性偏微分方程组要求它的数值解需要相当长的计算机运算时间。为了达到提高模型运算速度的目的，此模型针对模拟对象的特点，对控制方程组进行了适当的简化和改造。

为了达到既简化计算方法，提高模型运算速度，又保证基本控制方程的守恒性、稳定性和较高的计算精度的目的，此模型在基本状态变量的离散化布置方式上借鉴了体积积分形式的显式有限差分法的优点，即在网格的形心计算水深，在网格周边的通道上计算垂向平均单宽流量。这样布置的好处是通道的走向可以与堤防等连续性的阻水建筑物走向一致，使布置网格的时候更能接近实际情况。计算时，水深与流量在时间轴上分层布置，交替求解，物理意义很清晰，并且有利于提高计算的稳定性，如图 3-4 所示。

利用基本状态变量与其他变量之间的转换关系，将水流连续方程对计算域进行面积分，可以得到

$$\int_A \left(\frac{\partial H}{\partial t} + \nabla H\vec{u} \right) \mathrm{d}A = \int_A q \mathrm{d}A \tag{3-7}$$

根据高斯定理，可得

$$\int_A \frac{\partial H}{\partial t} \mathrm{d}A + \oint_l \left(H\vec{u} \cdot \vec{n} \right) \mathrm{d}l = \int_A q \mathrm{d}A \tag{3-8}$$

式中　u——计算域边缘上任意一点的流速矢量；

　　　n——该点的外法线方向单位向量。

令 $Q = H_u \cdot n$，则 Q 为任意 n 方向垂向平均单宽流量，当 n 取为 x 和 y 方向的单位向量时，Q 即为 M 和 N。

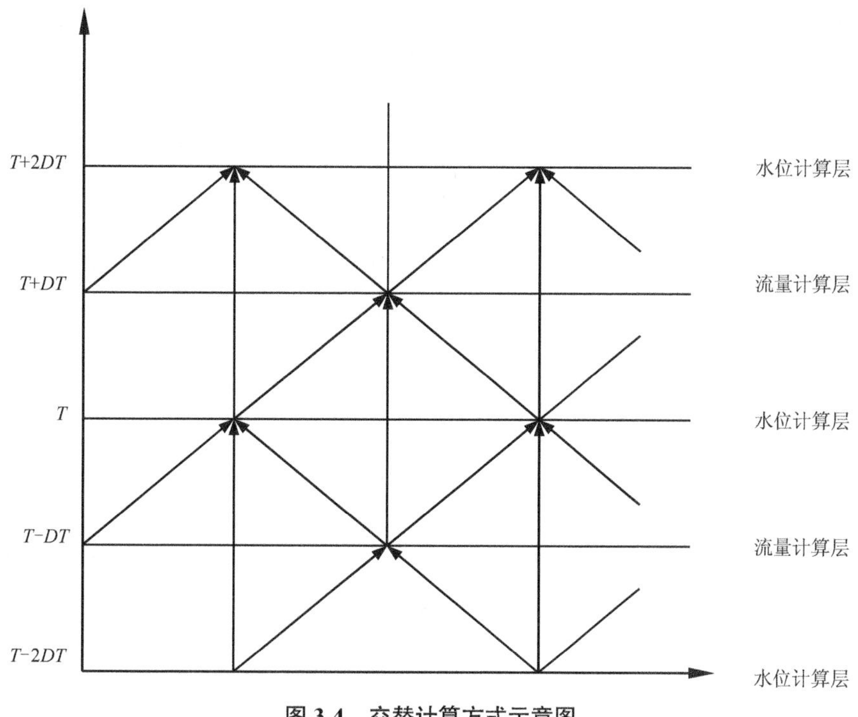

图 3-4　交替计算方式示意图

当划分的网格比较小时，可以认为水深 H 随着时间的变化在一个网格内是一致的，这样式(3-8)中等号左边第一项积分中的被积函数就可以提出到积分号外面。除此之外，还可以假定降雨在一个网格内是均匀分布的，这样式(3-8)中等号右边项可以写成 $A \cdot q$。则式(3-8)可简化为

$$A\frac{\partial H}{\partial t} + \oint_l Q \mathrm{d}l = Aq \tag{3-9}$$

对任一 K 边形网格，式(3-9)中等号左边第二项的线积分可以写成

$$\oint_l Q\mathrm{d}l = \sum_{k=1}^{K} Q_k L_k \tag{3-10}$$

式中 A——网格的面积；

L——通道的长度；

k——对 K 边形网格通道的编号；

Q_k——K 边形网格各边上的平均单宽流速的垂向分量。

式(3-10)的含义就是一个网格的进出水量等于此网格各个边上的法向平均流速分量与边长的乘积之和。而式(3-9)的含义就是网格中水量的变化量等于网格所有边上进出水量与降雨量的代数和，其物理意义是非常清楚和容易理解的。

对于规则网格，Q_k 就是定义在通道上的 x 方向流速分量 M 和 y 方向流速分量 N，L_k 则是网格的 x 和 y 方向的两个边长 D_x 和 D_y。所以，对于规则网格来说，这个连续方程具有非常简单的形式。而在不规则网格的情况下，如果要将 Q 转换成 M 和 N 的形式求解，计算量较大。由于此模型选择了流量作为状态变量，并且是直接定义在通道上的，于是模型就假定通道上的流速方向就是通道两边网格形心的连线方向，而且忽略此连线与通道的夹角，认为它们是垂直的，所以上面的 Q_k 就很容易求出。经过这些处理之后，通道上求出来的流量可以近似看作水流的法向通量，连续方程既保持了二维不恒定流计算模型的特征和有限体积法严格的质量守恒特性，又具有规则网格情况下离散格式的简练特点。但是，这样处理也对网格的划分提出了一定要求，所有的网格必须都划成凸多边形，而且要尽量使通道方向与其两边网格的形心连线方向接近垂直，以此来减少模型因忽略它们的夹角而带来的误差。

对任意网格，设定 Q 流入为正、流出为负，则连续方程对网格的显式离散化形式可以写成

$$H_i^{T+2DT} = H_i^T + \frac{2DT}{A_i}\sum_{k=1}^{K} Q_{ik}^{T+DT} + 2DTq^{T+DT} \tag{3-11}$$

式中 i——网格的编号。

式(3-11)表明，当已经知道各网格 T 时刻的水位时，要求出 $T+2DT$ 时刻各网格的水位，只要能合理解出各通道上 $T+DT$ 时刻的水流单宽通量 Q 即可。

综上所述，整个模型的运算流程可以概括为由初始时刻已知的每个网格水位，通过动量方程求得 DT 时刻各通道上的单宽流量，再把结果代入连续方程求得 $2DT$ 时刻所有网格的水位，如此不断循环计算直到结束。

2. 模型计算条件

(1)降雨条件处理

将计算域分为若干个网格后，如果气象部门可以提供比较详细的降雨强度分布资料，那么对每个网格分别保存对应的降雨强度随着时间变化的数据。若是数据资料缺乏，就只能按照降雨在计算域内均匀分布处理，对整个计算域给出一个降雨强度随着时间变化的序列值，这种处理显然不如前面的合理和符合实际情况。在数据资料齐全和有必要的情况下，应该采用前面保存降雨强度分布数据的处理方法。例如，荆江分洪区面积约 970 km^2，降雨强度在这种小范围内不会有太大的变化，所以可采用降雨在计算域内均匀分布的处理方法。

为了正确计算降雨对每个网格水深变化的影响,模型中的每个网格还各有一个径流系数和建筑面积比例系数。

1)径流系数

大洪水年份,启用蓄滞洪区前,蓄滞洪区一般已经遭受长时期的暴雨,土壤含水量已经基本饱和。一旦分洪,进洪量和同期降雨量将都只表现为地表径流,因此计算蓄滞洪区洪水演进过程时,可以不考虑径流系数,或者取较大的径流系数。

2)建筑面积比例系数

由于经济的发展,蓄滞洪区内存在大量建筑物,如安全台、高楼等。这些建筑物由于不积水,势必影响网格水深。建筑面积比例系数是网格内不积水建筑物面积占网格面积的比例,它是为了合理体现地表建筑物对网格水深的影响而设置的网格属性。

(2)泵和闸的处理

蓄滞洪区里有专门的固定排水泵站用来排涝,在紧急情况下也会临时增设一些泵站来应急。固定排水泵站就直接把信息保存在数据库中,临时排水泵则通过模型运行时交互输入信息。每个泵具有所属网格和抽排能力等属性,由于泵有可能关掉或是被水淹没不能正常运转,因此每个泵还有一个运行与否的状态量,模型运算时动态改变这个量就可以模拟泵的开和关。

闸门过流量与闸前闸后水位和闸门开度都有关系。实际的闸门一般都有这三者对应函数的实测值曲线,模型中将这条曲线离散取值后以数据系列的形式保存,运算时每个计算步长通过在这些数中插值得到闸门即时过流量。

(3)计算通道特性

模型中的通道可分为一般通道和特殊通道。一般通道就是各个网格的边,而特殊通道则是为了模拟计算域内的小河渠设置的。

一般通道只是多边形网格的边界,在物理概念上是一条线,没有宽度和深度,也没有容积,但是有一个顶高程属性。如果通道两边的网格有任意一边的水位超过通道的顶高程,通道两边网格就会进行水量交换,流量用堰流公式来计算。一般通道可以划在地面高程发生突变的地方,把两边分割成不同的网格,这时通道的顶高程就是通道两边网格地面高程的较大值,如图3-5(a)所示。若地表有墙、堤之类的连续性阻水建筑物,可以用一般通道来进行概化,通道划分的位置能够与建筑物的实际情况很好地吻合,这也是不规则网格很大的优势,这种情况下通道的顶高程就是建筑物的顶高程,如图3-5(b)所示。蓄滞洪区中的路都是高于地面的,有阻水作用,因此也应该概化成一般通道。

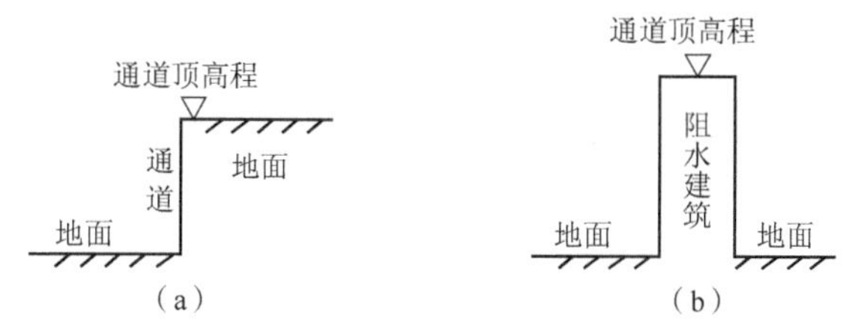

图3-5　通道顶高程示意图

(a)两边高程不一　(b)中间有连续阻水建筑物

一般来说,实际中阻水建筑物或较高网格的地面都是高矮不齐,或是有缺口的,被概化成一般通道,在计算通过它上面的水流通量时,如果忽略这些因素,计算结果就会偏小;但是如果逐个进行计算叠加,就需要把许多高程变化的信息保存下来,这本身就比较复杂而且容易出错,此外计算一般通道上的水流通量也会耗费很多计算时间,降低模型运行速度。因此,此模型采取一个简便而又比较准确的方法,因为流量是定义在通道上的,并且通道对模型计算结果的影响也只是通过流量,所以模型在计算时基于流量计算结果近似等效的原则对实际情况做了简化处理,把实际中通道上的各种凹凸不平处概化成一个等效缺口,缺口的长宽尺寸就根据概化前后通道上的流量计算结果尽可能接近的原则求出,模型中的每个通道就只保存和处理这个概化缺口的信息,如图 3-6 所示。

图 3-6　实际情况在模型中的概化

当把实际中的河堤概化成一般通道后,在正常情况下,这个缺口的宽度属性设置为零。如果堤防出险,那么就把缺口底高程设置为堤防溃决到的高程,把缺口宽度设置为堤防崩塌的长度。这样,通过在程序中动态改变这两个属性值,就可以模拟各种堤防出险的情况。

特殊通道与一般通道的不同处在于它有一定的宽度和深度,可以容纳一些水,可以与两边网格交换水量,相邻特殊通道也可以交换水量(也就是水沿着河渠流动)。特殊通道有两个通道顶高程属性,分别对应河道两边的堤高。如果河道中或是相邻网格的水位超出堤高,就会发生水量交换。因为河渠与两边的网格都可能交换水量,所以特殊通道上定义两个流量,计算时和一般通道一样都是采用堰流公式计算。通道的布置如图 3-7 所示。

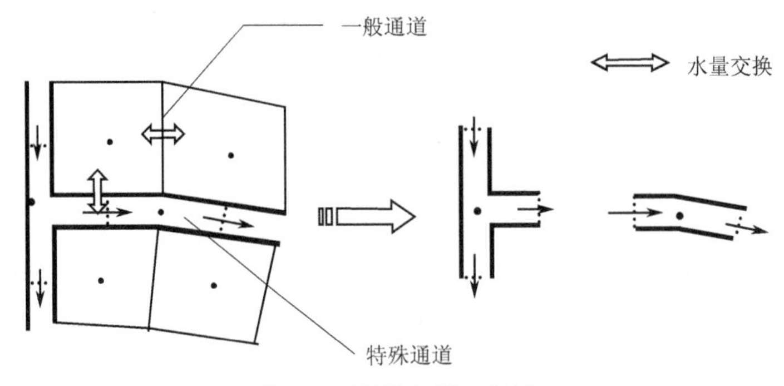

图 3-7　通道布置示意图

特殊通道用来模拟计算域内的小河渠,而对于很宽的大河就要处理成河道型网格,如图 3-8 所示。河道型网格除具有底高程低等特征外,在模型中的处理与陆地网格并没有实质性不同。

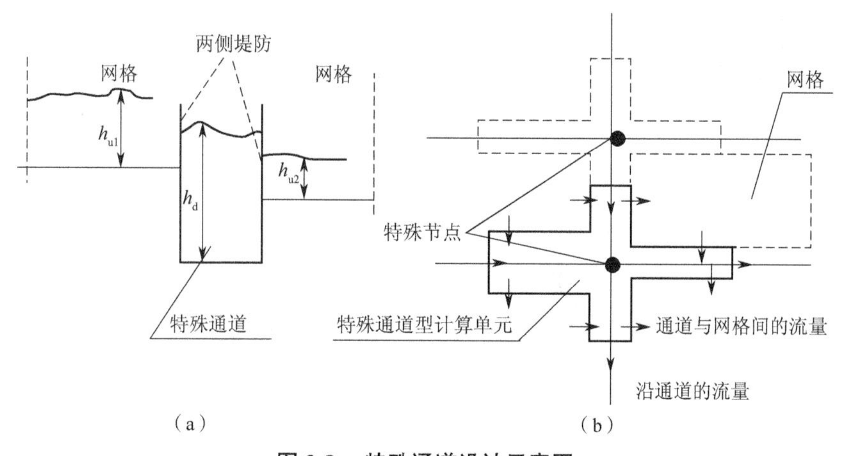

图3-8　特殊通道设计示意图

(a)特殊通道纵面图　(b)特殊通道平面图

3.2　水利信息智能图谱

信息技术的发展推动着互联网技术变革,云数据的复杂性、异构性对大数据解决方案提出了更高要求,如何从海量、异构的数据中发掘内在逻辑规律和潜在价值成为新的研究热点。知识图谱的出现为大数据提供了语义化的知识表示和丰富的关联性,知识图谱即结构化的语义知识库,用于以符号形式描述物理世界中的概念及其相互关系。知识图谱的基本组成单位是"实体-关系-实体"三元组以及实体及其相关属性-值对,实体间通过关系相互联结,构成网状的知识结构。谷歌公司于2012年5月发布了谷歌知识图谱,它是一种结构化的语义知识库,此项技术包括从互联网的网页中抽取出实体(人、地点、事物等)、关系(职业、亲属等)和属性(描述、图片等)信息,形成一个庞大的图谱,可根据用户的搜索意图为用户提供语义搜索结果,而不是单独的关键词匹配,实现搜索引擎的搜索质量提升。除此之外,谷歌知识图谱可以从新的信息中更新实体的属性与关系,以保持知识的准确性和实时性。

知识图谱从知识覆盖范畴和应用场景两方面可划分为通用知识图谱和特定领域知识图谱。前者注重领域的覆盖即知识的广度,而后者更重视领域的实用性和知识的精准度。通用知识图谱主要被应用于搜索引擎和智能问答等业务,如谷歌知识图谱、WikiData、YAGO、Freebase、DBpedia、WordNet等。特定领域知识图谱又被称为行业知识图谱或垂直知识图谱,其知识覆盖范围和使用方式更侧重于某些专业领域,如地理信息系统领域的GeoNames、医学遗传学领域的OMIM、生物学领域的Gene Ontology和UniProt Knowledge-base、影视媒体领域的LinkedMDB等。

水利信息智能图谱是水利空间的基础设施和整体框架在大数据中心数据整合加工及综合治理的基础上,以水利信息智能图谱为基础,实现空间信息资源开发利用、综合管理、服务共享。水利信息智能图谱围绕水利数据资源整合应用与共享,实现水利数据资源的整合管理,构建水利数据服务与功能服务,以此为基础建立服务与应用的综合展示、服务资源的门户展示与服务的全面管理,并提供接口开发管理和更新维护功能。一方面,智能图谱业务数据丰富，服务领域宽泛，图谱直观性强，辅助决策程度高，能够满足水利工程领域多业务协同联动；另一方面，智能图谱促进知识图谱与人工智能的有机结合，增加其在水利工程领域的应用，提高综合决策的智能化水平。最终，灵活集成多源异构数据，建立数据关联，并进行大规模知识推理，解决多业务交叉和数据交互的难题。

水利信息智能图谱系统的关键是知识图谱，知识图谱作为一项实用的人工智能前沿技术，能够灵活集成多源异构数据，建立数据关联，实现实体链接，并进行大规模知识推理。基于数据中心存储的大数据和搜索引擎，利用应用数学、图形学、信息可视化、信息科学等学科和技术，建设沉浸式机器学习和算法建设知识图谱库。面向水利学科领域的知识图谱属于垂直知识图谱，具有较强的领域特色。

水利信息智能图谱系统由基础数据层、技术支撑层、知识图谱层、应用服务层、用户界面层组成，主要实施步骤包括基础数据库构造、知识图谱库构建、应用系统开发与集成应用，如图 3-9 所示。

为实现地理信息的一体化管理，需要在水利一张图、流域一张图的基础上实现数据共享与交换平台，建立流域个性化、特征化专题图层，建设省级或流域遥感影像数据服务中心，提供辖区河段大比例尺的地理信息数据及三维视景功能服务。

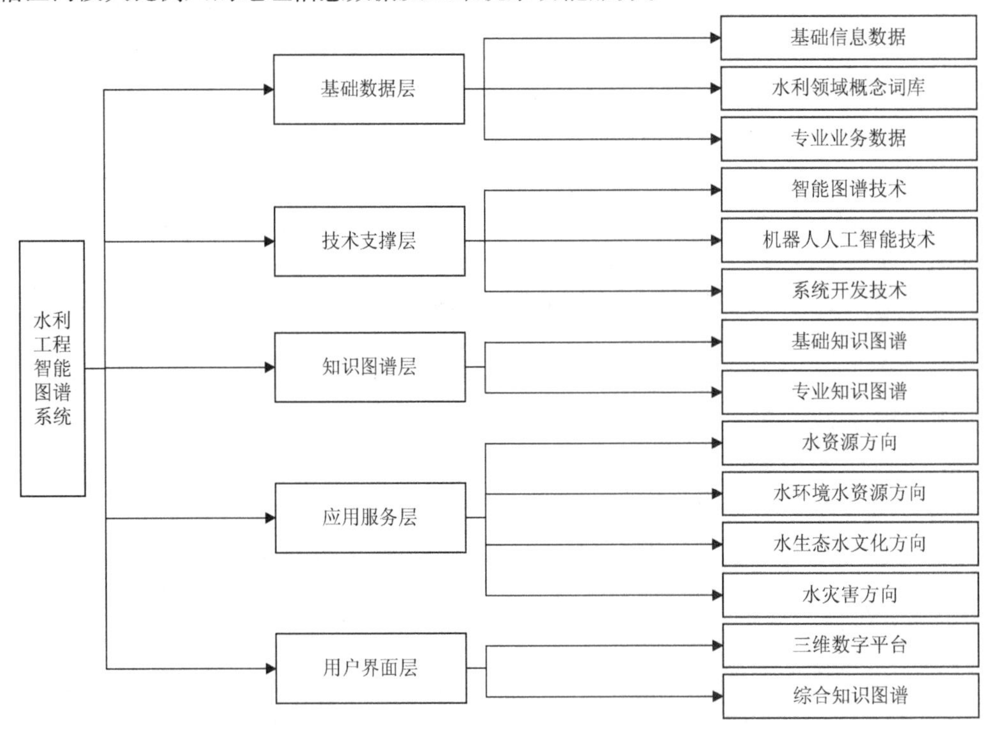

图 3-9 水利信息智能图谱系统框架

3.3 GIS+BIM 融合场景

在 GIS 软件上开发 BIM 基础功能，形成 GIS+BIM 基础支持平台，作为数据驱动引擎，建设流域水情实时监控与防洪调度所涉及区域的空间实景和建筑物虚拟场景，其中二、三维地理信息包括多比例尺的高程信息、影像信息;水情实时监控与防洪调度所涉及的水利建筑物 BIM 包括建筑物内部结构、几何信息、属性信息、过程信息和管理信息等。(图 3-10、图 3-11)

图 3-10　水利工程(闸坝)三维场景

图 3-11　闸室内部结构

3.3.1　基本功能

通过开发流域虚拟仿真数字场景的基本功能和应用标准接口,实现对流域数字场景的基本操作,主要包括浏览查询、图层管理、空间定位、空间量算、地图标绘、视频与图片输出、测站监控信息集成管理、视频监控信息集成管理、历史数据管理、现状与治理效果对比、洪水调度方案模拟、工程资料综合信息查询、闸门监控信息集成管理等,如图 3-12 所示。

图 3-12　GIS+BIM 基础支持平台基本功能

1. 浏览查询

浏览查询主要实现全流域三维数字场景、河道精细数字场景、重点水利工程实景模型、BIM 等的浏览展示、场景漫游和基于场景的查询功能。

(1)浏览基本功能

该功能包括缩放、倾斜、旋转、选择、全图显示等。

(2)场景漫游

该功能主要提供对平台中三维数字场景进行任意位置、任意角度的自由浏览,在流域或河道等大场景中飞行漫游、在建筑物内部行走漫游等多种浏览方式。

(3)信息查询

该功能包括空间查询、属性查询、条件查询等,查询统计结果可以表格、直方图、条形图、折线图、饼图、圆柱图等形式展示,可以选择图表类型,并提供输出样式用于查看,对于报表输出,提供自定义报表格式功能,并支持空间和属性数据的交互式查询。

(4)立体查页

基于智能图谱、大数据、云计算、人工智能、虚拟现实等关键技术,以拓扑组件和三维图形渲染数字引擎为核心,融合不同子系统或模块数据,构建防洪预报调度系统的立体查页模型,动态呈现丰富多源的海量信息,实现三维立体图形视觉界面效果,直观、准确地展示各类系统界面等信息。

2. 图层管理

(1)可选性和可视化设定功能

该功能可以根据用户要求和权限,灵活配置可见或不可见的图层;可设定各种地理空间信息的显示比例尺和样式;可对空间数据进行树状分层管理,控制图层的显示和隐藏,按需选择要查看或要操作的图层;支持图层的半透明显示、图层顺序调整、图层叠加,并支持底图切换。

(2)加载功能

该功能根据应用要求,在图层读入时进行有效过滤,减少多余图层的读入。

3. 空间定位

该功能可以按行政区划、水利要素(水库、水闸、河道)、坐标等三种方式定位展示区域和要素。

定位条件设定方式包括按属性和所属区划分类选择,模糊检索区域或水利要素的名称、属性、所属区划、地址,输入经纬度坐标等。

4. 空间量算

该功能可以在实景模型和 BIM 等三维场景中实现空间距离、水平距离、垂直距离、面积等空间量算。其中,距离量算是指在地图上绘制一条线段,量算出该线段地理范围的空间距离、水平距离、垂直距离,用于量算地图上地物的长度;面积量算是指在地图上绘制一个多边形面,量算出该面地理范围的地表面积,用于量算地图上地物的面积。

5. 地图标绘

该功能可以在地图上选用多种图标风格标记兴趣点(监测站点、水库、水闸、泵站等目标处所或区域)的位置,可分组、分类,并可输入文字、数字等属性信息。在场景中标绘的兴趣点以及记录备注信息,可以导出数据到本地计算机。

6. 洪水调度方案模拟

该功能是利用水流过程模拟结果数据驱动，实现三维水流传播过程模拟，即通过模拟调度期间的各类工况参数、水情参数，进行洪水调度运行仿真模拟，对调度过程中产生的各种数据进行可视化。该模块以 GIS 为平台，运用三维虚拟仿真技术，实现防洪调度方案的四维时空动态模拟及推演展示。

3.3.2　平面地图制作流程及其基本功能

根据流域卫星影像数据和地面高程模型数据、河道数字正射影像和数字高程模型等，按照要求生成平面地图，形成平面地图数据，再利用 GIS 软件平台对平面地图数据进行管理和发布。在此基础上，开发基本功能和应用接口，提供基于平面地图的基本操作及信息展示接口服务。

1. 平面地图制作准备

按照国控标准《空间数据库表结构及标识符》（SZY 304—2018），利用流域数字场景建设时采集的基础数据、实地勘查及资料收集结果对现有空间数据进行完善。

2. 构建流程

首先，完善平面地图数据，将各类地理要素、水文水资源要素和所有标识，利用 GIS 形成底图；其次，对存放于数据库中的各类监测数据，将底图上各类相关要素作为承载这些数据的对象，其中各比例尺图形、图像数据均采用国际标准分幅，遵循统一的经纬度坐标系。

3. 基本功能

平面地图的基本功能包括浏览查询、图层管理、空间定位、空间量算、地图标绘、视频与图片输出、测站监控信息集成管理、视频监控信息集成管理、历史数据管理、现状与治理效果对比、洪水调度方案模拟等，具体如图 3-13 所示。

3.3.3　专题图制作流程及其基本功能

专题图是以统一的空间数据标准和组织结构为基础，面向监督管理、水量调度、综合评价、遥感分析等业务应用，根据具体的应用需求对相应的空间数据进行整合叠加，并设置空间数据在地图上的展示范围、样式、内容、表现方式、显示效果等，形成各类专题图，通过统一、标准的地图服务访问接口发布专题图服务。

1. 专题图内容和构建流程

对河流、重点水利工程及水文测站（断面）各要素进行概化，即忽略元素的形状，关注元素的相对大小、位置及元素间的关系，概化表述流域内重点水利工程及测站的位置信息及相关水利工程的关系。在此基础上，根据项目需求定制专题图并进行发布。

（1）专题图内容

根据业务需求，以点要素代表水利工程节点、计算单元、控制性节点，以线要素代表水源流向，包括干流、重要支流等。其中，水利工程节点主要包括水库、水闸、泵站等；计算单元包括以地、市为划分单元的降雨区和分洪区；控制性节点主要包括水量水质控制站（断面）等。

（2）构建流程

以 GIS 作为专题图管理平台，按照流域的实际地理图，以点、线表达概化系统中与相关的各类元素和相互关联过程，抽取主要和关键环节并忽略次要信息，在专题图中重构这些要素的形状、相对位置、大小和连通关系，最后根据水资源配置和调度相关业务功能要求，定制并发布专题图，供业务系统进行调用。

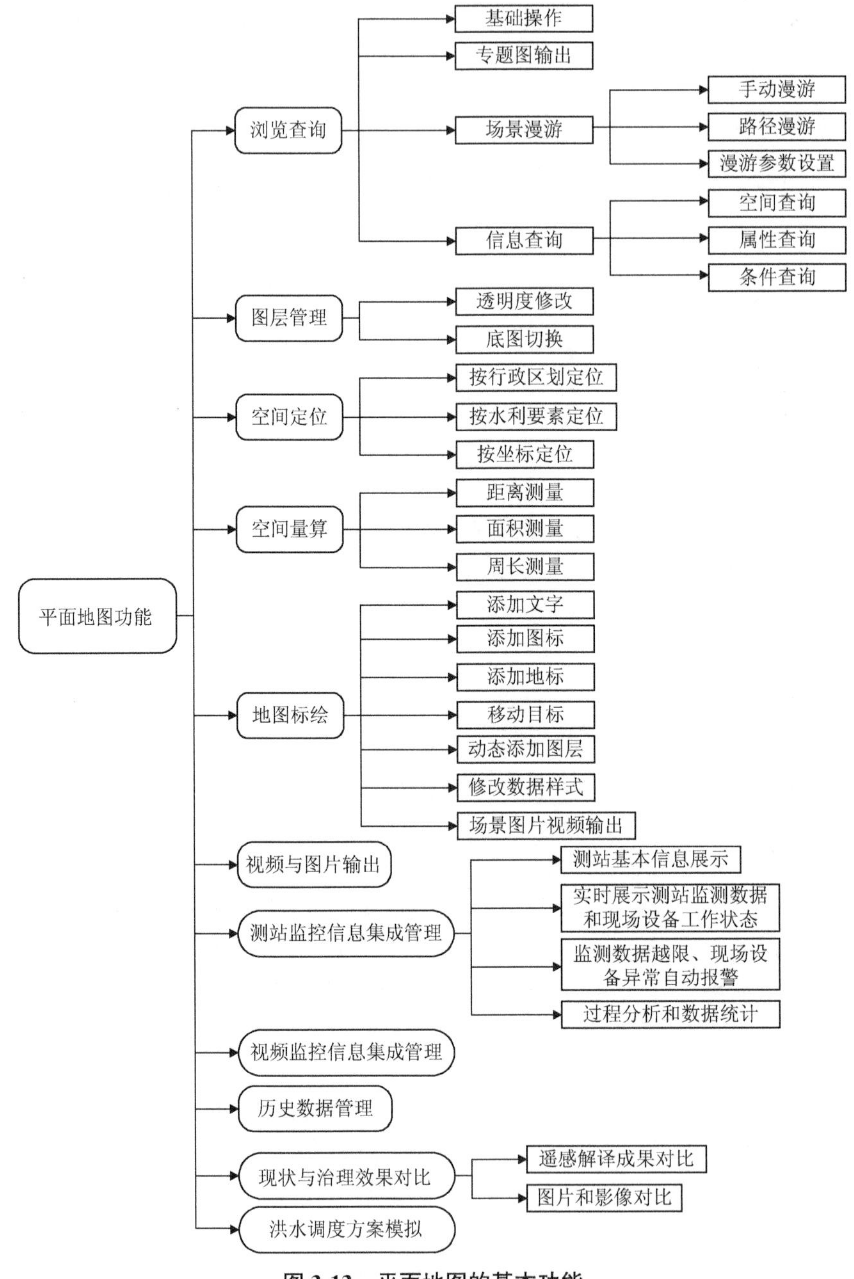

图 3-13　平面地图的基本功能

2. 基本功能

专题图的基本功能包括专题图浏览、图层管理、空间定位、信息查询统计、水情实时监测展示、洪水调度方案成果展示、视频监控信息集成管理、测站监控信息集成管理、视频与图片输出等，通过标准接口，为业务系统提供基于专题图的数据展示和基础功能服务，具体如图

3-14 所示。

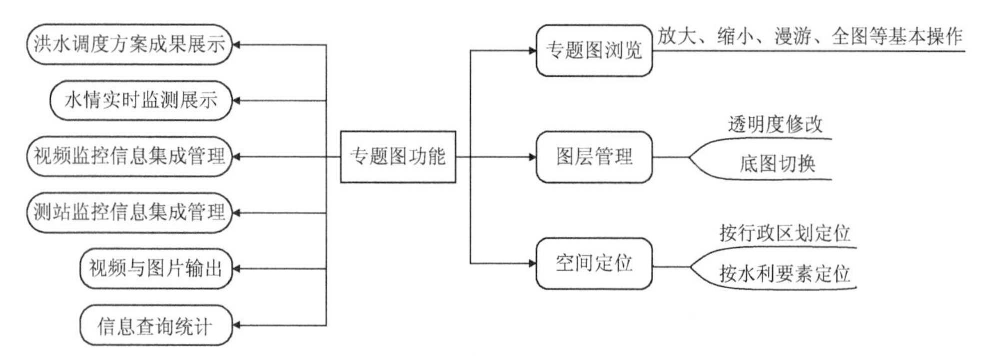

图 3-14　专题图的基本功能

3.3.4　平台联动响应功能开发

建立三维仿真影像、平面地图和专题图联动机制，实现数据可视化和空间分析上的一致性。

1. 联动关系

建立三维数字场景和平面地图在展示层面与数据层面的联动关系，通过调整投影或构建定位算法，使平面地图中的地理坐标与三维数字场景位置相对应，建立坐标转换和传输机制，通过事件触发机制实现位置变化实时同步，使二、三维数据空间位置定位准确，显示范围精确对应。同时，通过将三维数字场景中的地物与平面地图中的矢量数据相对应，保持数据操作和空间分析的一致性，实现数据层面的联动。

建立专题图与三维数字场景、平面地图的联动关系，通过确定坐标基准或建立专题图中的要素与三维数字场景中的地物、平面地图中的矢量数据对应关系等方式，实现空间位置的对应，通过事件触发机制，实现位置变化实时同步。

2. 相应功能

三维数字场景、平面地图和专题图之间的联动响应，主要表现为以下形式。

①利用图层管理功能，实现场景线划底图、遥感影像底图、专题图、数字场景等的显示或隐藏控制，结合三维数字场景、平面地图和专题图联动机制，支持底图切换、分屏显示、卷帘效果、图层叠加、图层半透明显示等功能的实现。

②数字场景漫游时，在平面地图上显示相应位置。

③实现将平面地图数据精准加载到数字场景中，显示或将数字场景加载到平面地图窗口中。

④不同底图相互切换或切分窗口浏览时，地图视野和中心点坐标一致。

⑤在某一地图查询水利要素信息时，其他地图相应要素高亮，反之亦然。

3.4　水利信息管理系统

随着大数据技术的发展，统一管理、存储、分析海量水利数据成为可能。利用大数据互联互通等特点,对不同部门、不同系统的水利系统数据进行整合,以做到数据互联,并基于数据互联及存储平台,通过针对全员数据的统一分析及数据挖掘,建立面向全员数据的 GIS 展示、分析及可视化平台,实现水利信息化集成数据与互联网数据的互通和结合。

3.4.1 空间数据的存储与管理形式

GIS 采用文件和数据库两种主要的数据存储管理形式对空间数据进行存储和管理。空间数据文件存储和管理的特点是用数据文件形式存储和管理数据。数据库是数据库系统的简称,包括数据库存储系统、数据库管理系统和数据库应用系统。其中,数据库存储系统是按照一定的结构组织在一起的相关数据的集合;数据库管理系统是提供数据库建立、使用和管理工具的软件系统;数据库应用系统则是为了满足特定的用户数据处理需求而建立起来的,具有数据库访问功能的应用软件,它提供给用户一个访问和操作特定数据库的用户界面。

1. 空间数据库系统

空间数据库系统也是由上述三个部分组成的,其中空间数据库存储系统指地理信息系统在计算机物理存储介质上存储的与空间应用相联系的地理空间数据的总和,一般以一系列特定结构的文件形式组织在存储介质(硬盘、磁带等)上;空间数据库管理系统指能够对物理介质上存储的地理空间数据进行语义和逻辑定义,提供必需的空间数据查询检索和存取功能,也能够对空间数据进行有效维护和更新的一套软件系统;空间数据库应用系统指由地理信息系统的空间分析模型和应用模型所组成的软件,通过它不但可以全面地管理空间数据,还可以运用空间数据进行分析与决策。

2. 空间数据库查询语言

空间数据库查询语言是从空间数据库中找出所有满足属性约束条件和空间约束条件的空间要素的算法语言,包括针对空间关系的查询(如查询一条公路途经的所有城镇);针对非空间属性的查询(如查询人口超过 100 万的城市);结合空间关系和非空间属性的查询(如查询距某条河流≥500 m、种植玉米且面积大于 800 亩(1 亩=666.7 m^2)的土地利用单元)。

3.4.2 专用数据库

专用数据库是三维地理信息系统建设的基础,包括数据库部署、数据库访问、空间数据与属性数据关联等。三维地理信息系统建设是基于海量数据的管理,采用数据库进行数据管理,能够改善沙盘系统的稳定性、可靠性和安全性,同时兼顾行业水情、工情、险情、旱情等信息数据的管理。

1. 数据库部署

三维地理信息系统的数据种类多、数据量大,对响应速度要求高,因此需要对专用数据库部署进行合理规划,以消除数据存取的瓶颈,从而提高响应速度。数据库规划如下:

①遥感影像数据、矢量数据、防洪工程数据等需分别建立独立的数据库,各数据库分别放置在不同的服务器上,通过物理链接实现各数据库的关联;

②将频繁查询数据和不频繁查询数据放置在不同的分区中,对频繁更新的数据(如水雨情)暂不建立索引,其他数据均建立适当的索引。

2. 数据库访问

对于如国家防办和珠江流域各级防汛部门已经建立比较完善的雨情、水情、工情等数据库，可以采用数据抓取服务，从现有数据库中提取所需的雨情、水情、工情等数据，备份到专用数据库中，并且通过自动更新或定期更新的形式对备份的数据进行动态更新，保持数据的准确性和一致性。但是，由于现有数据库采用的数据库管理软件种类和版本与设计系统所采用的数据库管理软件不完全一致，在抓取数据的过程中存在异构数据库访问问题。可通过数据抓取服务和数据适配器来访问外部数据库，并将需要的数据复制到专用数据库中，而不直接访问外部数据库，避免对外部系统过分依赖和耦合而导致的系统升级、移植、转换困难等问题。

3. 空间数据与属性数据关联

专用数据库包括地理空间数据和社会经济数据、防洪工程数据、实时水雨情数据、实时工情数据等属性数据，属性数据必须和地理空间数据直接或间接关联，以满足信息查询、统计、分析等需要。外部数据进入专用数据库后，系统还具备空间数据和属性数据关联、维护和更新的功能，以便及时准确地反映属性数据和空间数据之间的关系。

3.4.3　数据库应用

目前，我国已经完成国家级水情数据库建设，实现了对降雨信息、水情监测信息和历史水情信息进行查询与管理，流域和省级水情数据库建设也在紧锣密鼓地进行中，部分有条件的省市已经率先完成了水情数据库建设，制定了国家防汛工情数据库建设规范，正在进行工情数据的入库工作；部分省市正在根据国家规范开展工情数据库建设工作；部分地区根据需要建立了洪灾灾情信息管理数据库，以及根据防汛指挥系统和防汛决策支持系统建设需要建立了系统专用数据库。数据库技术的运用和推广，进一步推动了防洪减灾信息管理的规范化，使信息存储、更新和查询更加方便，并且为数据挖掘奠定了基础。图 3-15 所示为数据库技术在松花江防洪系统中的应用。

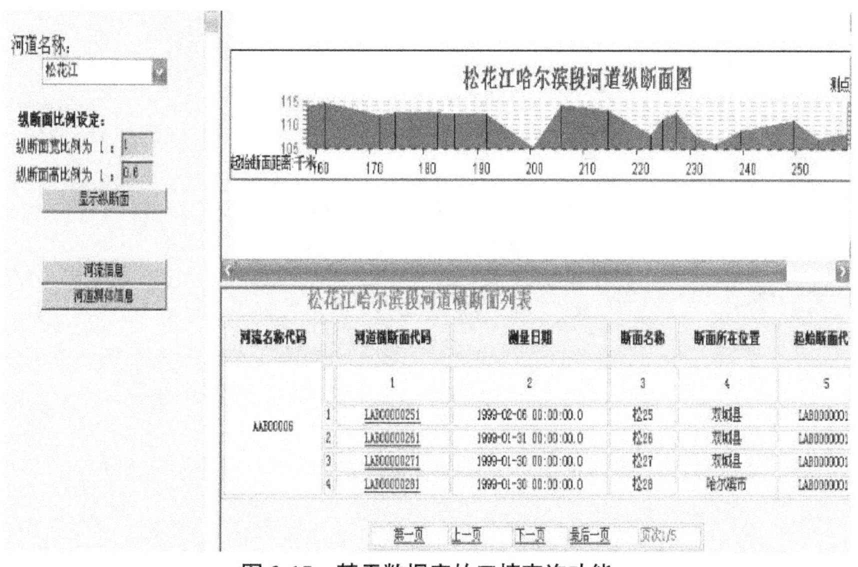

图 3-15　基于数据库的工情查询功能

数据库在水利信息化建设与管理中应用较为成熟,为水利信息的数据管理提供了强大支持,但是随着水利信息化建设中数据量的膨胀式增加,国产数据库产品对海量数据的管理存在一定的不足。

3.5 水利信息展示系统

3.5.1 可视化展示系统

针对智慧水利预报、预警、预演、预案(“四预”)体系构建的基本要求,建设涉河工程险情预演可视化展示系统,该系统主要实现以下功能。

1. 涉河工程可视化展示

结合 GIS 地图展示在建工程分布情况,对在建工程进行基本信息、空间属性信息查询,对燃气、通信等穿堤管线、跨河电力线网、跨河大桥、浮桥等涉河工程进行展示,结合工程属性信息查询功能,使管理人员全面了解和掌握工程信息。

2. 涉河工程险情演化过程的动态展示与推演

融合构建的数字孪生平台,实时获取涉河工程的工情、险情数据,结合 WebGIS、报表、图形和三维展示等方式,展现工程的空间信息、基础信息、实时安全监测信息以及典型场景的三维、全景信息,并实现监测信息的关联分析和预警分析,辅助判断工程的安全状况。通过设置规则引擎,系统自动识别到河流运行状态变化后,依据规则自动发出预警,报警方式有声音报警、动态图像闪烁提示,并通过短信、微信等方式将预警信息发送给管理人员,实现预警提示、预警统计、险情预演的一体化、可视化展示。

3.5.2 三维综合展示平台

三维综合展示平台主要包括三维场景配置与发布、三维系统基本操作、水利工程信息查询、防洪工程三维模型展示、防洪工程及进度信息查询、搜索定位等六大功能模块。其中,对于防洪工程三维模型展示的业务流程和数据流程如下:

①登录三维系统;

②选择防洪工程三维模型展示;

③进行选择或查询;

④查询的防洪工程在地图中进行空间定位,并显示查询结果信息;

⑤选中的防洪模型在地图中进行直观的立体展示。

防洪工程三维模型展示的业务流程如图 3-16 所示,数据流程如图 3-17 所示,具体应用展示如图 3-18 和图 3-19 所示。

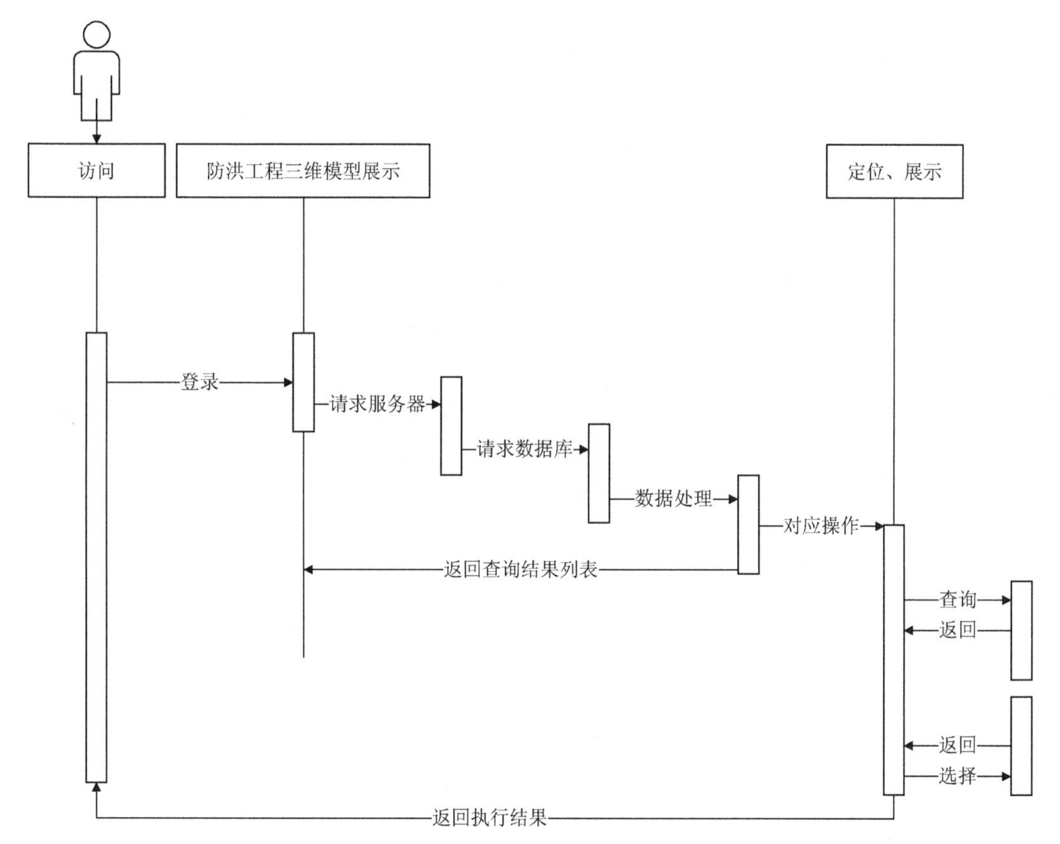

图 3-16　防洪工程三维模型展示的业务流程示意图

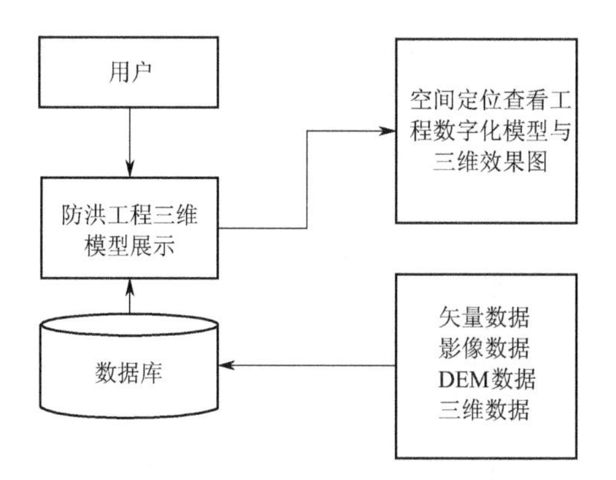

图 3-17　防洪工程三维模型展示的数据流程示意图

图 3-18 场景切换与信息查看

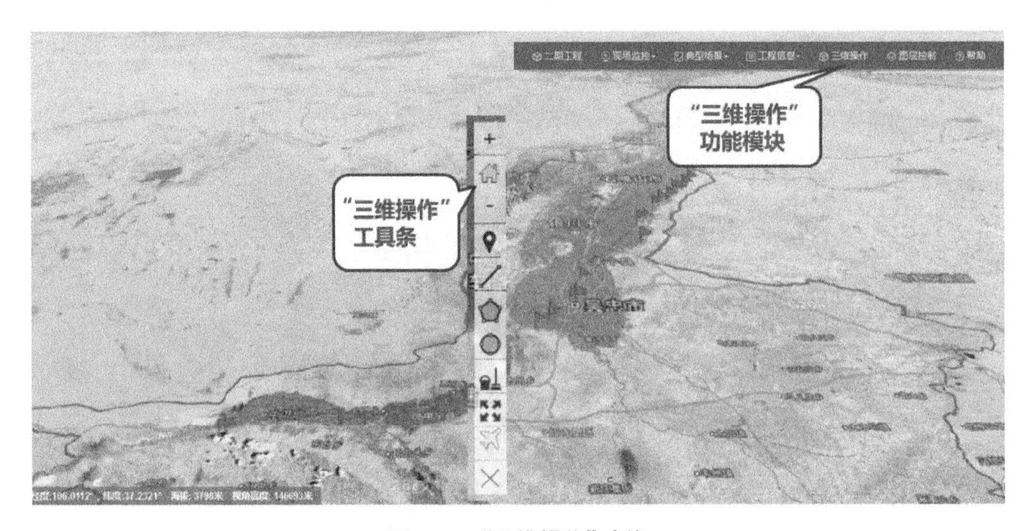

图 3-19 “三维操作”功能

3.6 小结

水利数字孪生平台是数字孪生平台在“一张图”基础上，借助 3S、人工智能、大数据、虚拟现实等信息技术，对物理流域进行全要素数字化映射，并实现物理流域与数字流域之间的动态、实时信息交互和深度融合，保持两者的同步性、孪生性，为实现“2+N”业务预报、预警、预演、预案提供服务支撑。

本章第一节主要对 2D+3D 数字平台的三维场景信息展示、二/三维一体化、数据采集与处理、海量数据处理、影像处理、洪水演进展示、虚拟现实、系统集成、基于 DEM 的洪水淹没分析与展示等功能以及洪水仿真模型原理、求解方法等内容进行了介绍；第二节主要对水利信息智能图谱系统的组成和实施步骤进行了介绍，前者主要包括基础数据层、技术支撑层、知识图谱层、应用服务层、用户界面层，后者包括基础数据库构造、知识图谱库构建、应用系统开发与集成应用；第三节主要对 GIS+BIM 融合场景的基本功能、平面地图制作流程及其基本功能、专题图制作流程及其基本功能以及平台联动响应功能开发等内容进行了分析和阐述；第四节和第五节分别对水利信息管理系统和水利信息展示系统的组成和功能做了介绍。

第 4 章　智慧水利“2+N”应用系统

智慧水利“2+N”应用体系中的“2”是指流域防洪、水资源管理与调配，“N”是指水利工程建设与运行管理、河湖长制及河湖管理、水土保持应用管理、农村水利水电应用管理、节水管理、南水北调工程运行与监管、水行政执法综合管理、水利监督管理、水文管理应用、水利行政应用管理、水利公共服务管理等。根据水利高质量发展的要求，在重点业务、重点区域率先实现“四预”功能，推动业务应用全面覆盖水利工作。

4.1　流域防洪应用系统

以流域为单元，在国家防汛抗旱指挥系统的基础上，构建覆盖全国主要江河流域的数字化映射，主要包含构建洪水防御数字化场景、建设洪水防御应用系统和旱情防御应用等任务。

4.1.1　洪水防御数字化场景

在数据底板的遥感影像、DEM、经济社会等数据的基础上，按照洪水“产流—汇流—演进”流程，以流域为单元，对水库、河道、堤防、分蓄滞洪区、淤地坝等防洪工程进行精细化建模，完成物理空间与数字空间的映射，通过仿真模拟等可视化技术，构建洪水防御应用场景，实现物理防洪工程在数字化场景中的全要素、全过程、实时动态展示，支撑河道泄洪、水库调蓄、分蓄洪区的分洪和蓄洪、淤地坝防洪等水利业务，支撑防洪会商、防汛调度指挥等业务应用。

4.1.2　洪水防御应用系统

洪水防御应用系统主要包括以下内容。

1. 洪水防御分析与决策模型

基于水利模型平台，开发流域洪水防御的短/中/长期降雨洪水综合预报模型、集总式和分布式洪水预报模型、一维/二维水力学模型、城市雨洪模型、淤地坝洪水预报模型、中长期洪旱趋势预测模型、中长期径流预测模型、旱情综合评估分析模型、防洪调度模型、风险分析预警模型、灾害损失评估模型、模拟仿真模型、智能分析决策模型等，支撑防洪“四预”功能业务应用。

2. 防汛知识库

在水利业务知识平台上，构建满足防汛业务活动规律和特性关系的知识图谱；构建防汛相关业务法律法规、规章制度、技术标准、管理办法等业务规则库，实现规则抽取、规则表示和规则管理；构建防汛历史场景库，完成重点流域典型历史洪水过程数据收集、调度执行方案数字化、暴雨洪水特征挖掘等。

3. 防汛“四预”功能业务平台

在预报方面，开发耦合洪水预报的短期数值降水预报区域模式、契合水利特点的高分辨率中短期数值降水集合预报、中长期降水统计预测模型、中长期数值降水预测模式等，实现不同时空分辨率、不同预见期的降水预报产品与洪水预报无缝衔接，提高洪水预报精度，延长洪水预见期。在预报预警方面，基于数字孪生流域高精度下垫面和高性能计算，开发分布式洪水预报预警功能，利用大数据挖掘、AI 等新技术，分析流域暴雨洪水产汇流规律，挖掘提炼不同尺度模型参数的时空分布特征，并通过与降雨预报耦合，延长洪水预见期。在预演方面，加强流域洪水演进规律等基础研究，开发一维/二维水力学、洪水淹没分析、城市防洪等模型；基于数字孪生流域，开发水文学、水力学耦合引擎，利用可视化模型仿真模拟的数字流场，实现河道洪水一维/二维动态演进、蓄滞洪区洪水二维动态运用及城市洪涝动态模拟；在黄河流域实现淤地坝洪水预报，在重点防洪地区实现流域防洪“四预”。

4. 水情预警发布

主动适应社会公众对水情预警精细化服务的需求，组织制定主要江河、中小河流、中小水库、蓄滞洪区、淤地坝等预警指标，拓宽水情预警信息发布渠道，利用微信、广播、电视、网站以及广电部门、通信运营商等，及时向社会公众发布水情预警信息，精准定位预警发布对象，实现影响范围内预警信息全覆盖，解决水情预警“最后一公里”问题。

4.1.3　旱情防御应用系统

旱情防御应用系统主要包括以下内容。

1. 旱情信息测报

充分利用卫星遥感、无人机航拍及视频监测等手段，开发旱情代表站信息采集上报功能；建设降雨、河道来水、水库蓄水、土壤墒情、地下水、灌区引水、供水水源地等代表站资料收集和历史典型干旱数据库；开发移动端旱情采集上报功能，实现多源旱情监测信息动态采集和融合。

2. 旱情动态评估

利用气象、水文、土壤墒情、遥感农情等多源监测信息及旱情评估分析模型、应急水量调度模型，构建旱情动态评估平台，通过旱情一张图，汇聚土地利用、土壤类型、灌溉条件、作物类型、物候情况、旱情监测等信息，实现全国范围内农作物、林木、牧草、重点湖泊湿地生态评估以及因旱人畜饮水困难的周、旬、月、季尺度的旱情渐进式动态评估，提升全国旱情监测预警、干旱地区水量调度及应急响应能力。

3. 旱情分析和预警

根据气候类型、作物种植等多因素分区域研制旱情预测预报模型，确定各区域旱情适应性指标体系和阈值，制定重要江河湖库旱限水位（流量），完善水文干旱预警指标体系，制定流域及重要水利工程应急水量调度方案。

4.2　水资源管理与调配应用系统

基于国家水资源管理系统，扩展建设水资源管理与调配数字化场景，依托水文水资源相关模型，细化与完善水资源管理、水资源调度、城市安全供水保障、用水强度评价等应用。

4.2.1 水资源管理与调配数字化场景

在数据底板的水位水量监测数据、水下地形基础数据、水利工程机电设备基本资料的基础上，根据水利工程实际运行情况，结合水利工程设计图和无人机倾斜摄影，对重点水利工程及机电设备等物理工程进行 BIM 建模；充分利用已有一维、二维水动力模型等通用模型，补充建设来水预测模型、地下水数值模拟模型、水量调度模型、渠池评价模型、常规/应急水力计算模型、联合水力调控模型等，通过仿真模拟等可视化技术，实现物理河流、水库等在数字化场景的真实再现，构建水资源管理与调配应用场景，支撑水资源管理、地下水超采区治理、水资源调度方案编制、调度方案预演、调度实时监测、调度指令执行、水资源调度评价等业务应用。

4.2.2 水资源管理应用系统

水资源管理应用系统主要包括以下内容。

1. 水资源量动态评价

在水资源量动态评价与调整方面，基于水资源的多源在线监测数据，分析不同来水条件下水资源供需平衡的趋势，针对重要河湖年、月及实时调度预案和调度指令，实现水资源特征值动态调用与调整，为建立水资源刚性约束机制和实现“以水定城、以水定地、以水定人、以水定产”提供基础依据和分析成果。在降水径流预报方面，研发相关模型，按长期、中期和短期三种情况，开展降水径流预报，满足非汛期水资源调度需要，满足年度水量分配和调度需要。在流域水资源承载力评价方面，完善评价模型，实现水资源承载力动态评价。

2. 水资源监管

基于水文监测体系及国家水资源管理系统，优化跨省江河流域水量分配控制断面管理，强化已批复水量分配方案中重点水资源控制断面监测全覆盖，提升江河流域水量分配方案、调度计划和重要调水工程调度计划落实与监管能力，支撑水资源刚性约束制度实施；完善水资源承载力模型、水资源预警算法等专业模型和算法，对重点河湖生态流量水位进行监测和预警。依托国家地下水监测工程和地方现有监测站网，进行北方地区特别是华北平原、三江平原等区域地下水管控指标及地下水超采区范围变化、水位变化、地下水水量水质动态监测分析，建设地下水监管一张图，着力解决地下水无序开发、管理薄弱等难题。

3. 取用水管理

整合取水许可审批、电子证照、取水计划管理、水资源税计量水量申报、取水计量监管、水资源评价等，建设覆盖流域管理机构、省（自治区、直辖市）、市、县四级的取用水管理政务服务平台，实现取用水管理事务一网通办。动态掌握流域区域水资源及其开发利用状况以及区域、行业用水总量和强度动态评价情况，实现流域区域取用水总量与强度管控、取水许可审批、超许可超计划等取用水监管、取水计量监管、用水统计分析和水资源承载能力监测预警，对水资源超载地区实施取水许可限批，建设取用水治理台账，整体提升流域区域取用水监管能力；对河湖生态补水方案落实情况进行跟踪与监管。

4. 用水统计直报

建设覆盖全国工业、公共供水、灌区和生活自备取水户的用水统计直报系统,规范上报用户的身份认证管理,形成动态更新的上报单位名录库,完善各级水行政管理部门的数据复核和校验功能,及时准确掌握规模以上用户的季度水量信息和全量用户的年度水量信息,为水资源刚性约束制度建立和实施提供有力支撑。

4.2.3 水资源调度应用系统

1. 调水信息服务

充分利用已有水资源监测能力收集、分析调水有关数据,建立大中型调水工程的调水信息报送系统,实现全国调水工程季度动态信息上报,提供调水管理相关信息的查询和可视化展示,包括全国开展调度工作的河流调水方案与年/月调度计划、调水执行情况、调水监督信息、调水效果评价信息、调水基础信息以及全国调水形势信息查询和展示。

2. 调水业务管理

调水业务管理主要包括江河流域调度管理、调水规划管理、调水工程管理等子模块。其功能包括:调水工作年/月调水方案、计划的上传和审批等;调水计划的下达、抄送、执行监督等;用水指标管理功能,调水后评估管理;全国主要河流、重点工程的调水规划查询;大中型调水工程设施的信息展示、工程安全管理等工程设施管理等。

3. 调水决策管理

调水决策管理主要包括江河流域、重点工程年/月调水计划辅助编制、年/月调水计划管理、年/月调水计划决策优选等。其功能包括:江河流域来水预测、需水分析、动态平衡、用水计划生成;年/月调水计划存储、查询、修改、删除和历史计划对比分析等;年/月调水计划选取、对比指标选择、优化方法选择和计划优选等。

4. 调水管理移动平台

调水管理移动平台主要包括调水信息服务、调水业务管理、调水工程查询管理等子模块。

4.2.4 城市供水安全保障应用系统

整合水源地、水源保护、取水工程、取水水量、供水企业(含非常规水集中供水企业)、重点用水单位等数据,共享社会经济、人口等大数据,强化水源地(含地下水)、取水口(含机井)的在线监测站网建设,利用卫星遥感、无人机等动态监测水源地及周边保护区变化,提高重要水源地的在线监测和信息报送能力,开发城市集中水源地水量水质分析与安全预警、城市供水风险评估等模型,强化城市原水供应监管与应急管理、重要取水工程运行监管等功能,构建高覆盖率的城市供水安全保障应用。

4.2.5 用水强度评价应用系统

1. 节水潜力评估

基于国家水资源管理系统,整合流域区域现状用水总量和强度以及人口、经济、灌溉面积等节水统计信息,建立动态更新的节水信息数据库,开发节水潜力评估模型,结合节水标准定额和规划目标指标对区域的节水潜力进行分析评价。

2. 用水效率评价

建立跨行业节水数据共享机制，实现人口、国内生产总值（GDP）、工业增加值、高效节水灌溉面积、公共供水管网漏损率、再生水利用率等节水数据共享，建立动态更新的节水信息数据库，开发用水效率评估模型，实现区域、行业用水强度指标预报、预警和用水效率评价。

4.3 N项业务应用系统

4.3.1 水利工程建设与运行管理系统

基于已有相关应用系统，优化和完善水利工程建设与运行管理应用，支撑统筹推进水利薄弱环节建设、扎实做好水利工程建设管理工作、切实维护水利建设市场秩序等重点任务。

1. 构建水利工程数字化管理应用

（1）水利工程全生命周期管理

针对水利工程项目，工程建设单位应构建水利工程全生命周期管理系统，充分利用BIM、GIS、电子签章、卫星遥感、视频监控、物联监测等技术。在工程建设期，汇总工程前期可研报告、设计图纸、相关批复文件等资料，集成建设期智慧工地监管信息，汇聚“人、机、料、法、环”数据，实现设计、招标、监理、进度、施工、质量、资金、变更、合同、验收的全方位管理。在工程运行期，基于工程数据底板和BIM，建设数字孪生工程，构建工程管理与运行的数字化场景，以工程调度为核心，实现“来水预报—监测预警—方案预演—调度预案”；以运行维护为重点，实现“风险预报—安全预警—检修预演—维修预案”，逐步提升工程智能化管理水平。同时，水利工程全生命周期管理的成果数据应共享给上级水行政主管部门，以便纳入国家水网的统筹管理与工程调度。

（2）水利工程项目建设管理

针对水行政管理单位，构建水利工程项目建设管理应用，统筹管理本区域的在建水利工程项目。利用智能视频、遥感卫星等现代化感知手段，管理重要水利工程的建设进度、安全施工与质量控制，对项目建设管理中的薄弱环节和关键环节进行监督管理，逐步实现在建水利工程建设的智能化与精细化管理。

（3）全国水利建设市场监管大数据应用

通过共享发改、住建、工商、税务等部门的建设市场主体及交易信息、信用信息，利用大数据技术，建立汇集全国所有水利建设市场主体信息的企业信用大数据系统，打破企业信用信息分散和不完整的局面，对水利建设市场监督和信用进行协同监管，实现全国水利工程项目信息“一网通览”、企业资质和人员资格信用监管“一网通办”“双随机和一公开”、抽查检查的“一网通管”。

2. 建设水利工程安全运行管理应用

（1）病险水库安全运行监管

强化病险水库自身安全、防汛安全及除险加固工程建设安全，及时掌握病险水库运行和管理现状,全面掌握病险水库除险加固任务进度、安全鉴定情况以及度汛限制措施等信息,通过有关平台及时将预警信息发送至水库责任人,实现对病险水库的全流程、一体化安全预测预警。

(2)全国水库运行管理

面向流域管理机构、各级水行政主管部门和各工程管理单位,开发建设全国水库运行管理工作平台,涵盖水库基础信息、注册登记、责任落实、安全鉴定、降等报废等重要业务模块。实行省、市、县级水行政主管部门、水库管理单位逐级填报、审核机制,严把数据质量关,积极协调共享有关部委主管的水库信息。基于水库基础信息和地理信息系统,提供分析、查询、统计等功能,建立业务模块齐全、高效、实用、精准的工作平台,为水库运行管理提供数据支撑、业务保障、决策支持。

(3)全国堤防水闸运行管理

面向流域管理机构、各级水行政主管部门和各工程管理单位,开发建设全国堤防水闸运行管理应用,实现对堤防水闸注册登记、责任落实、安全鉴定、降等报废等电子化、数字化管理,建立工程管理单位填报、上级水行政主管部门审核的工作机制,及时更新堤防水闸基础信息、业务信息和管理信息,保证信息的准确性和完整性。基于堤防水闸基础信息和地理信息系统,提供对堤防水闸的空间分析、查询、统计等功能,为堤防水闸运行管理提供决策支持。

(4)三峡工程综合管理信息服务平台

完善三峡工程综合管理信息服务平台功能,扩展升级三峡后续项目管理系统、三峡工程运行安全综合监测系统、三峡库区高切坡监测预警系统功能;积极推进信息系统安全建设,加强信息系统日常管理和检修维护,确保安全可靠;推进数字孪生三峡建设,提升三峡工程综合管理智慧化水平。

(5)工程运维智能化管理

利用 BIM、GIS 等技术,建设数字孪生工程,实现故障点快速定位,结合运维期数据资料,开发工程安全智能巡检功能,选取典型区域开展水库、水闸、堤防、农村水电站等工程运维智能化试点,逐步推广应用。

4.3.2　河湖长制及河湖管理系统

围绕河湖管理业务,在河湖长制管理信息系统基础上,构建河湖管理数字化场景与完善河湖监管应用,全面支撑河湖长制、河道采砂、河湖水域及其安全管理和保护、涉河建设项目审批等工作。

1. 构建河湖管理数字化场景

基于数据底板的河湖岸线基础数据、河湖生态监测数据、河湖采砂管理数据、河湖治理相关的舆情数据,以河湖长制行政区划分段,构建河湖管理模型,利用 GIS 空间网格,根据行政区划对管辖河段对象的空间网格化,实现自然河湖到数字河湖的数字映射,结合河湖管理范围划定成果、岸线保护和利用规划、涉河建设项目审批、河道采砂规划、河道采砂许可等河湖管理业务信息,全面构建河湖管理的数字化场景。

2. 完善河湖监管应用

（1）河湖动态模块

整合卫星遥感、视频监测、互联网舆情感知、河湖监督检查、各地上报问题、社会举报等多源信息，运用大数据技术，加强遥感动态解译、视频智能分析及舆情自动分析预警，以河湖长制管理信息系统为基础，充分利用河长巡河 APP，整合河湖管理范围、涉河建设项目审批许可、采砂重点河段、敏感水域和视频点分布、岸线及采砂规划等基础数据，构建河湖管理保护突出问题的发现上报、复核抽查、跟踪问责、问题销号等全过程闭环管理，实现天上看、网上管、地上查的全流程全国河湖动态监管。

（2）河湖预报预警模块

通过事前的风险分析，实现对河湖水体、河湖生态、岸线变化和涉水涉砂活动中各种违法违规行为的主动发现和提前预警，有效降低风险，提升管理效能。针对河湖管理中的多发类型问题和高发区域，利用卫星遥感、物联网、视频监测、互联网、移动设备等多源数据以及大数据、AI 等信息技术，通过与业务联动建立反馈机制，持续改进和完善风险评价模型及处理机制，提高河湖管理风险预测智能化水平。

4.3.3 水土保持应用管理系统

基于数字孪生流域和业务应用布局，结合水土保持业务需求，构建水土保持数字化场景和智能模型，依托国家水利大数据中心和国家水利综合监管平台等项目实施，建设水土保持智能应用，支撑智慧水土保持决策应用。

1. 构建水土保持数字化场景

依托数字孪生流域建设，在水利一张图基础上结合水土保持管理业务需求，健全水土保持数据库，形成“水土保持数字一张图”，构建水土保持数字化场景，服务水土保持智慧化模拟和精准化决策。

2. 构建水土保持智能模型

研究构建重点区域土壤侵蚀监测评价、水土流失治理成效评价、人为水土流失风险预警和淤地坝洪水预报等模型，以支撑水土保持相关业务智能模拟分析。

3. 完善水土保持业务应用

（1）水土流失动态监测评价模块

开发遥感解译在线任务分发、并行作业、疑难会判、成果复核等功能，系统自动调用土壤侵蚀模型及参数，快速完成不同尺度、不同区域和特定水土流失事件的数据分析处理，自动分析生成统计表和专题图，并输出数据分析评价报告。

（2）生产建设活动人为水土流失监管模块

开发遥感数据自动接入、人为扰动图斑智能解译、水土流失防治责任范围自动拓扑分析、疑似违法违规行为快速判定等功能，实现生产建设活动人为水土流失风险快速判定与预警。

（3）水土保持综合治理监管模块

完善现有以综合治理项目管理为核心的系统功能，开发水土保持治理效益评价功能模块、以小流域为单元的水土流失综合治理评价功能模块，对水土保持治理项目的实施成效进行评价，科学确定水土流失治理的区域。

（4）淤地坝安全运行管理模块

开发淤地坝安全实时监控、风险预报预警、溃坝模拟分析以及调度预演预案等功能模块，实现防御职责清单化、模拟场景可视化、预案体系标准化、应急响应流程化、动态调整自动化、分析评估智能化。

4.3.4　农村水利水电应用管理系统

构建农村供水应用管理系统，推动全国农村水利水电信息化建设，完善灌区信息管理系统，实现灌区现代化改造，建设智慧灌区，加大小水电站信息化建设力度，推动小水电站生态流量监管与安全监管。

1. 农村供水业务应用系统

（1）农村供水工程数字化管理

梳理农村供水基本情况，按照供水规模建立千吨万人工程、千人工程及千人以下集中供水工程的供水信息采集、交换和共享渠道，推动农村供水信息填报，确保农村集中供水工程信息准确可靠。全面梳理农村供水工程名录台账，依托农村水利水电信息管理系统，实现农村供水工程规模、供水人口、水源地以及管理单位等信息的动态更新，制作全国农村供水专题图，支持千吨万人供水工程的水厂或水源地空间分析查询。

（2）农村供水工程自动化预报预警

通过降雨预报和水库蓄水量等水雨情，结合农村供水工程能力和供水需求，实现对水源地可供水量的动态预测，特别是对供水量和需水量进行差异化智能预警。同时，开展农村供水工程运维管理安全预警，全面掌握供水工程建设、维修、养护、水费收缴等方面信息，结合水质水量监测成果，打造智慧供水样板，提前对可能出现问题的工程进行预警，确保农村供水长期稳定安全。

2. 智慧灌区

完善大中小型灌区计量监测设施，建设包含闸门水位、流量、墒情、闸门工况等信息采集站点，并配套开发现地、远程控制的闸门和泵站自动控制功能；针对灌区现代化改造项目，实现项目进度、质量、资金等方面的管控。同时，基于灌区水利对象基础数据和空间数据，融合灌区实时监测信息以及灌区日常业务管理数据，开发灌区改造项目管理、用水管理、水量调度、水费计收、灌区工程巡检等应用，实现关键配水口的闸门远程控制，建设智慧灌区，满足灌区现代化管理的要求。

3. 小水电站智能化监管业务

（1）小水电站生态流量监管

基于农村水利水电工作平台，开发小水电站生态流量分析预警功能；汇集全国规模以上小水电站生态流量监测信息，实现生态流量下泄实时监管及生态泄放考核。

（2）小水电站安全监管

利用物联网监测设备，结合水雨情信息，获取小水电站监测及运行信息，通过对汛情进行预演，制定小水电站安全度汛预案，为小水电站安全度汛管理的精准化决策提供支撑。同时，集成小水电站安全隐患排查信息，建立整改进度台账，实现对小水电站安全隐患的闭环管理，推动小水电站清理整改。

4.3.5 节水管理系统

在国家水资源管理系统基础上，依托水资源刚性约束实施与监督、国家水利综合监管平台等项目，构建节水管理与服务平台，强化用水总量与强度双控信息化管理，推动计划用水管理、用水定额对标达标、节水技术产品发布、节水载体等节水业务实现线上快捷办理，推进节水管理与服务智慧化。

1. 计划用水管理模块

建立覆盖水利部（含流域管理机构）、省、市、县四级的计划用水管理服务平台，对纳入计划用水管理的用水单位实施用水计划申报、核定、下达、调整线上办理，及时掌握用水单位用水信息和有关经济指标等情况，实现用水单位用水等数据动态更新、用水计划执行情况预报预警、水效统计分析等功能。

2. 用水定额对标达标模块

整合国家、省级用水定额信息，建立用水定额数据库，为用水单位提供定额查询与对标、水效计算与比较、水效达标与竞赛等服务功能，动态采集用水量、产品产量、服务量、人数等信息，并进行统计分析。

3. 节水技术产品发布模块

整合节水技术标准、产品、装备推广目录和淘汰目录等资源，建立节水技术产品数据库，实现数据共享、查询与发布功能。

4. 节水载体模块

开发节水载体创建模型和县域节水型社会达标模型，实现各类节水型单位、灌区、县城等节水载体的达标自评、网上申报、动态发布等功能。

5. 重点用水单位监管模块

基于国家水资源信息管理系统，完善重点用水单位在线监控功能，对重点用水单位全口径用水情况分国家、省、市三级进行监测统计，实现重点用水单位取水许可量、计划用水量、实际用水量、产品产量、服务量等动态更新，对用水情况异常的用水单位进行预警提示。

4.3.6 南水北调工程运行与监管系统

整合利用南水北调已有信息化建设成果，建设智慧应用与工程安全运行监管应用，支撑南水北调后续工程高质量发展。

1. 建设智慧南水北调应用

运用云计算、物联网、大数据、AI、移动互联、模拟仿真等技术，建设数字孪生南水北调工程，建立南水北调东线和中线万物互联新模式，将物理南水北调在数字南水北调中进行映射，基于水利模型、业务规则、智能算法，整合现有信息资源，构建可承载“四预”功能的数字孪生南水北调工程中心，建设智慧调度、智慧渠道、智慧水质、智慧机电、智慧应急和智慧管理等业务应用，以智能应用为载体将数学模型嵌入真实业务场景，提升智能建管能力，实现南水北调水量调度、日常运维、工程管理的全面数字化、智能化。

2. 构建南水北调工程安全运行监管应用

在南水北调一期工程东线和中线已有信息系统的基础上，围绕“供水安全、水质安全、工程安全”，整合接入水量、水位、分水以及工程安全运行监管需要的其他信息，共享沿线及受水区相关水雨情、地下水、水生态以及经济社会等数据，结合遥感等手段强化工程安全运行监管和安全预警，建设工程水量调度、工程运行维护、工程应急管理、工程智慧决策等功能，支撑南水北调工程安全运行监管业务应用。

4.3.7　水行政执法综合管理系统

围绕水行政执法业务需求，利用遥感监测、视频监控、舆情采集等技术，完善水行政执法监控平台，搭建水行政执法综合管理平台，支撑水行政执法办案与监管、水事纠纷处理、队伍建设与管理等工作。

1. 完善水行政执法监控平台

以水行政执法统计信息系统数据库为基础，整合集成水资源管理与调配、水利工程、河湖管理、水土保持等相关数据，建立全国水行政执法数据库。同时，以遥感遥测、无人机调查、遥控船监测、高清视频监控、互联网舆情等为技术手段，建设水行政执法监控平台，实现多维度非现场水行政执法监控，通过数据的高效采集、互联互通、有效整合，实现远程移动监管，快速预警防控，为执法工作由事后查处向事前预防处理转变提供支撑。积极研发符合水行政执法特点的掌上执法 APP，全程记录执法过程，并实现与监管系统的数据汇集。

2. 搭建水行政执法综合管理平台

依托水利综合监管平台和水利部在线政务服务平台，搭建水行政执法综合管理平台，建设水行政执法监管、水行政执法办案、水行政监察队伍管理、水事纠纷调处、水行政执法统计分析、水利部“互联网+监管”等 6 个子系统，将执法基础数据、执法程序流转、执法信息公开等汇聚一体，实现多方数据互联互通、汇聚共享，逐步构建预警防控及时化、执法操作规范化、执法文书标准化、执法过程痕迹化、统计分析可量化、执法监督严密化的水行政执法管理信息化应用。

4.3.8　水利监督管理系统

围绕水利监督核心工作，建设水利综合监管平台，以问题为导向，以整改为目标，以问责为抓手，理清问题清单，确定监管指标，构建线索发现模型与评估模型，支撑水利监督“查、认、改、罚”四个重点环节的工作。

1. 整合汇集各类信息

汇集水利基础数据、各类业务数据、部委共享数据和互联网数据，经分析处理后摸清监管对象底数，理清问题清单，利用 AI、知识图谱等实现人工现场检查数据信息采集的自动化、智能化，实现监管业务的信息资源整合及共享。

2. 构建线索自动发现模型

结合水利基础数据和江河湖泊、水灾害、水资源、水工程、水生态、水环境、水库移民、资金和政务等业务数据，根据各项监管内容，确定监管问题的指标，对照问题清单，构建线索自动发现模型；配合高清遥感影像解译、大数据分析以及无人机航拍等技术手段，实现问题主动发现和整改情况复核。

3. 开发单项及综合考核评价功能

对监督重点问题进行预测，为针对性监督、问题整改复查、强有力责任追究提供技术支撑，针对被列入重点监督对象的监督检查问题信息，开发单项及综合考核评价功能，对各省、各类工程设施等进行定期考核、评价、排名。

4.3.9 水文管理应用系统

完善现有水文业务系统，强化水文站网管理、水文测站信息管理、数据处理与监控、报汛管理、资料整编、水文信息和产品服务等业务功能，提升数据处理自动化、预报实时化、分析评价智能化水平。

1. 水文监测信息管理

建设水文监测信息管理模块，管理水文监测资料目录，完成水文监测资料汇聚、整编与管理；实现监测信息业务全流程在线化，生产无纸化，数据安全、及时、易管、易用，完成水文站网管理、水文测站信息管理、实测数据采集与监控、报汛管理、资料整编等功能。

2. 水文监测分析评价

构建满足流域和区域、地表水和地下水等服务领域的水资源动态分析评价预警模块，完成实时水文分析和水资源评价，实现不同时空尺度的水资源空间分布、水资源承载能力的分析评价；完成水资源动态变化预测分析，对江河湖库来水及蓄水量、水质和地下水变化进行中长期趋势预测。

3. 水文信息发布

完善现有水文信息发布功能，实现自动生成发布水文预测预报和分析评价成果，及时发布水文水资源信息和提供丰富的产品，根据政府部门和社会公众对水灾害、水资源、水生态、水环境等不同水文信息的需求，为水旱灾害防御、水利工程调度、水资源配置、水生态流量管控以及科研、勘测、水利工程建设与运行管理等提供前瞻性数字化水文信息和产品服务。

4.3.10 水利行政应用管理系统

围绕水利机关日常管理工作，构建智慧机关管理应用，推进电子公文、人事、党建、审计等行政工作；完善移民工作全过程智能监管应用，支撑移民征地补偿、搬迁安置、后期扶持、移民评估等工作；建设乡村振兴智能监管应用，支撑水利扶贫工作；完善财务管理智能应用。

1. 建设智能协同办公应用

全面完成电子政务工程，建设统一、高效、便捷的协同办公应用，完善智慧机关管理应用，推广普及电子文件应用，推动依托国家政务内网传输办理办文，加快政务数据在辅助决策和高效履职等方面的应用，构建包含政务办公、业务协同、督查督办、公文交换、科技管理、人事管理、党建管理、审计监督、舆情监测、考核评价、电子档案等内容的智能协同应用，推进业务系统电子文件归档工作，打破部门间信息壁垒，促进水利政务办公标准化、流程化、移动化、数字化、智能化，实现办公信息整合、事务审批、自动跟踪、督办、查办、签章、归档，实现办公智能辅助、舆情分析预测、人事监管决策分析等智能应用。

2. 完善移民工作智能监管应用

利用互联网、大数据、AI等技术,从合规性、合理性、效益性三个维度,对水库移民后期扶持项目进行绩效评价,掌握后期扶持项目实施和资金管理使用情况,反映移民生产生活水平现状,评价后期扶持政策实施效果;利用已有水库移民管理信息系统,补充完善移民征地补偿、搬迁安置、后期扶持实施信息,对水库移民工作进行全过程监管。

3. 建设乡村振兴智能监管应用

整合水利工程、社会经济、遥感监测等数据,通过大数据分析、可视化技术进行智能校验和关联分析,实现832个脱贫县、乡村振兴重点帮扶县的工作对象信息、乡村振兴指标、水利工程设施、乡村振兴项目库、水利建设项目、乡村振兴成效情况等管理。统一乡村振兴数据指标,确定数据指标的维护入口,共享交换相关部门信息,实现乡村振兴信息标准统一、交换共享。利用空间分析技术精准定位投资分布、投资趋势等,基于水利一张图监测展现乡村振兴重点帮扶县的工作对象区域分布、资金分配,实现工作对象跟踪、资金分配跟踪、乡村振兴效果对照、乡村振兴实绩考核、乡村振兴指标在实施过程中的校核和修正。

4. 完善财务管理智能应用

根据财政部、发改委、审计署等相关部门工作要求及水利财务管理实际,对现有水利财务管理信息系统进行国产化改造,同步对各模块功能进行优化升级,实现模块间信息互联互通和业务协同。密切跟进财政部预算管理一体化建设进程,结合实际需求,有序推进相关业务与财政部信息系统无缝对接,提高预算管理规范化、智能化水平。基于AI、物联网等信息技术,实现财务报销、会计核算、财务管理等业务智慧化。完善价格管理,建立健全水权交易系统,加强水权交易监管。打通与其他业务司局信息系统基础数据库共享通道。

4.3.11 水利公共服务管理系统

围绕水利公共服务业务,采用“互联网+水利”政务服务模式,优化监督举报服务,打造水利服务数字产品,服务社会公众,建设水利宣传智慧化平台,搭建社会舆论信息反馈智能系统,推进水利融媒体数字化。

1. 完善数字化水利政务服务

(1)完善水利部政府网站

基于水利部网站,拓展互动交流和办事服务,秉承高效惠民的理念,建立精准化政务需求交互模式和用户行为感知系统,创新优化智能自动化服务应用;定期开展部属网站和政务新媒体检查,不定期开展抽查,提升对水利行业政务网站的监管能力,打造集约化、智能化的政府门户网站。

(2)提升水利部政务服务平台效能

围绕加快推进数字政府建设要求,深化推进水利“放管服”改革,进一步完善水利部在线政务服务平台,开展平台标准化改造,加快向移动端延伸,实现更多政务服务事项“掌上办”。按照国务院部署,深化水利领域“证照分离”改革,全面推进水利涉企证照电子化。推进水利部与其他部委、省区政务服务事项信息的共享,实现全国各级涉水政务服务事项的数据汇聚和共享利用。强化水利部在线政务服务平台用户认证、重要信息的安全防护。完善“互联网+监管”平台,按照国务院办公厅加强和规范事中事后监管的要求,建设完善水利部

“互联网+监管”系统，加快建设监管计划管理子系统和“互联网+监管”移动客户端，开发执法监管、风险预警、综合分析等子系统，不断完善公众界面和工作界面。强化计划管理、数据分析、预测预警、投诉举报、评价考核等功能，强化与各部门、各方面监管平台数据的联通汇聚，推动实现线上线下一体化监管。

2. 完善水利公共服务应用

（1）拓展全国水利一张图服务范围

搭建水利公众地图服务平台，基于国家地理信息公共服务平台“天地图”，增值开发高品质、差异化、多层次的与公众相关的专题信息服务产品。

（2）拓展预报预警公共服务

将网格化、精细化的洪水预报预警业务产品与农业、环境、旅游、交通等领域需求相结合，构建个性化水信息服务。从农作物播种、河道生态环境、公众出行旅游等方面入手，开展部分省、市试点工作，提供耕地土壤墒情、河道生态流量预警和道路积水淹没范围、河道洪水预报预警等服务。由中短期预报预警向长期预报预警延伸，基于月度、季度重要江河、湖库径流量预报，结合不同产业和区域用水计划需求，逐步开展社会部分行业用水预报预警服务。基本建成全国预报预警公共服务应用，实现水利部本级、流域管理机构、省（自治区、直辖市）、市、县预报预警产品的汇集、展示、管理等功能，提供全国重点区域洪水影响预报和风险预警产品，实现水情预报预警信息的定点精准推送，洪水预警基本实现县级行政区域全覆盖。

（3）水指数服务

选取有代表性的水利风景区提供水景观、公共出行等动态水指数服务，实时发布水景观游览适宜程度指数。开展部分城市积水、临水、近水路段的出行指数以及涉水生产活动指数服务。

（4）水体验服务

在具有公共宣传和展示功能的大型水利枢纽设施、水情教育基地、水利博物馆等建设中积极探索 VR、AR 等技术在水利公共服务中的应用，采用三维扫描建模、高清影像采集等技术，为用户提供线下线上数据融合、交互泛在的智能服务，提升公众的水体验感。系统深入开展面向青少年和社会公众的水情教育，把数字化水情教育与中小学课堂教学、综合实践活动有机结合，增强青少年水情教育的针对性，扩大中小学课堂教学的覆盖面，构建整体规划、分层设计、有机衔接、系统推进的在线智能青少年水情教育基地。基于 GIS 构建全国水利遗产信息定位数据库，利用新技术手段摸清全国水利遗产底数。依托“互联网+中华文明”行动计划加强水文化数字化产品制作和推广，做好水利遗产数字展示利用，向社会公众充分展示水利遗产的历史作用与时代价值，推进水利工程与文化融合，增强中华优秀水文化的传承活力与弘扬利用。以政府网站为依托，通过建设水利公共服务大数据分析应用平台，对公众留言互动等社会关注热点进行数据分析，挖掘数据应用价值，研判用户潜在需求，充分发挥水利政务及业务数据价值。

3. 打造水利融媒体平台

根据关于加快推进媒体深度融合发展的有关要求，持续推进水利融媒体数字化、智能化转型升级，建设水利宣传智慧化平台，搭建社会舆论信息反馈智能系统，实施水利全媒体传播工程及平台试点建设。不断延伸与拓展智慧化应用，实现与政府网站、政务微信、政务微博等政务媒体资源融合、数据融合、媒体融合、用户融合，努力打造全程、全息、全员、全效“四全”媒体，推动政务信息传播的数字化、多元化，强化对社会水利舆论进行全网智能搜集和大数据分析，加快“两微一端”建设、水利融媒体智慧平台建设，推动水利行业媒体深度融合发展，构建水利全媒体融合传播新格局。

4.4　小结

智慧水利“2+N”应用系统是“十四五”时期智慧水利建设主要目标之一，也是新阶段水利高质量发展不可或缺的重要内容。智慧水利“2+N”应用体系的“2”是指流域防洪、水资源管理与调配，“N”是指水利工程建设与运行管理、河湖长制及河湖管理、水土保持应用管理、农村水利水电应用管理、节水管理、南水北调工程运行与监管、水行政执法综合管理、水利监督管理、水文管理应用、水利行政应用管理、水利公共服务管理等。

本章第一节和第二节分别介绍了流域防洪应用系统和水资源管理与调配应用系统的有关内容、建设任务等；第三节较详细地介绍了 N 项业务应用系统的有关内容、建设任务等。全国率先在流域防洪、水资源管理与调配业务领域开展具有“四预”功能的智慧水利建设，积极推进 N 项业务应用建设，逐步形成“2+N”水利智能业务应用体系，全面支撑各项水利工作。

第5章 水利工程智慧管理信息系统

5.1 项目智能管理信息系统

5.1.1 项目管理概述

1. 项目及项目管理概念

项目是指在一定资源约束下，为创造独特的产品或服务而开展的一次性工作。项目管理就是项目管理者在有限的资源约束下，运用系统的观点、方法和理论，并把知识、技能、工具和技术应用于项目工作中，对项目涉及的全部工作进行有效管理，即对从项目的投资决策开始到项目生命期结束的全过程进行计划、组织、指挥、协调、控制、评价和运维，以实现或超过项目利害关系者对项目的要求和期望。

2. 项目管理的发展演变

项目管理是一种管理方法体系，是一种已经获得公认的管理项目的科学管理模式。项目管理是第二次世界大战后期发展起来的重大新管理技术之一，最早起源于美国。具有代表性的项目管理技术有关键路径法、计划评审技术法和甘特图法等。20 世纪 60 年代，项目管理的应用范围还只局限于建筑、国防和航天等少数领域，但因为项目管理在美国的阿波罗登月项目中取得了巨大成功，由此风靡全球。

国际上逐渐形成了两大项目管理研究体系：一是以欧洲为首的体系——国际项目管理协会（IPMA）；二是以美国为首的体系——美国项目管理协会（PMI）。在过去几十年中，它们的工作卓有成效，为推动国际项目管理现代化发挥了积极作用。项目管理最早是从美国的曼哈顿计划开始命名的，20 世纪 50 年代由华罗庚教授引进中国，当时称为统筹法和优选法。1991 年 6 月，中国项目管理研究委员会（PMRC）正式成立，它是我国唯一的、跨行业的、全国性的、非营利的项目管理专业组织。

1987 年，美国项目管理协会首次推出其项目管理知识体系（PMBOK）。PMBOK 是目前对项目管理所需的知识、技能和工具进行的最系统、最具影响和共识的描述。1996 年，经过修订正式命名为《项目管理知识体系指南》(《PMBOK 指南》)（第一版），每四年更新一次，截至 2023 年，已经更新至第七版。《PMBOK 指南》介绍了项目管理知识内容，由第一版的范围管理、成本管理、时间管理、质量管理、人力资源管理和沟通管理六大知识领域，扩展到第六版的十大知识领域，即项目范围管理、项目时间管理、项目成本管理、项目质量管理、项目人力资源管理、项目沟通管理、项目风险管理、项目采购管理、项目集成管理、项目干系人管理。第七版在内容上并没有延续以前版本的五大过程组和十大知识领域的结构，而是将五大过程组变成了 12 项原则，十大知识领域变成了八大绩效域，将过去的项目管理目标由成功地交付项目成果转变为实现收益并获取价值。随着经济社会的发展和相关方利益诉求的变化,项目管理知识体系的内容也在动态更新变化,做到与时俱进。

3. 项目管理的内容

根据美国项目管理协会推出的《项目管理知识体系指南》中的内容,项目管理分为十大知识领域,分别如下。

(1)项目范围管理

项目范围管理是为了实现项目目标,对项目的工作内容进行控制的管理过程,包括范围界定、范围规划、范围调整等。

(2)项目时间管理

项目时间管理是为了确保项目最终按时完成的一系列管理过程,包括具体活动界定、活动排序、时间估计、进度安排及时间控制等各项工作。很多人把 GTD(Getting Things Done,把事情处理完)时间管理引入其中,以大幅提高工作效率。

(3)项目成本管理

项目成本管理是为了保证完成项目的实际成本、费用不超过预算成本和费用所实施的管理过程,包括资源的配置、成本和费用的预算以及费用的控制等工作。

(4)项目质量管理

项目质量管理是为了确保项目达到客户所规定的质量要求所实施的一系列管理过程,包括质量规划、质量控制和质量保证等。

(5)项目人力资源管理

项目人力资源管理是为了保证所有项目关系人的能力和积极性都得到最有效地发挥和利用所采取的一系列管理措施,包括组织的规划、团队的建设、人员的选聘和项目的班子建设等一系列工作。

(6)项目沟通管理

项目沟通管理是为了确保项目信息的合理收集和传输所需要实施的一系列管理措施,包括沟通规划、信息传输和进度报告等。

(7)项目风险管理

项目风险管理涉及项目可能遇到的各种不确定因素,包括风险识别、风险量化、制定对策和风险控制等。

(8)项目采购管理

项目采购管理是为了从项目实施组织之外获得所需资源或服务所采取的一系列管理措施,包括采购计划、采购与征购、资源的选择以及合同的管理等工作。

(9)项目集成管理

项目集成管理是为了确保项目各项工作能够有机地协调和配合所展开的综合性和全局性的项目管理工作和过程,包括项目集成计划的制定、项目集成计划的实施、项目变动的总体控制等。

(10)项目干系人管理

项目干系人管理是对项目干系人需要、希望和期望的识别,并通过沟通上的管理来满足其需要、解决其问题的过程。项目干系人管理将会赢得更多人的支持,从而能够确保项目取得成功。

4. 项目管理的特性

对于建设期的项目管理，一般都具有普遍性、目的性、独特性、集成性、创新性和临时性等特点。

(1)普遍性

项目作为一种一次性和独特性的社会活动而普遍存在于人类社会的各项活动之中，甚至可以说人类现有的各种物质文化成果最初都是通过项目的方式实现的，因为现有各种运营所依靠的设施与条件最初都是靠项目活动建设或开发的。

(2)目的性

项目管理的目的性要通过开展项目管理活动去保证满足或超越项目有关各方面明确提出的项目目标或指标和满足项目有关各方未明确规定的潜在需求和追求。

(3)独特性

项目管理的独特性是项目管理不同于一般的企业生产运营管理，也不同于常规的政府和独特的管理内容，是一种完全不同的管理活动。

(4)集成性

项目管理的集成性是项目的管理中必须根据具体项目各要素或各专业之间的配置关系做好集成性的管理，而不能孤立地开展项目各专业或专业的独立管理。

(5)创新性

项目管理的创新性包括两层含义：一是指项目管理对于创新(项目所包含的创新之处)的管理；二是指任何一个项目的管理都没有一成不变的模式和方法，都需要通过管理创新去实现对于具体项目的有效管理。

(6)临时性

项目是一种临时性的任务，它要在有限的期限内完成，当项目的基本目标达到时，就意味着项目已经寿终正寝，尽管项目所建成的目标也许刚刚开始发挥作用。

5.1.2 项目管理信息系统概述

项目管理是一个复杂的系统工程。项目各有特点，而且规模越大，管理难度越大，越具挑战性。对于复杂的项目管理，往往都具有时空跨度大、参建单位多、业务内容广、工序繁杂等特点，要实现对项目的成本、质量、进度、安全等多目标的高效管理是一项艰巨的任务。另外，项目在实施过程中还会产生海量信息，如各类文档、工程数据等，这些信息对助力项目多目标管理的实现及后期的运行管理都具有重要价值，采集、记录、处理和管理这些信息本身就存在极大难度，在以往的工作中往往会因人员的变动和保存不当而造成大量有价值的信息丢失。因此，传统的管理方式和手段，对海量数据的高效存储管理、共享与价值挖掘也是一个挑战。

随着现代计算机技术的高速发展，特别是网络技术、数字技术、可视化技术等的发展和应用，使计算机辅助项目管理成为可能，而且随着新一代信息技术的发展，计算机辅助项目管理成为一种不可或缺的重要工具和手段。

项目管理信息系统(PMIS)就是计算机辅助项目管理的重要手段，其通过需求分析、系统设计、功能开发等活动，针对不同工程项目开发出满足项目业主、监理、承建单位或运维单位所需的项目管理信息系统，根据项目的服务阶段不同，其可分为施工管理信息系统和运维管理信息系统。施工管理信息系统主要是满足施工阶段的辅助决策和管理需求，其用户包括项目业主、监理、承建单位及其他相关单位；运维管理信息系统主要是满足项目建成后的运行管理服务需求，施工管理信息系统可为运维管理信息系统功能的实现提供基础数据支撑。

项目管理信息系统根据需求不同，又可分为业务管理型（包括业务流、项目管理、项目群管理）、信息展示型和辅助决策型（包括项目层、企业层、集团层决策）。其中，业务管理型又可分为单一目标型和多目标综合型。单一目标型，即仅开发单一功能的软件系统，如合同管理、安全管理或进度管理等，属单一目标服务型。在实际中，应用更多的是多目标综合型，即根据项目管理需求，开发集合同管理、进度管理、质量管理、安全管理等多业务功能需求的多目标综合型软件系统。当然，业务管理型还可分为信息管理型和流程管理型，信息管理型主要是以满足项目实施过程中产生的各类电子信息的综合管理为主要目的，其可根据业务、用户、标段等划分为业务型、用户型和标段型信息系统，该系统要求对信息分类明确，方便信息索引；流程管理型主要是根据项目作业流程进行系统功能设计，其可分为日常办公业务流程管理以及进度、质量、安全、设计等业务流程管理，主要遵照各项目管理的业务流程特点，满足项目作业流程管理的需求，以加强过程管理为目的，该系统要求业务流程清晰、规范。

信息展示型系统主要借助可视化工具和手段，对工程场景、实体及过程进行直观展示，根据展示的对象和目标不同，又可分为场景展示型、建筑物展示型和过程展示型。场景展示型主要是利用地理信息、影像、工程等数据，对场地的地形、地貌、交通、规划进行二维或三维直观展示，为用户提供真实或虚拟的直观空间信息，以便在项目管理中发挥信息展示、模拟、预演等功能，为决策分析提供直观、可视化的平台服务。建筑物展示型主要是通过三维建模，如 BIM，根据工程设计数据，利用专业的开发软件，构建项目各类建筑物三维模型来直观展示建筑物的三维立体面貌，方便用户从各个视角全面了解和掌握建筑信息，为项目管理和决策提供直观的信息支撑，其可以通过渲染、与三维场景无缝集成等方式，实现工程数字孪生，进一步拓展信息系统功能。过程展示型可以体现在业务或进度跟踪上，借助该信息系统可以实时把握项目业务进展或进度进展情况，其展示方式可以是流程图、进度图，也可以是二/三维模型、现场图片和视频等。

辅助决策型系统是一种综合型信息系统，其可在业务管理型和信息展示型的基础上集成专业模型，如进度仿真、水资源调度、洪水演进等专业模型，通过模拟计算对实施方案进行优化，提供优化方案以辅助施工决策；还可以通过信息统计、分析、预测等方式，提供关键的辅助决策信息，以提高决策的科学性和效率。

5.1.3　国内外典型项目管理软件

目前，市场上可以提供项目管理的各类软件工具有上百种，这些软件各具特色，各有所长，提供的功能主要包括合同管理、成本预算和控制、进度计划制定和任务安排、监控和跟踪（进度、质量、安全等）、进度仿真、报表生成、资料管理等。目前，国内外针对项目管理的代表性商业软件有 Orcale Primavera P6、Microsoft Project 和上海普华 Power 系列软件。其中，上海普华 Power 系列软件充分吸收了国外著名软件的优点，更适合本土化应用。

由于水利工程项目具有非结构性和需求多样性等特点，目前的商业软件很难直接满足项目管理的需求，在实际应用中往往还需要针对不同项目特点进行二次开发和改进。目前，针对水利工程项目管理的软件不少，但商业化软件较少见。在水利施工管理信息化建设领域，国内开展较早且最具影响力的是天津大学钟登华院士团队，其在水利工程智慧化建设方面有诸多前沿代表性软件成果；此外，刘东海教授在心墙坝施工质量全过程监控方面也有成熟的成套软件，苑希民教授在基于三维地理信息系统平台的全生命、多业务、网络化、专业化、立体化、多技术等相融合的综合智能管理信息系统方面的建设有突出成果和应用。

5.1.4 水利工程项目管理信息系统

1. 水利工程特点

(1)工程种类多

水利工程种类繁多，有发电、防洪、灌溉、引调水等不同目的的工程，不同工程的规模、建设周期、控制指标及影响因素等都存在很大的差异，因此工程之间是非结构化的，并具有唯一性特点。

(2)参建单位多

水利工程参建单位有建设单位、设计单位、监理单位、施工单位、监测单位、材料和设备供应单位等，还有政府的各级管理部门，不同工程因规模不同、技术特点不同，参建单位的数量和种类也不同，单位之间的协调难度大。

(3)项目标段多

复杂的水利工程的建设内容多，除有发电、防洪、灌溉、引调水等工程类别上的差异外，还有各自建设内容上的差异，如发电枢纽工程可分为坝、桥、洞、路、机电等不同单位工程，不同单位工程还可细分为分部、分项、单元工程，建设过程需要根据工种和管理便利划分成若干标段来实施，标段数量少则十几个、几十个，多则上百个，组织管理难度大。

(4)时空跨度大

水利工程因规模大，故建设周期长，短则 3~5 年，长则达 10 余年，运营期更是长达几十年至上百年。对于发电工程，项目内容在空间上相对集中；对于引调水工程，在空间跨度上则比较大，短则几十千米，长则达上百甚至上千千米。空间跨度大会带来地形、地质、地貌等的差异，从而造成工程设计、技术、投资、建造和管理上的不同。

(5)过程信息海量

由于水利工程规模大、建设周期长，整个过程会产生海量信息，有纸质的，也有电子的，种类多、来源各异，增大管理难度。尤其是电子信息，来源多、分布散、易丢失，收集、分类、安全管理困难。

2. 水利工程施工管理的难点

(1)计划安排难

水利工程管理是一项复杂的系统工程。由于其建设内容多、时间跨度大、参建单位多、影响因素多，因此科学、合理、精细地做好计划安排是关键，也是挑战，需要对计划进行制定、实施、跟踪和反馈，并不断调整和优化来推进项目进展。

（2）项目组织难

水利工程建设全过程需要投入大量的人力、物力和财力，科学有效的项目组织是推进项目高效进展的重要保障。根据项目计划和目标，需要做好项目中人力、物力和财力等的合理配置，其中涉及内部的组织与外部的组织。内部组织主要是建设单位内部的组织机构设置和人员安排；外部组织涉及项目招标、货物采购、现场安排等。

（3）协调控制难

水利工程标段多、参建单位多、上级管理部门多，由于彼此目标不同、诉求不同、组织与管理方式不同、进度与要求不同、工种和技术特点不同等，关系错综复杂，增加了沟通、协调和控制的难度。因此，科学合理的组织安排是基础，提高沟通、协调和控制能力是关键，只有各单位和组织之间协调有序，计划目标才能得以顺利推进。

（4）高效决策难

项目实施过程就是不断决策的过程，而且复杂的项目也给决策带来巨大挑战。决策是针对现实问题和预期实现目标以可支撑信息所做的解答，因此信息是决策的基础。由于水利工程较复杂，在实施过程中会产生大量不同程度且不可预见的问题，决策所依赖的信息往往较分散、滞后、隐蔽，难以支撑高效科学决策。

（5）精细化管理难

精细化管理涉及项目全生命周期，包括建设阶段的各分阶段和环节以及运维阶段的调度和控制等。精细化管理的基础是目标细化，目标细化需要追求科学性、合理性和可控性，需要依托专业的模型和工具进行优化，缺乏必要的工具和手段将难以实现。

（6）安全监控难

无论是建设期，还是运维期，水利工程的安全保障都是关键任务。而影响水利工程安全的要素往往都具有隐蔽性，难以直观判决，需要借助先进的监测或监视等技术手段开展远程、动态、实时监测或监控活动。

（7）突发应急决策难

水利工程实施过程中难免出现突发事件，为了避免扩大影响，降低损失，快速、高效、科学的决策成为突发事件处置的关键。因此，做好“四预”工作是基础工作，同时还要做好信息渠道的畅通和决策信息的及时、科学、准确。

（8）信息价值创造难

工程管理水平与效率直接关系到工程价值，而工程信息价值的挖掘又是保障、创造和提升工程价值的重要手段。工程项目目标的顺利实现、进度的高效推进和问题的科学解决等都高度依赖科学决策，高效提供决策所需的各类信息是保障科学决策的基础，也是信息价值的重要体现，决策信息科学、高效、准确的提供，需要依赖于海量工程信息价值挖掘工具和手段，开发符合项目特点的工程信息价值挖掘软件也是一项挑战。

3. 水利工程项目管理信息系统建设内容

水利工程种类繁多，由于类别不同，特点自然不同，需求也就不同。一般情况下，商业化软件适用于结构化较好且需求较为统一的工程领域，对于水利工程，由于其彼此之间差异大且各有特点，商业化软件往往难以直接满足使用要求，在推广应用中常常会遇到软件功能与实际需求不匹配问题，因此成熟的商业项目管理软件难以在水利工程领域得到较好的推广应用,定制化开发是一种常态。

水利工程项目管理信息系统既具有一般项目管理信息系统的功能需求,又有其本身特有的特色需求。在管理信息系统开发上,不仅要重视业务流管理、项目管理、项目群管理及决策的需求,还要关注工程所处环境、地形、场景信息的直观展示,以及工程(包括隐蔽工程)的立体展示、模拟、跟踪与分析等。因此,水利工程项目管理信息系统往往是多技术融合综合开发的软件产品,包括业务管理平台、三维综合展示平台及移动办公服务平台等的无缝集成。

另外,根据不同阶段的管理需求,又可将项目管理信息系统划分为施工阶段的管理和运维阶段的管理。不同阶段的管理需求侧重不同,施工阶段的管理内容较多,常见的有招标管理、合同管理、进度管理、质量管理、安全管理、设计管理、环境管理、征地移民管理、监测管理、验收管理、档案管理等,运维阶段的管理主要是监测管理、安全管理、调试管理、巡查管理、值班管理、应急管理、档案管理等,其中档案管理贯穿项目全生命周期。

4. 水利工程项目管理信息系统的支撑技术

水利工程项目管理信息系统由于使用或服务对象不同,其开发使用的技术也有所不同,如果从项目全生命周期来看,需要全面满足各阶段的项目管理需求,即建设管理和运维管理需求,则水利工程项目管理信息系统是一个综合集成系统,包括建设阶段的三维综合展示、多业务综合管理、移动办公服务,以及运维阶段的安全监控、精细化调度、远程调度、“四预”工作等。要实现这些功能,达到智慧水利的目的,需要充分利用新一代信息技术,如互联网、物联网、大数据、5G 通信等技术,还需要借助二/三维 GIS 开发技术、BIM 建模及展示技术、J2EE 的 B/S 结构系统开发技术、手机 APP 开发技术、无缝集成技术、安全立体监测技术、远程调度技术、优化与模拟技术、数据管理与展示技术等。图 5-1 所示为水利工程全生命周期智能建设与运维管理信息系统的总体框架。

5.2 施工智能管理信息系统

5.2.1 建设目标

明确目标是进行施工管理信息系统顶层设计的关键环节。信息系统建设目标可分为集团、企业、项目等不同层级目标,也可分为业主、监理、施工等不同单位目标,还可分为总目标和子目标等,目标往往具有多样性和综合性特点。施工管理信息系统建设目标的设定应以围绕服务对象的总体或分项目标的实现为宗旨,在满足各种需求的情况下,充分发挥信息技术的优势,提高工程项目施工的安全性、高效性和科学性及其智慧化管理水平,提升企业的市场竞争力和品牌影响力,与时俱进,促进企业的高质量发展。

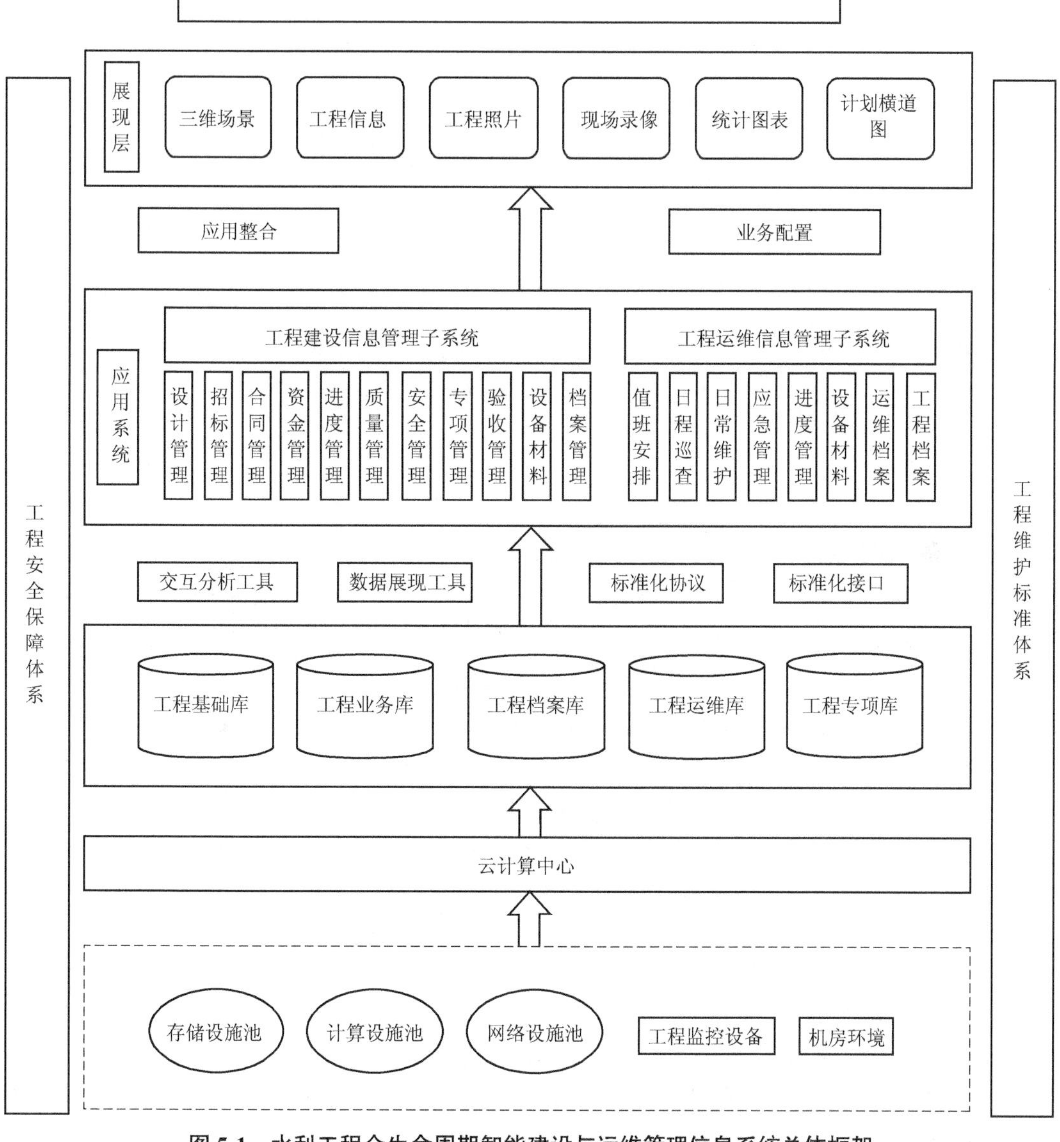

图5-1 水利工程全生命周期智能建设与运维管理信息系统总体框架

5.2.2 需求分析

明确需求是进行系统设计的基础工作。不同用户对系统功能的要求不同,深入了解用户需求是进行系统功能设计应完成的第一项工作。为了避免或减少在后期的设计和开发过程中出现过多的变更或修改,前期要进行深入且细致的调研工作,尤其是复杂的施工管理信息系统,做好前期需求分析能在软件开发过程中达到事半功倍的效果。然而,需求往往具有多样性、隐蔽性、动态性、突发性等特点,做好需求调研是一项耗时且专业的工作,不仅需要进行广泛、多次的调研,有时还要征询领域专家的意见和建议。由于需求种类繁多,一般应开展以下需求分析。

1. 业务需求分析

业务需求分析也可称为用户分析,即通过与用户沟通,初步明确用户期望通过施工管理信息系统解决哪些业务管理需求。明确业务管理需求是进行系统功能模块设计的前提。一般情况下,施工管理信息系统的业务需求有招投标管理、合同管理、资金管理、进度管理、质量管理、安全管理、监测管理、采购管理、征地移民管理和档案管理等。不同用户的需求不同,可以是其中单一业务需求,也可以是多业务综合管理需求。业务需求越多,系统功能越多,规模越大,投资越多,复杂程度越高。

施工管理信息系统的业务需求分析应从施工管理实际需求出发,一般情况下,越是复杂的工程管理,其施工管理信息系统的业务需求越多,需要负责系统需求的调研人员与用户进行深入沟通,根据计划投资与功能要求,明确系统的业务服务内容,即系统的业务服务范围、功能与投资紧密相关。

2. 功能需求分析

在业务需求调研的基础上,结合用户业务管理理念和作业流程,理清各项业务在实际管理过程中需要实现哪些信息服务功能,如信息的采集、传输、接收、存储、处理、分析、共享、展示和查询等功能要求。不同功能需求需要由不同的功能模块来实现,因此做好功能需求分析是系统功能设计的基础工作,完善的功能需求分析是做好系统功能设计的重要保障。

做好功能需求分析,要求调研人员深入业务部门,了解业务流程和用户诉求,结合投资、进度、技术等确定要实现的功能。由于不同部门人员各自负责的业务内容各不相同,提出的功能诉求也各不相同,甚至在调研阶段无法表达正确的诉求,或诉求超出系统投资水平等,故需要调研人员在开展调研之前做好充分的前期准备,在调研过程中做好引导,并在调研结束后进行梳理、总结、提炼。因此,功能需求分析既是对用户需求的解读、构想和明确的过程,也是软件开发与用户需求的无缝对接过程,也是软件系统功能初步设计的过程。在这个过程中,往往需要借助 N-S 流程图准确表达各业务的信息流和数据流的逻辑关系。

3. 安全需求分析

安全主要是指系统安全和工程数据安全。软件开发应考虑安全性,尤其是有外网连接需求且工程数据具有保密性的情况,同时还涉及不同用户之间的数据处置与访问权限。安全需求分析就是从项目要素的安全级别出发,分析不同信息或数据的安全保密级别,为系统安全设计提供依据。

4. 接口需求分析

在系统开发过程中,应当考虑与其他系统的对接问题,即考虑预留接口,以方便不同系统间的互相访问和数据传输。接口需求分析就是分析拟开发系统是否存在与其他系统交互的需求,如果存在,应明确交互需求的方式和程度等,为系统接口设计和数据库设计等提供依据。

5. 软硬件配套需求分析

软件的开发和运行离不开一定的软硬件系统支撑。软硬件配套需求分析是从软件开发和运行角度分析,保证软件的开发实现和正常运行应满足的软硬件条件,即明确软件开发和运行所需的软硬件环境。软硬件配套需求分析是系统总体架构设计及软件开发与运行搭建环境保障的重要基础性工作,也是投资分析的重要组成。

6. 后期服务需求分析

施工管理信息系统软件开发完成投入使用后,为了保证软件系统的正常运行,需要开发技术人员持续做好后期的运行维护工作。后期服务需求分析是根据系统的技术复杂性和运行维护的难易程度,以及系统运行的周期等情况来综合判断后期需要投入的人力、物力和财力和后期服务方式等,确保软件的持续、稳定、可靠运行。后期服务需求分析也是投资分析的重要组成。

7. 其他需求分析

其他需求还包括集成需求、界面需求和性能需求等。集成需求包括内部集成和外部集成,内部集成涉及本次开发的各类系统之间和模块之间的无缝集成;外部集成包括其他相关系统之间的集成,涉及已建、在建或拟建系统。界面需求主要是用户对系统界面的风格、色调、交互、访问等提出的需求。性能需求主要体现在对系统的稳定性、可靠性,以及数据采集、传输和接收的准确性和连续性等要求。此外,为确保软件系统的正常可靠运行,还有供电需求和网络需求等,以及其他如监测系统、传输系统等的稳定性需求等。

5.2.3　建设内容

施工管理信息系统主要是服务项目建设期的全过程管理,根据服务对象的规模和需求不同,系统建设内容也有所不同,有多项目、单一项目或单一业务的施工管理信息系统。目前,针对单一项目的施工管理信息系统,其建设内容一般包括业务管理信息子系统、三维综合展示子系统和APP移动服务子系统,三者集成为一个综合的施工管理信息系统。各子系统根据不同的业务需求,可开发为不同的功能模块。

1. 业务管理信息子系统

业务管理信息子系统是施工管理信息系统的核心,是针对施工管理业务需求所开发的信息系统。一般情况下,水利工程施工业务管理信息子系统建设的内容有招标管理、合同管理、资金管理、进度管理、质量管理、安全管理、工程设计、工程验收和工程档案等。

(1)招标管理

招标管理主要是对项目拟招标的计划进行编制和管理,以及对已完成的招标项目的招标信息进行全要素管理等。

(2)合同管理

合同管理主要是对项目实施过程中签订的各类合同电子文档及其实施进度进行跟踪管理,包括提供合同记录、电子文档、关键信息、执行进度和合同变更等的跟踪管理。

(3)资金管理

资金管理主要提供项目资金和合同资金的管理。项目资金管理主要提供项目资金的计划、来源与拨付管理,反映项目资金的使用及每一笔资金的来源与拨付情况,进行资金流的动态跟踪、统计与管理。合同资金管理是以合同为管理单元,对合同金额、拨款计划、实际拨付、变更金额等进行跟踪、统计和管理。合同资金管理与进度管理通过工程量关联,可跟踪分析资金拨付进度与工程实施进度。

(4)进度管理

进度管理主要提供各标段的工作分解、进度计划编制、进度跟踪分析和进度面貌管理等。

1)工作分解

按工作分解结构的规则把项目分解成若干层级的可控任务进行管理,如单项工程、单位工程、分部工程、分项工程和单元工程。

2)进度计划编制

根据工作任务分解,对不同层级的任务及其计划进度进行编制,分析其计划开始时间、结束时间、持续时间等,并确定各任务之间的紧前、紧后关系和关键路线,具体方法可采用单代号网络图、双代号网络图、关键路径法等进行管理。

3)进度跟踪分析

进度跟踪分析是通过计划进度和实际进度的对比分析来实现对项目实际进展进行跟踪管理。在实际进度管理当中,可与资金管理相衔接,同步分析进度偏差和成本偏差情况,目前广泛采用挣值法。挣值又称盈值或挣得值,表示已完工作量的预算成本,通过与计划工作量的预算费用、已完成工作量的实际费用之间的关系反映进度和成本偏差,以此来进行进度和投资情况的跟踪管理。前面介绍的 Orcale Primavera P6 软件、Microsoft Project 软件、上海普华 Power 系列软件等都提供相关功能。

4)进度面貌管理

进度面貌管理是对工程实施过程中典型面貌的管理,目的是为项目进度跟踪、交流反馈、历史再现等提供支持。进度面貌管理可分为实景管理和虚拟现实(孪生工程)管理。实景管理主要是通过对现场跟踪拍摄的图片或录像等信息进行管理;虚拟现实管理主要是通过三维建模技术,如 BIM 技术等,对工程进行计算机三维建模,根据需要,同步、预演或再现工程等。

(5)质量管理

质量管理主要提供工程质量的监督检查、质量检测(试验)、问题跟踪、质量评定、质量标准等信息的管理。通过质量管理模块,为用户提供有关质量活动信息和质量控制标准的管理,全过程动态跟踪工程各项任务的质量,以全面提高工程质量和质量管理水平。目前,工程质量管理中常用的方法有 PDCA 循环、质量控制图等。

(6)安全管理

安全管理是工程的生命线。工程领域的安全管理涉及人、财、物等内容。借助施工管理信息系统,可以实现工程安全教育、安全检查、安全预警、问题跟踪、制度体系等内容的管理,以此监督、跟踪和完善安全管理,提高工程安全管理的质量、效率和水平。目前,工程项目的安全管理包括安全制度体系(包括安全作业流程)、宣传教育、现场检查、硬件设施(安全防护、电子监视、智能识别与自动报警等),这些与信息系统融合,为工程安全保驾护航。

(7)工程设计

工程设计主要提供工程初步设计、技施设计、设计变更及图纸管理等。大型水利工程具有海量设计资料,通过工程设计模块,可为用户随时提供设计资料查看,并为后期的工程验收与运行维护提供重要的基础资料支撑。

(8)工程验收

工程验收主要提供工程实施过程各分项工程、单位工程、合同验收、专项验收、竣工验收等活动及信息的管理。通过工程验收信息管理模块,可以全过程记录并保存工程验收行为、相关信息及资料,便于对工程质量的动态跟踪、监督、反馈和评定,同时也可为后期的工程运行管理和维护提供重要的基础资料支撑。

(9)工程档案

工程档案是工程信息的重要记录,档案管理是施工管理信息系统的重要内容。施工管理信息系统的档案管理是对工程档案信息的电子化管理,具有管理的高效性、查询的便捷性、存储的安全性等特征。工程档案管理涉及档案的电子化、分类的科学化、格式的标准化、存储的规范化、搜索的高效化、展示的多元化等问题。

2. 三维综合展示子系统

水利工程的施工现场往往布置复杂且空间跨度大,为了方便管理和决策,需要对场地有全局性且直观地认识和把握,因此如今的施工管理信息系统开发往往都会借助三维技术,如三维地理信息系统、影像处理技术、场景展示技术、BIM 开发技术、无缝集成技术等,把水利工程项目现场的地形、地貌、工程、水文要素、设施等信息,通过一个三维平台综合直观地展现出来。三维综合展示子系统一般包括场景管理、场景操作、场景巡航、工程定位、信息查询、信息展示、现场监视、应急决策等功能。

(1)场景管理

三维地理信息平台可以直观展示工程所在区域的地形、地貌、河流、水系、道路、场地等信息。借助三维 GIS 的场景管理,用户可以根据项目管理的需求,选择场景的合适展示角度和尺度,以最佳的视角和效果,以最快捷的方式展现场景信息。通过场景管理可对用户经常查看或需要展现的场景进行固化,用户可随时切换到所需的空间展现场景,减少重复工作,提高系统应用的友好性和操作效率。

(2)场景操作

借助三维 GIS,用户可以随时调整视角来查看项目的空间分布和场地信息。场景操作就是通过缩放和旋转等方式改变空间视角,以满足用户对项目空间信息的不同查看需要。基于网络的场景操作不仅能同时满足不同用户对场景的差异化查看需求,还能为用户提供一个能共同参与、便捷交流和决策的直观平台,创建一个多视角、立体化、全信息的决策支持,解决传统会议方式中决策者之间信息沟通和对话交互的天然屏障问题,让沟通和决策更加科学高效。

(3)场景巡航

当项目有大空间分布时,在三维 GIS 平台上,可通过设定巡航的起止点、路线、高度、视角等参数,使系统依参数实现自动漫游,用户可以轻松查看沿途工程、场景及地形地貌等信息,以便必要人员以最省时、省力、省财的方式,第一时间了解和掌握工程及沿程相关信息,即提供便捷通道。

(4)工程定位

在对多标段工程的施工管理中,借助三维 GIS 平台的空间定位功能,用户可以便捷地定位到指定的工程标段,为用户进行标段空间信息查看、工程信息查询和展示等提供支撑。

（5）信息查询

信息查询是三维综合展示子系统的重要功能，基于三维 GIS 平台，用户可以直观查看工程、场地、河流、水系、道路等场景信息，还可以通过功能模块或相关链接，查看业务管理信息系统中保存的共享数据库信息，通过三维综合展示平台，以图、表或多媒体等方式进行综合展示，为用户或决策者直观、快捷地提供其所需的信息服务。

（6）信息展示

信息展示功能是对信息查询的补充，根据用户对不同信息的获取需要，可开发不同的信息展示功能模块，以图、表或多媒体的方式展示各类信息。由于用户需求不同，对同类或不同类信息有不同的展示处理方式。另外，对集成的工程 BIM，还可以进行工程的立体展示和进度的动态演示等。

（7）现场监视

在工程现场若有监控视频设备的布置，还可通过三维 GIS 平台接收相应的视频数据，对数据进行采集、存储和展示等，用户可以通过该平台的视频显示窗口直观掌握工程现场施工情况，为进行工程进展监控、面貌了解和风险预警等提供支撑。

（8）应急决策

三维综合展示子系统为应急决策提供了一个十分有效、直观的平台。当工程上出现突发事件时，可以借助该平台，为单位领导或专家第一时间提供事件点的空间信息，以及围绕事件相关的周围环境及必要的工程信息，为高效交流、科学决策和处置跟踪等提供重要支撑。

3.APP 移动服务子系统

APP 软件的开发是基于移动办公需求提出的。为提高日常事务和应急事件的快速反应和处置能力，提高工程管理的办公效率，开发施工管理的 APP 软件已成为现代项目管理不可或缺的内容。APP 软件作为施工管理信息系统的重要子系统，其信息主要来源于业务管理子系统，与业务管理子系统共享数据库，其功能需求完全取决于用户对项目施工管理的信息查询和处置需要。一般情况下，施工管理 APP 软件以提供工程数据的综合查看为主，重点是工程的投资、进度、质量、安全方面的信息，同时也考虑工程现场的定位、信息上传和展示等需求。

5.2.4 设计原则

1. 实用性

实用性就是要最大限度地满足用户的各种需求，能够充分发挥信息系统对工程施工管理的最大限度地支撑，体现施工管理信息系统的实用价值，让用户最大限度地参与到信息系统的应用中，解放劳动，提高工作效率。

2. 友好性

友好性体现在用户对系统操作的满意度上。施工管理信息系统的开发要充分考虑用户对系统操作的简便性和友好性，让不同层次的用户都能做到简单易学，能以最便捷的操作和最美观的展示效果实现人机交互，让用户对系统形成自觉的依赖。

3. 可靠性

可靠性是系统运行的基础，也是用户对系统满意度的重要衡量指标。在系统设计上，应关注系统的可靠性，选择成熟、专业的开发工具，以及运行稳定的软硬件设备，通过高质量的系统开发和完备的运行环境保障来提高系统的可靠性。

4. 先进性

先进性体现在采用的技术和设备上。施工管理信息系统开发应采用当前成熟、先进的开发工具，采用性价比高的硬件设施设备。采用先进技术进行系统开发的目的是让系统运行效率更高、数据处置能力更强、信息展示效果更好，让用户有更多的获得感和满足感。

5. 可扩展性和可维护性

系统的开发应考虑其可迭代升级。当需求发生变化时，系统应具有可扩展性和可维护性，让施工管理信息系统成为一个柔性可移植系统，可以满足在应用过程中出现的各种需求变化，尽量减少系统扩展或维护成本。同时，考虑系统与外界的接口需求，满足相应软件系统的集成需要。

6. 集成性

施工管理信息系统是一个综合系统，其往往是由多个平台软件开发而成的综合集成软件系统，在不同的子系统或模块开发上，应满足可集成性。另外，还应考虑该系统与其他相关系统的可集成性，尽量降低系统间的集成复杂性和成本，提高集成后的整体运行效果。

7. 标准性和开放性

为适应国家智慧水利的发展方向，在进行施工管理信息系统的开发上，应充分考虑国家和行业标准，在数据标准和格式以及档案管理编码上应与国家或行业标准保持一致。对外数据接口应保持开放性，以便随时能满足与上级部门或行业平台的对接要求。

8. 安全性

施工管理信息系统中涉及的地理数据、工程数据等具有安全性要求，因此系统开发应把安全性放在重要的位置上。安全性包括操作系统安全、通信安全、数据库安全、网络安全等方面，系统在设计和开发技术的选择上应充分考虑这些方面的安全性要求，确保系统信息的安全、保密。

9. 创新性

软件系统的开发应与时俱进，应考虑充分利用新一代信息技术，关注信息技术的发展，选择新技术实现施工管理信息系统开发的迭代升级。同时，在设计理念和设计思维上应体现创新，以新技术、新视角、新效果的呈现为工程管理提供最具价值和最有力度的支撑。

5.2.5　系统架构

系统架构从开发角度可以划分为总体架构、技术架构、部署架构、逻辑架构和功能架构等。

1. 总体架构

在面向服务的架构模型的指导下，系统总体的技术实现一般采用先进的、基于 J2EE 技术路线的多层分布式应用体系架构，以保障系统具有良好的扩展性和稳定性。

基于 J2EE 的基本架构，对施工管理信息系统进行技术实现的总体架构设计，由下到上分别是数据采集、数据中心、应用服务和应用系统四大层，如图 5-2 所示。

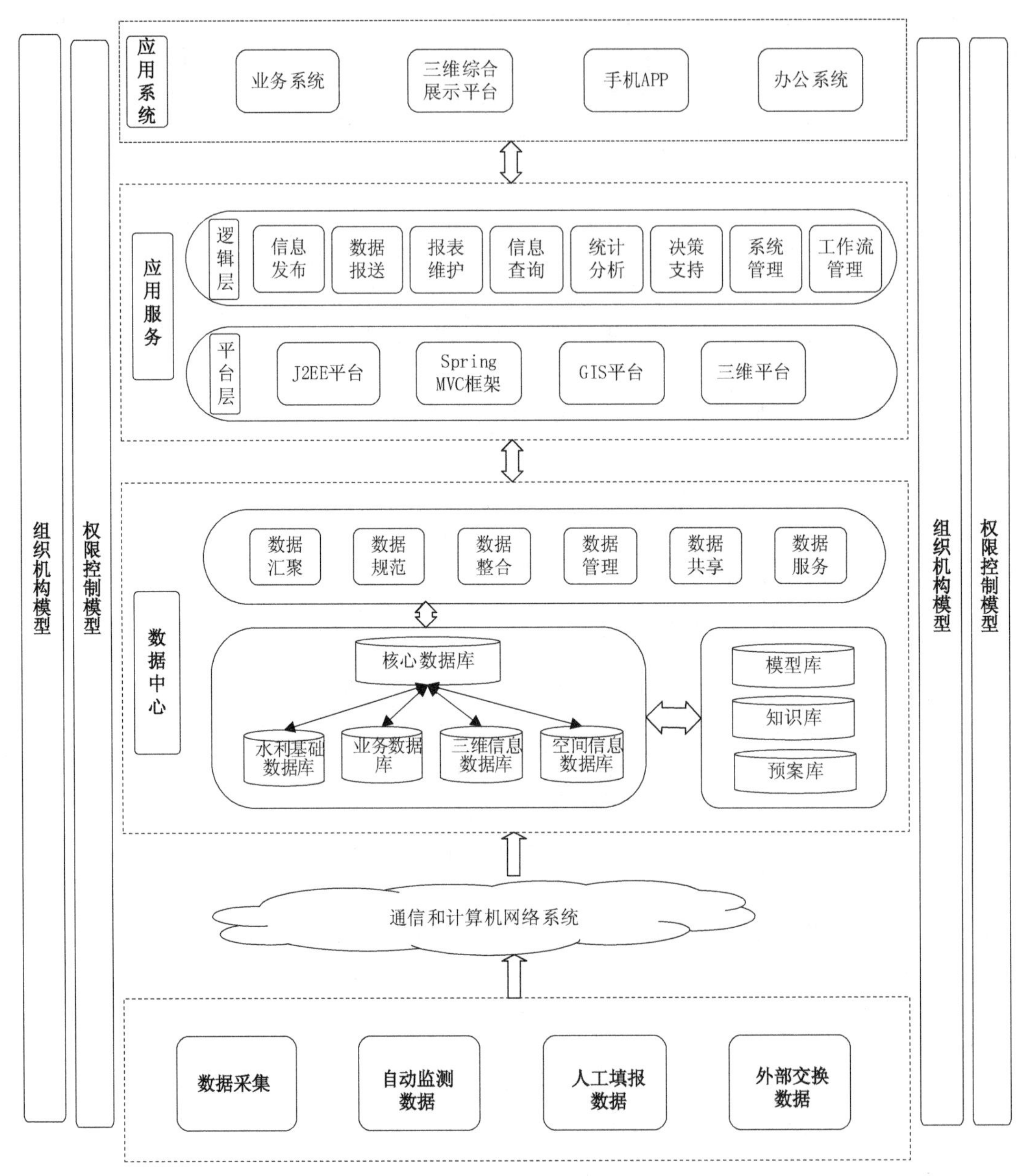

图 5-2　系统总体架构示意图

（1）数据采集

数据采集包括自动监测数据、人工填报数据、外部交换数据。其中，自动监测数据包括水雨情监测设备、雷达、卫星等的遥测数据；人工填报数据包括业务人员录入系统中的数据以及系统根据业务逻辑自动产生的数据；外部交换数据包括可通过 Excel 的形式导入系统中的历史数据以及其他系统可供使用的数据。

（2）数据中心

数据中心包括核心数据库（由水利基础数据库、业务数据库、三维信息数据库和空间信息数据库等组成）和可扩展数据库（有模型库、知识库、预案库等），数据中心上层为各种数据处理服务，将数据梳理、整合供上层应用服务使用。

（3）应用服务

应用服务分为平台层和逻辑层，平台层从底层对上层逻辑层提供技术支撑，逻辑层包括各种信息发布、系统管理、工作流管理、决策支持、统计分析等基础应用服务。

（4）应用系统

应用系统是在应用服务的基础上构建的，包括业务系统、三维综合展示平台、手机APP、办公系统等不同的工作和使用方式，然后将各种业务功能模块分散在或以不同的形式同时存在于不同的应用系统中。应用系统包括主体界面、招标管理、合同管理、资金管理、进度管理、质量管理、安全管理、设计管理、验收管理、档案管理、会议管理、监督预警、办公辅助、统计分析、智能查询、GIS 查询与分析、三维查询与分析、短信平台等业务功能模块。

2. 技术架构

平台遵循统一的技术标准规范，采用 SOF 体系架构设计，提供多样灵活的系统接口。平台产品的构件化思路是以基础构件为核心、其他构件为业务插件的“主体+插件”形式，搭建出来的各个子系统健壮灵活，从而保证了应用的稳定性和高效的可扩展性。

根据系统的特点，在总体技术实现结构的设计上，要保证层次之间的相对独立性和接口的规范性，使核心服务模块能最大限度地共享，以此为出发点，各模块的开发采用 B/S 结构方式，具体实现如图 5-3 所示。

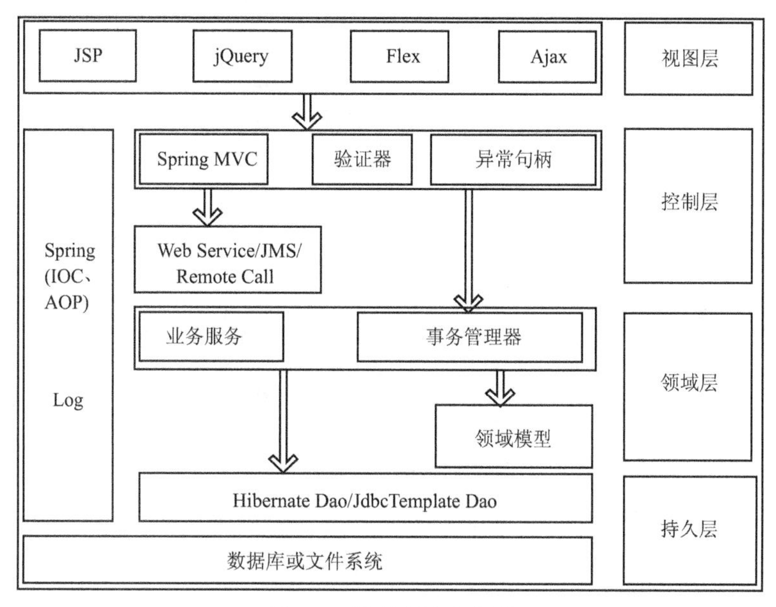

图 5-3　技术架构示意图

（1）视图层

由于系统面向 B/S 架构，视图层主要由 Web 资源文件组成，包括 JSP、JS 和大量的界面控件，采用了 FJFX 技术，负责向用户展现丰富的界面信息，并执行用户的命令。

（2）控制层

控制层负责展示层请求的转发、调度和验证，同时处理后台返回的异常信息，还可以通过控制层做远程的请求。

（3）领域层

领域层是系统最为丰富的一层，主要负责处理整个系统的业务逻辑，主要包括第 4 章提到的业务服务和领域模型，同时负责系统的事务管理。

（4）持久层

持久层主要负责数据持久化，支持 O/R Mapping 和 JDBC，对数据源的访问提供多种访问方式。

3. 部署架构

部署架构设计如图 5-4 所示，用户不同，部署框架设计也不同。

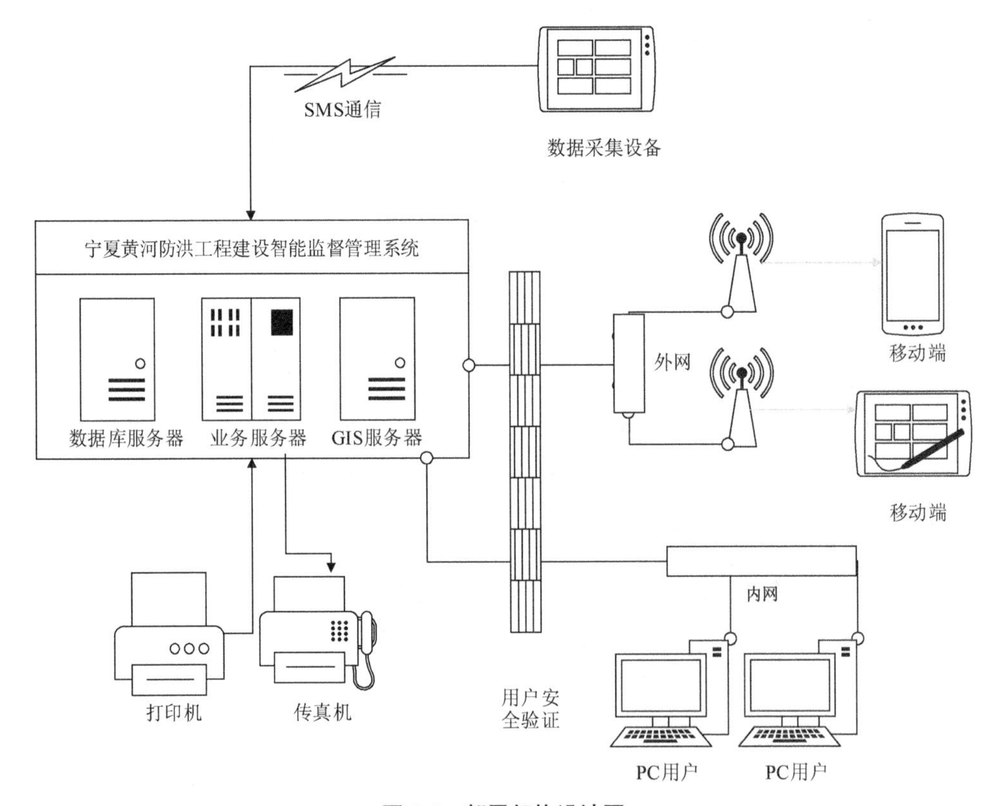

图 5-4　部署架构设计图

4. 逻辑架构

逻辑架构主要是指项目业务流程，如图 5-5 所示。

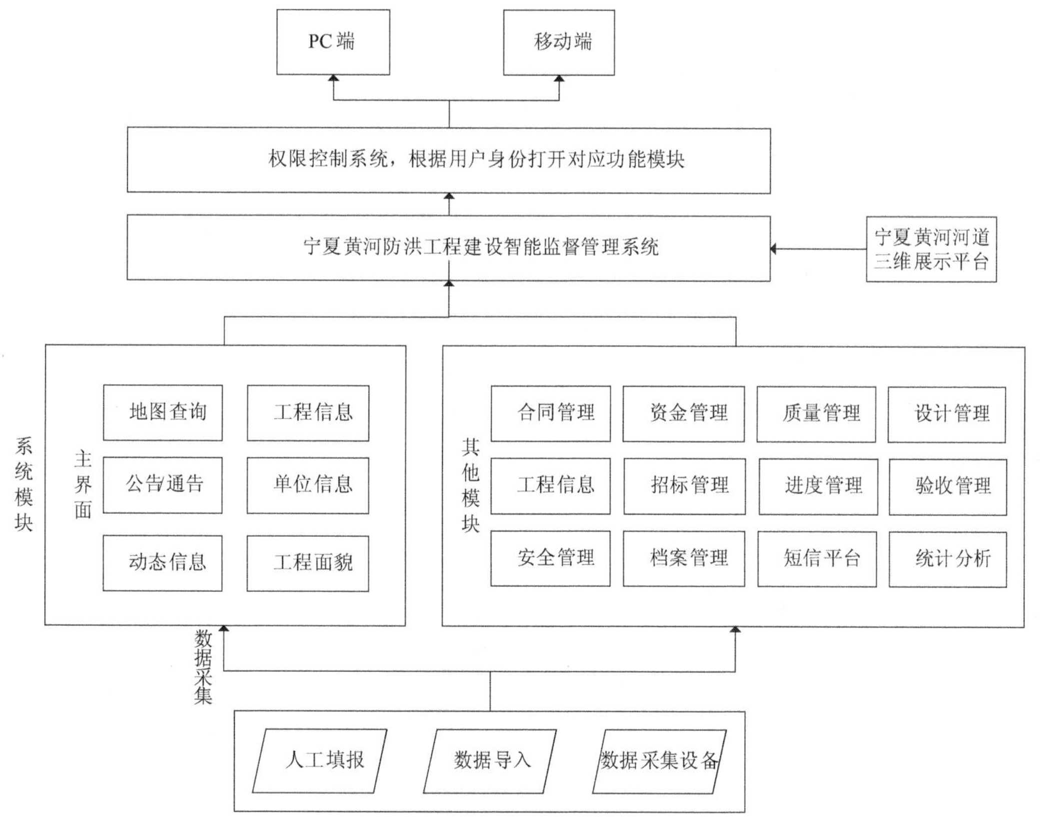

图 5-5　逻辑架构流程图

5. 功能架构

以宁夏黄河防洪工程建设智能监督管理系统为例,其功能架构如图 5-6 所示。

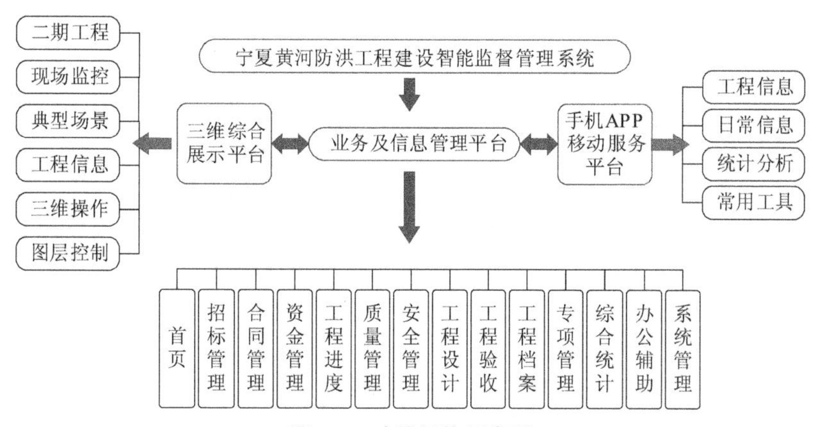

图 5-6　功能架构示意图

5.2.6　关键技术

施工管理信息系统是多技术融合与应用的成果。根据前面分析的业务内容,目前施工管理信息系统开发采用的关键技术有 J2EE、Spring MVC、Web2.0+FjFx、GIS、Web Service、影像数据压缩、三维场景和模型的渐进渲染和 Angular、Ionic 等。这些技术的应用，可以有效解决业务管理子系统、三维综合展示子系统及 APP 移动办公子系统开发过程中出现的各类问题。例如，J2EE 可提高系统的兼容性、扩展性和灵活性；Spring MVC 技术可减轻服务器的负担和提高显示速度；GIS 技术可提高地理图形及其属性数据的处置处理和展示能力；Web Service 技术可实现在环境中系统间的交互；影像数据压缩技术可节省通信信道，提高信息的传输速率及实时处理能力，以及系统的整体可靠性；三维场景和模型的渐进渲染技术可提高视域内模型纹理渲染速度，解决现有大规模三维模型渲染速度慢、占用内存和显存等系统资源过大、渲染面片数过多、渲染不流畅、视觉突变、效率低下等一系列问题；Ionic 技术可解决多种移动平台上的部署问题。

5.2.7 典型应用

1. 宁夏黄河防洪工程建设智能监督管理系统

宁夏黄河防洪工程建设智能监督管理系统是面向宁夏黄河防洪二期工程建设所开发的施工管理信息系统。该系统由多项先进技术高度融合开发，满足多用户、多层级、差异化、异权限、多运行环境并行操作要求，由业务管理子系统、三维综合展示子系统及 APP 移动办公子系统构成，三个子系统建立统一数据库，彼此无缝集成。图 5-7 所示为宁夏黄河防洪工程建设智能监督管理系统中业务管理系统招标管理界面。

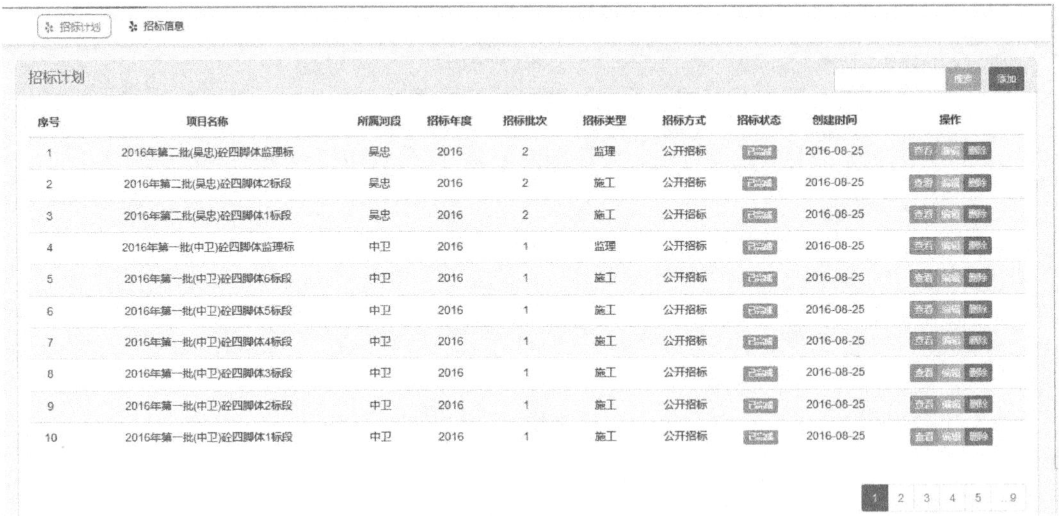

招标计划　招标信息

招标计划

序号	项目名称	所属河段	招标年度	招标批次	招标类型	招标方式	招标状态	创建时间	操作
1	2016年第二批(吴忠)砼四脚体监理标	吴忠	2016	2	监理	公开招标	[illegible]	2016-08-25	查看 编辑 删除
2	2016年第二批(吴忠)砼四脚体2标段	吴忠	2016	2	施工	公开招标	[illegible]	2016-08-25	查看 编辑 删除
3	2016年第二批(吴忠)砼四脚体1标段	吴忠	2016	2	施工	公开招标	[illegible]	2016-08-25	查看 编辑 删除
4	2016年第一批(中卫)砼四脚体监理标	中卫	2016	1	监理	公开招标	[illegible]	2016-08-25	查看 编辑 删除
5	2016年第一批(中卫)砼四脚体6标段	中卫	2016	1	施工	公开招标	[illegible]	2016-08-25	查看 编辑 删除
6	2016年第一批(中卫)砼四脚体5标段	中卫	2016	1	施工	公开招标	[illegible]	2016-08-25	查看 编辑 删除
7	2016年第一批(中卫)砼四脚体4标段	中卫	2016	1	施工	公开招标	[illegible]	2016-08-25	查看 编辑 删除
8	2016年第一批(中卫)砼四脚体3标段	中卫	2016	1	施工	公开招标	[illegible]	2016-08-25	查看 编辑 删除
9	2016年第一批(中卫)砼四脚体2标段	中卫	2016	1	施工	公开招标	[illegible]	2016-08-25	查看 编辑 删除
10	2016年第一批(中卫)砼四脚体1标段	中卫	2016	1	施工	公开招标	[illegible]	2016-08-25	查看 编辑 删除

1 2 3 4 5 ..9

图 5-7　业务管理系统招标管理界面

2. 心墙坝施工质量动态监控管理信息系统

该施工管理信息系统由天津大学刘东海教授团队研发，服务于沥青心墙堆石坝碾压质量实时监控。该系统在碾压机上安装高精度 GNSS（北斗或 GPS）接收机和自主研发的压实度监测装置，针对沥青心墙坝料在碾压过程中自动监控振动频率、碾压遍数、行车速度、压实厚度以及压实度监测值（CV）等。该系统主要实现以下功能。

①通过安装在碾压机上的高精度 GNSS 接收机，实时采集碾压机空间坐标，计算并分析当前碾压机速度和碾压遍数，在监控客户端界面上实现压路机碾压轨迹的动态绘制与可视化显示。

②通过安装在碾压机振动轮上的压实度监测装置，实时采集振动轮振动频率、激振力与 CV 值，并在监控客户端实现振动频率、激振力与 CV 值的实时显示，同时实现已碾压任意位置处 CV 值在监控过程中的在线查询。

③分析沥青混凝土坝料的压实干密度与 CV 值之间的定量关系，探索确定现场 CV 值的控制标准。

④根据设定的控制标准，当碾压过程中激振力、行车速度不达标时，实现监控客户端实时报警，并将报警信息发送至碾压机操作手、监理单位及施工人员，不达标信息在运行轨迹监控图上用显色以示区别，同时将不达标报警信息写入数据库，以供后续查询。

⑤工作面碾压结束后，可生成含有施工仓面边界的碾压质量图形报告（包括静碾和振碾遍数图、碾压轨迹图、行车速度图、振动频率和激振力统计图、压实高程图及压实度监测值图等），并保存归档，以供后续分析。

⑥可实现多个监控客户端（如业主管理人员、项目营地监理、现场施工管理人员等）对工作面碾压质量的远程同步监控。

施工工作面小气候信息实时监控子系统包括工作面小气候信息采集装置、总控中心数据库、监控客户端及报警终端等四个主要部分。该子系统技术方案如图 5-8 所示。

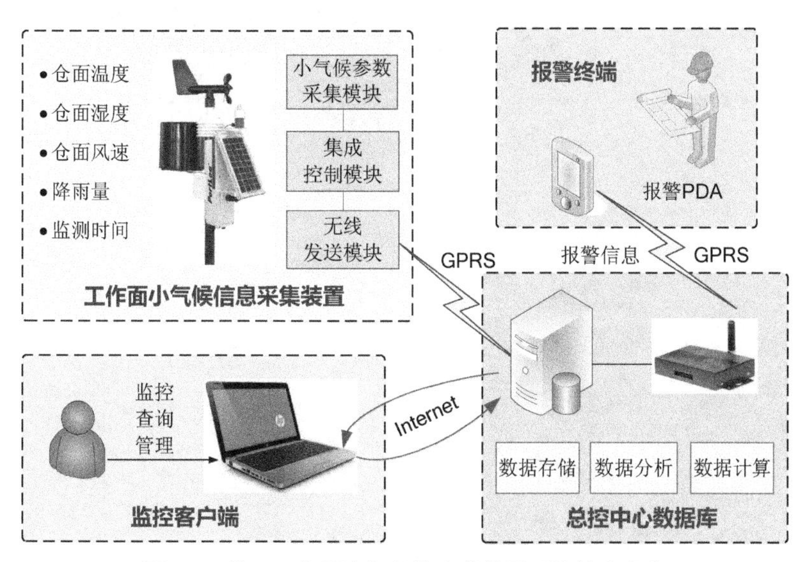

图 5-8　施工工作面小气候信息监控子系统技术方案

通过在沥青混凝土拌合楼安装数据接口及数据采集装置，监测逐盘沥青混凝土拌合料中各粒径骨料重量、沥青重量、骨料加热温度和出机口温度等，求得坝料级配指数、油石比等指标，进而实现对上述指标的实时自动监控，以确保坝料拌合质量，从而控制原材料的可施工性。坝料拌合质量监控子系统主要包括数据接口及采集装置、总控中心数据库、报警 PDA 和监控客户端等四个部分。该子系统技术方案如图 5-9 所示。

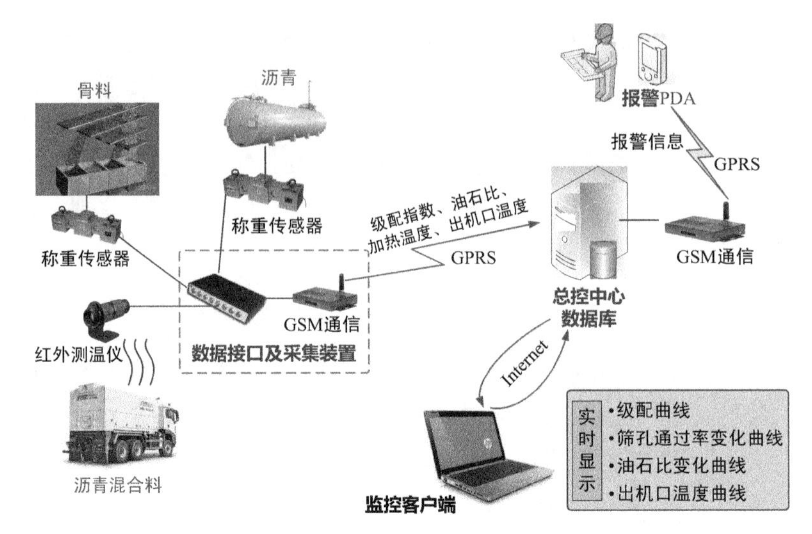

图 5-9 坝料拌合质量监控子系统技术方案

碾压质量监控子系统主要由碾压质量实时采集装置、便携式 RTK 测量装置、总控中心数据库、监控客户端（现场分控站）和现场报警终端等组成。该子系统技术方案如图 5-10 所示。

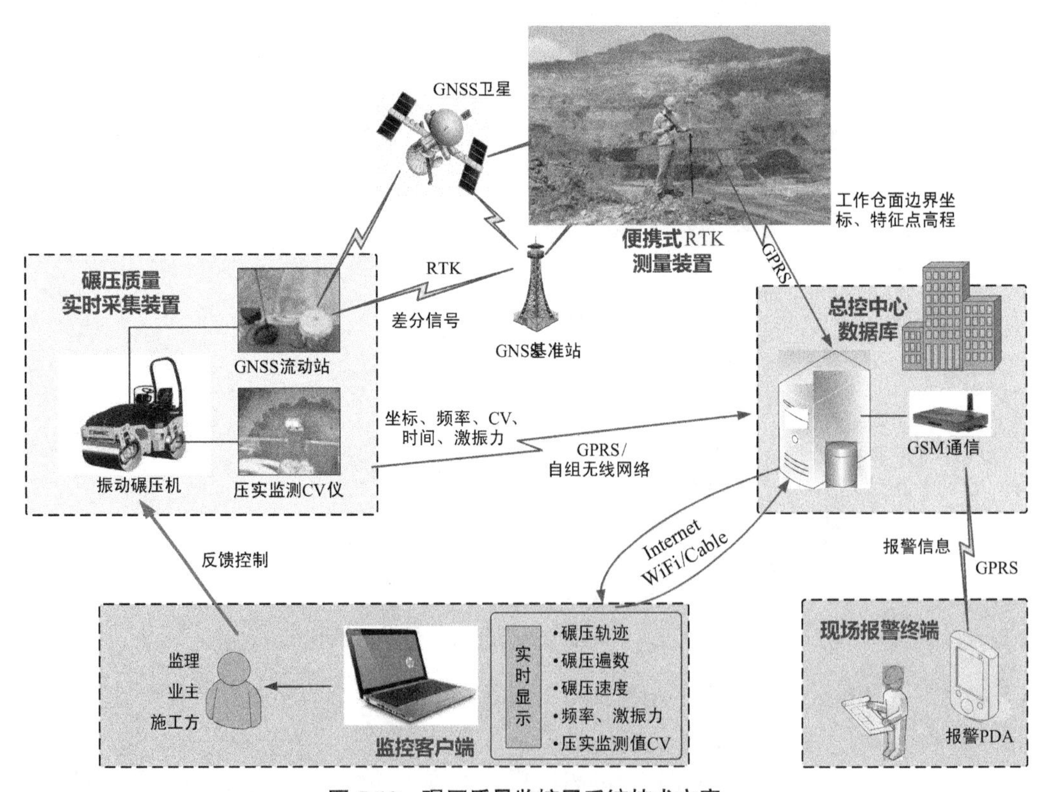

图 5-10 碾压质量监控子系统技术方案

碾压质量实时采集装置主要包括车载高精度 GNSS 定位导航单元、信息控制单元（含激振状态监测器)、自组网无线通信单元、GNSS 天线和压实监测 CV 仪等,如图 5-11 所示。安装于碾压机驾驶室内的信息控制单元可同步显示速度、激振力(激振状态),当超速或激振力不达标时,该单元会发出报警信息,实时提示司机减速或调解振动状态。

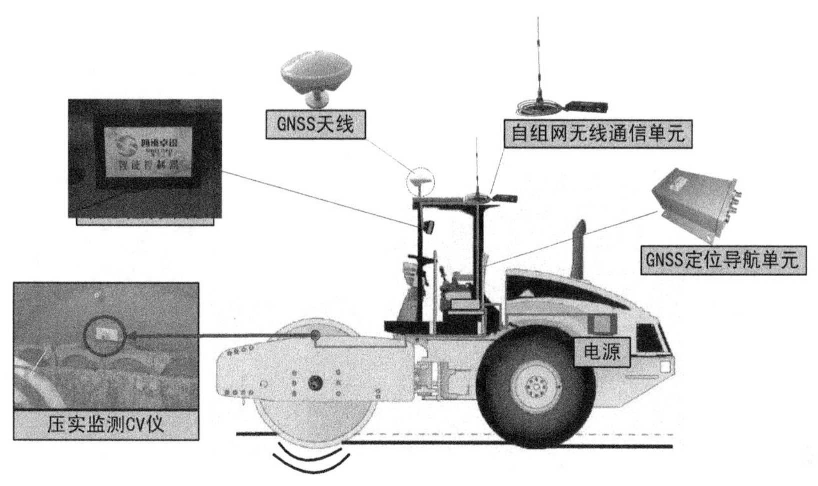

图 5-11　碾压质量实时采集装置

5.3　运维智能管理信息系统

5.3.1　建设目标

运维管理是项目建成后投入使用所开展的工作。为支持该阶段的项目运营管理,而开发运维管理信息系统,其目标是通过开展各种运行维护工作来让服务项目正常运营,进而提高项目运行的安全性和效率。由于项目不同,如防洪工程项目、引调水工程项目、发电工程项目、灌溉工程项目等,其项目目标不同,运维管理信息系统的建设目标也就有所不同,系统建设目标的设定一定是围绕满足项目目标实现服务的。

5.3.2　需求分析

做好需求分析同样是运维管理信息系统的重要基础工作。施工管理信息系统开发的需求分析重心是围绕施工阶段的用户需求、软件运行环境需求等开展的。运维管理信息系统的需求分析就是围绕项目运行阶段的用户需求和软件运行环境需求等开展的,只不过服务的用户不同,满足的业务需求不同而已。可以从业务需求、功能需求、集成需求及非功能需求几个方面开展分析。

1. 业务需求

业务需求因项目、目标、用户等不同而有所差异,其主要业务需求一般包括值班安排、日常维护、安全监测、安全监视、险情预警、险情处理、优化配置、精细化调度、远程监控、远程调度、应急管理、遥测信息管理、档案管理等,也可以是其中一部分的组合需求。

2. 功能需求

功能需求主要是围绕业务管理需求，为用户提供业务管理活动所必需的信息采集、存储、处置、分析、共享、预测、预警、辅助决策等，以及采用图、表、多媒体、三维场景、影像、数字孪生、移动办公等形式为用户提供或展示日常管理或决策所需的各类信息，或采用各种监测、监视、监控、遥测、调度等技术对工程、设施、设备等的安全、可靠、自动运行等提供支撑，为工程的安全、稳定、高效运行保驾护航，达到降本增效和价值创造的目的。

3. 集成需求

集成是复杂软件系统开发必不可少的活动，包括内部集成和外部集成。内部集成主要是本次所开发的各大子系统之间以及功能模块之间的集成，也可分为数据集成、界面集成和应用集成；外部集成主要是与已建、在建、拟建的其他系统之间的集成。内部集成一般强调无缝集成；外部集成可以是松散集成，预留接口，满足基本功能需求即可。

4. 非功能需求

非功能需求包括界面需求、安全需求、性能需求、接口需求。这些需求在施工管理信息系统中有所介绍，其需求类同。

5.3.3 建设内容

运维系统的建设内容因项目目标、用户等需求不同而不同。下面以防洪工程、引调水和灌溉工程为例，介绍运维系统的建设内容。

1. 防洪工程

(1)业务管理子系统

1)基本信息管理

提供人员信息、堤防工程信息、断面信息、测站信息、安全教育信息等管理。

2)日常运维管理

提供值班安排、测站工况查询、日常维护巡检、实时巡检信息等管理。

3)综合监测管理

提供站点监测信息管理、无人机巡查信息管理、遥感影像信息管理。

4)险情预警管理

提供险情预警、人工险情上报、险情阈值配置、险情预案等管理。

5)事件应急管理

提供事件记录管理、事件实景信息管理、事件处置活动管理、事件总结管理。

6)档案管理

提供在工程运行维护管理过程中产生的各类文档的管理。

(2)二、三维GIS平台子系统

为提高工程运行维护管理人员的工作效率，可通过GIS系统开发二、三维平台，进行辅助运维管理。该平台可以进行空间查询、场地信息查询、线路巡航、险情定位、工程信息查询、风险预演、风险预警、应急决策等。另外，还可与工程BIM集成，直观、立体地展示工程，便捷查询工程信息等，助力工程的高效运维管理。

(3)APP 移动办公子系统

通过 APP 开发来满足对防洪工程安全的高效、便捷运维管理,提供日常巡检管理和相关信息查询,对日常巡检人员进行值班安排、巡检查路线安排、人员轨迹跟踪、信息实时上报、安全预警和应急管理等。

2. 引调水和灌溉工程

引调水和灌溉工程的运维管理内容更为丰富,除有工程上的运维内容外,还有业务上的引水、调水和资源分配等多种需求。其运维管理信息建设内容同样可以包括业务管理子系统、二/三维综合展示子系统及 APP 移动办公子系统。以下重点介绍业务管理子系统的建设内容。

(1)水情监测

以监测站点为单元,包括水文站、雨量站等,提供水情动态监测、险情预警、视频查询、数据管理、报表查询等功能服务。

(2)水情预报

建立各预报单元的预报模型,设定模拟方案,进行预报模拟,展示模拟结果,开展多方案对比分析,制定应急管理方案。

(3)水量监测

水量自动监测系统可为用水总量控制和用水效率控制提供重要决策信息,以监测站点为单元,对水量数据进行自动收集、统计、计算、分析、整编和存档,提供在线预警、动态监测、监测管理、信息查询等功能。

(4)水量配置

提供用水信息管理、水量常规配置、水量应急配置、配置方案管理、信息查询、水费管理等功能服务。

(5)调度管理

提供单库调度和多库联调管理,包括水库的水位、库容、库容曲线等信息管理,以及水库调度模型、调度模拟、实际调度、历史调度、调度方案等管理。

(6)远程控制

主要是对闸泵的调度控制,提供运行状态、远程监视、数据采集、运行控制、报表生成等功能。

(7)应急管理

提供防洪应急管理、抗旱应急管理、突发事件应急管理,以及管理流程和应急处置预案。

(8)维护管理

提供工程维护过程的业务管理,参见防洪工程的业务管理内容。

(9)档案管理

提供引调水和灌溉工程运维管理过程中产生的各类文档的管理。

5.3.4　设计原则

1. 先进性和成熟性

运维管理信息系统软件设计既要采用超前思维、先进技术和系统工程的方法,又要注意思维的合理性、技术的可行性、方法的正确性，且先进性和成熟性并重。

2. 开放性和标准性

运维管理信息系统应是一个开放的且符合行业规划的服务平台，既可兼容现有先进技术，又可在未来技术发生更新的情况下，有效地替换陈旧的技术方案，并不对依赖于该技术方案的平台服务造成影响。同时，软件设计应严格执行我国水利业务系统、信息资源等方面的相关标准和安全管理规范。

3. 可靠性和稳定性

在考虑运维管理信息系统软件的开放性和标准性的基础上，还应该在软件设计中注重系统可靠性和稳定性等方面的规范和要求，以保证未来开发出来的系统软件具有较高的可靠性和较好的稳定性。

4. 可扩展性和易升级性

为适应不断进化的业务管理要求，软件运行所需要的软硬件环境以及系统功能本身应具有良好和平滑的可扩展性和易升级性。

5. 安全性和保密性

系统软件设计既要充分考虑基础信息资源的共享，更要注意信息资源的保护和隔离，应分别针对不同的业务需求、不同的通信环境，采取不同的安全保障措施和信息安全访问机制。

6. 可管理性和可维护性

系统软件是由多个部分组成的复杂业务系统，为了便于系统的日常运维和管理，要求所选的应用体系结构和数据必须具有可管理性和可维护性。

5.3.5 系统架构

系统服务的对象和用户需求不同，就有不同的系统架构。下面以黄河宁夏段堤坝安全监测与智能管理系统建设为例进行介绍，该系统是一项防洪工程的运维管理信息系统。

1. 总体架构

该系统设计采用“3+*X*”架构（一网一库一平台加 *X* 个云应用系统）以及当地水利云统一的支撑保障体系和信息安全体系，结合项目业务需求补充构建一套安全监控体系，并将堤坝安全智能管理系统细化为 *N* 个应用，构建了“1+1+1+2+*N*”（即一套安全监控体系+一个基础设施云（电子政务云平台+电子政务外网）+一个堤坝安全管理云数据中心+两个体系（支撑保障体系和信息安全体系）+*N* 类堤坝安全管理信息化业务应用功能模块）体系的信息化平台，实现统一的基础设施运行环境、统一的数据中心、统一的应用系统和统一的门户访问入口。

2. 技术架构

系统建设需要在满足相关部门用户使用需求的基础上，同时满足复用性高和易扩展等要求，以便后期进行维护和升级。该系统宜采用表现层、服务层、数据层的三层设计模式作为系统开发过程软件框架，实现高内聚、低耦合的设计思想。

三层结构之间使用 Spring 容器进行统一管理，并通过 Spring 控制反转及事务管理。三层架构被广泛应用在软件工程的架构模式中，可实现将系统开发过程中的关注点分离。首先是可以让前台设计和后台设计相分离,各层之间能够并行设计,前台设计人员只关注界面设计,后台设计人员只关注逻辑设计;其次是可以很容易用新的实现来替换原有层次的实现,在系统后期完善过程中,用户需求有变更时,开发人员可以很容易地满足客户的这种变更需求;最后是总体上采用三层架构框架模式,各层次功能清晰、分工明确,且各层之间可同时进行并行设计,易于测试,可以很大限度地降低开发的复杂性,便于定位错误并改正。各层主要功能和采用的技术如下。

(1)表现层

表现层主要负责面对用户的展示界面,通过 json、servlet、jsp、过滤器等实现数据传递及处理,通过 velocity、easyui、ligerui、html 等实现页面组件构成及展示。

(2)服务层

服务层主要负责各系统业务逻辑处理,作为表现层与数据层的中间部分,根据业务逻辑对数据进行相应处理,并达到数据层与表现层之间的数据传递目的。通过 Spring Bean、Web Service、jbpm、ehcache 以及各类服务框架实现业务逻辑及数据处理。

(3)数据层

数据层主要负责与数据库的交互,实现数据 CURD 操作。可采用 Mybatis、JPA、Hibernate 等作为数据持久层框架,通过 GIS 服务客户端实现 GIS 数据交互及处理。

5.3.6 关键技术

运维管理信息系统开发的关键技术涉及软件开发技术、安全监测分析相关技术等,具体如下。

1. SOA 架构

SOA 架构是当前实现异构系统集成的主流技术,凭借 SOA 松耦合的特性,使系统可以按照模块化的方式来添加新服务或更新现有服务,以解决新的业务需要。

2.Spring 技术

Spring 技术是一种开源框架,是为解决应用程序开发复杂性而创建的,其优势是其分层架构。分层架构允许随意选择组件,同时为 J2EE 应用程序开发提供集成的框架,且其功能可以用在任何 J2EE 服务器中,并支持不绑定到特定 J2EE 服务的可重用业务和数据访问对象。

3. 中间件技术

中间件技术是一种独立的系统软件或服务程序,分布式应用软件借助这种软件在不同的技术之间共享资源。

4. 应用集成技术

应用集成技术的核心是一组开发工具,它可以生成用于连接不同应用系统的组件,通过这些组件对应用系统进行再构造,形成一个更强大的系统。应用集成系统由开发套件、运行平台和应用集成连接组件等构成。

5. Web GIS 技术

Web GIS 技术是 Internet 技术应用于 GIS 开发的产物,是现代 GIS 技术的重要组成部分。常见的 Web GIS 开发软件有超擎图形,它是一个交互式的、分布式的、动态的地理信息系统。GIS 通过 WWW 功能得以扩展，真正成为一种大众使用的工具。Internet 用户可以从 WWW 的任意一个节点浏览 Web GIS 站点中的空间数据、制作专题图，以及进行各种空间检索和空间分析，从而方便普通用户对 GIS 的使用。

6. XML 技术

可扩展标记语言（XML）是 Web 上的数据通用语言。XML 允许为特定应用程序创建唯一的数据格式，也是在服务器之间传输结构化数据的理想格式。在我国电子政务标准化进程中，XML 已经成为政务信息共享的标准。

7. Web Services 技术

Web Services 技术可以使地理上分布在不同区域的计算机和设备一起工作，以便为用户提供各种各样的服务。用户可以控制要获取信息的内容、时间和方式，减少信息孤岛，提高浏览效率。Web Services 是独立的、模块化的应用，能够通过因特网来描述、发布、定位以及调用，从而实现面向组件和跨平台、跨语言的松耦合应用集成。

8. 安全监测成套技术

安全监测成套技术是一套经济、实用的堤坝安全监测成套技术，以当代堤坝安全要求、工程监测技术、GIS 技术、移动通信技术、空间分析技术、物联网技术和数据库技术为核心，采用全自动化身份识别技术，通过传输总线连接并指挥同一堤防段上各类智能传感器（浸润线监测传感器、位移监测传感器、水位监测传感器）、GPS 和视频监控等监测设备，进行数据的采集、传输、展示和分析。

9. 安全预警综合指标技术

基于多监测要素数据的堤坝安全监测预警技术，利用堤坝监测设备汛期动态采集得到的堤防背水侧坡面表面位移、沉降、水平位移、水位和视频影像等监测要素数据，分析不同堤坝结构特点，分别构建堤坝安全预警综合模型，利用模型来动态跟踪、分析与预测不同堤坝的风险情况，形成符合各堤段特点的单一和综合指标变化的控制阈值，为超阈值信息提供及时预警服务支持，以实现堤防安全的动态监测与安全预警目的。

10. 无人机遥感遥测技术

利用先进的无人驾驶飞行器技术、遥感传感器技术、遥测遥控技术、通信技术、GPS 差分定位技术和遥感应用技术，能够实现无人机信息查看，其将成为未来的主要航空遥感技术之一。

11. 卫星遥感监测技术

卫星遥感监测技术是一门综合性的科学技术，集中了空间、电子、光学、计算机通信和地学等学科的成就，是 3S（RS、GIS、GPS）技术的主要组成成分。遥感数据资源呈现出更高时空分辨率、更多数据来源、更低廉的价格和更长时期的历史数据积累等特点，为水利遥感应用分析提供了更为坚实的数据基础。此外，面向对象的深度学习算法、多源遥感协同监测等遥感影像分析处理技术以及流水化的遥感影像数据处理流程都得到了长足发展和有效实践，这为利用卫星影像数据开展堤坝安全基础调查提供了坚实的技术基础。

5.3.7 典型应用

以黄河宁夏段堤坝安全监测与智能管理系统为例。该系统的建设促进黄河宁夏重点城市段各级水利部门之间堤坝安全管理以及整个区域防汛工作的互联互通和信息共享，使各级部门能够及时掌握区域水利工程险情信息及其发展趋势，提高各级各部门之间的应急联动，提升综合防灾减灾能力，提高堤坝险工科学管理水平；同时，该系统的公众服务功能也彰显了宁夏水利部门响应国家号召，促进相关部门从管理型职能向服务型职能的转变。

该系统平台框架如图 5-12 所示，主要有应用技术层、信息监测层、系统建设层和支撑服务层。

图 5-12　黄河宁夏段堤坝安全监测与智能管理系统平台框架

该系统主要提出八大功能模块，分别是综合监测信息、险情预警信息、日常运维管理、基本信息管理、遥测数据接收管理、堤坝安全移动监管平台、安卓 APP 链接下载和外部系统集成，如图 5-13 所示。

图 5-13　堤坝安全监测与智能管理系统主界面

5.4 工程档案智能管理信息系统

国家档案局、国家发展和改革委员会印发的《建设项目电子文件归档和电子档案管理暂行办法》(档发〔2016〕11号),为规范建设项目电子文件归档和电子档案管理,维护电子文件和电子档案的真实、完整、可用和安全,提高管理效率,促进信息共享,便于长期保存,第九条明确规定"建设单位应将项目电子文件归档和电子档案管理工作纳入项目建设计划和项目领导责任制,纳入招投标要求,纳入合同、协议,纳入验收要求";第十三条规定"项目管理信息系统应当具备电子文件管理及归档功能,并能够对项目电子文件形成与流转实施有效控制,保障其真实、完整和安全;能够在形成、流转过程中及时跟踪、检查和补充与项目设计、设备、材料、施工等变更相关的项目电子文件及其元数据"。

另外,水利部、国家档案局印发的《水利工程建设项目档案验收办法》(水办〔2023〕132号)中也明确指出:"档案验收是水利工程建设项目档案工作的重要组成部分","项目电子文件归档和电子档案管理情况纳入评分内容"。因此,水利工程档案管理的电子化或电子档案管理将是工程建设不可或缺的重要内容。

5.4.1 建设目标

工程档案管理信息系统的建设,既是响应国家信息化建设的需求,也是提高工程档案信息管理的效率和质量的现实需要,同时也是为工程建立一套完整的信息"身份"。开发一套工程档案管理信息系统来辅助工程档案管理是未来工程档案管理的必然趋势。其目标重点是确保工程信息的完整性、调用的便捷性和信息的可追溯性。

5.4.2 需求分析

工程档案管理信息系统是为满足工程档案的电子化管理而建设的,应充分满足管理的完整性、标准化、共享性和验收性等。

1. 归档要求

国家标准或行业规范是档案管理的重要依据,在进行工程档案管理信息系统设计前,应充分了解工程档案的国家标准、行业规范及当地工程档案验收的要求,如《中华人民共和国档案法》、《水利工程建设项目档案管理规定》(2021年)、《归档文件整理规则》(DA/T 22—2015)、《档号编制规则》(DA/T 13—2022)等。

2. 验收要求

应考虑国家或行业对工程档案的验收要求,如《建设项目电子文件归档和电子档案管理暂行办法》(2016年)、《水利工程建设项目档案验收办法》(2023年),以及当地主管部门对档案验收的要求等。

3. 管理要求

工程档案因工程类别、单位管理方式的不同,在进行档案管理信息系统设计上也有所不同,重点是区别档案资料的种类、层级,以及档案信息采集、归档、存储、检索和共享的完整性、标准性、便捷性和安全性等要求。

5.4.3　建设内容

工程档案管理信息系统的建设内容主要是档案的分期管理、分类管理、分级管理、编号管理和档案检索等。其中,分期管理主要考虑工程分期建设的档案管理方便需要;分类管理可以按项目标段、参建单位和管理部门等,建立标段档案、单位档案、部门档案等;分级管理可以按单项工程、分项工程、分部工程和单元工程等进行管理;编号管理是按设定好的编号规则,对不同分类或分级管理进行工程档案的系统自动编号;档案检索是为用户从海量工程档案中便捷搜索所需的档案信息,检索应实现精准检索、模糊检索和联想检索等。

5.4.4　设计原则

工程档案管理信息系统的设计原则与施工管理信息系统和运维管理信息系统类同,但因目的不同,设计原则上略有不同。工程档案管理信息系统主要是服务于档案管理,故特别强调档案管理的安全性、高效性、便捷性和规范性。

5.4.5　典型应用

以宁夏黄河防洪二期工程建设档案管理为例。其工程档案管理信息系统为工程智能建设管理系统的一个模块。该系统提供前期档案、建设档案、施工档案、监理档案、验收档案、科研档案、专项档案和综合档案等管理。档案管理模块提供各类档案的上传、下载、检索和编辑等功能。档案管理界面如图 5-14 所示。

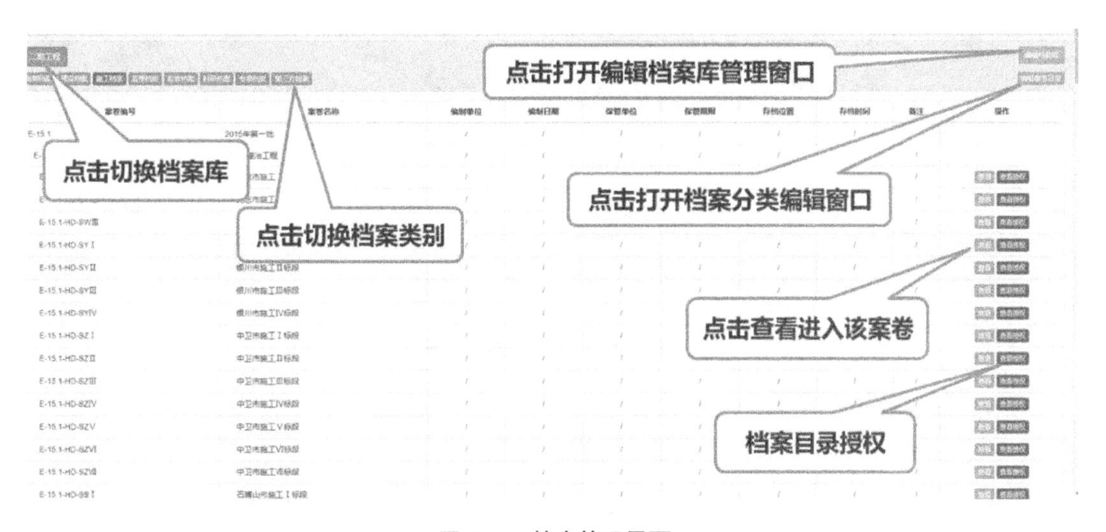

图 5-14　档案管理界面

档案目录列表会根据当前用户的权限显示“查看”按钮,有操作或者查看权限的用户会显示该按钮,档案管理员登录列表中会显示“授权”按钮,如果该目录已经授权则会显示“查看授权”,已授权的进入查看授权窗口可以重新授权。

授权过程可以通过选择一个标段,系统自动关联出相关的施工单位、监理单位等,并默认设计权限;也可以通过直接打开组织机构选择单位,可以选择多个,并分别设置不同的操作权限。

档案库管理支持添加、删除和编辑等功能，删除功能需谨慎操作，因为删除档案库后整个档案库的资料都会无法查看。当前工程进行到二期，那么当下的资料归入当前的档案库，如果后续工程进展到三期，档案的归类方式可能也会发生变化，系统提供多期档案管理模块，满足档案的动态管理需求。

档案库可以设置成“当前档案库”，一般情况下，默认打开和操作当前档案库，如系统中设置“二期工程”为当前档案库，那么访问档案管理模块后就默认打开“二期工程”档案库。

案卷目录以树型结构展示，可以拖动排序，鼠标右键点击树的节点会弹出操作按钮，包括添加子节点、编辑、删除等操作，点击“编辑”可弹出如图 5-15 右侧所示的窗口，其中代号为当前级别的档案代号，仅填写本级代号，档案编号会自动继承上级代号。

注意：如果代号内容为空，系统会默认生成当前案卷在同级内的位置作为代号，例如操作的案卷在同级兄弟节点的第三位，那最终该案卷显示的代号就为 3，如果该案卷的位置发生变化，那么该案卷显示的代号会自动变更为变更后的位置代号；如果手动输入内容，那么该案卷的代号就会被固定下来，永久显示为输入的代号，不因位置变化而变化。

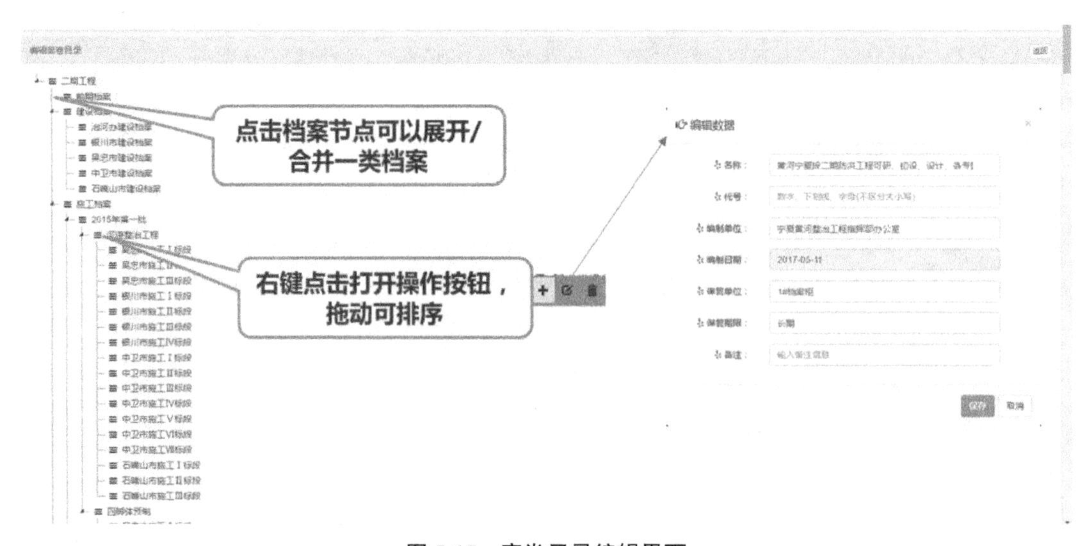

图 5-15 案卷目录编辑界面

点击“查看”可打开档案案卷目录的卷内目录，如图 5-16 所示，每个案卷目录的卷内目录都是独立的，可以点击“编辑卷内目录”进行管理，卷内目录的操作方式与案卷目录的操作方式相同。点击“附件”按钮打开该档案的附件列表，可以在附件列表中上传、下载和更新档案。

图 5-16 档案卷内目录界面

5.5 小结

水利工程智能管理信息系统是现代大型复杂水利工程建设管理的重要辅助手段,也是智慧水利建设不可或缺的重要内容。水利工程智能管理信息系统因工程类别不同和需求差异等,其建设目标、内容、系统架构和采用技术等都有所不同,具有多样性、复杂性和创新性等特点。本章从基础性和共同性角度出发,简单介绍水利工程智能管理信息系统建设的基础理论和基本流程。本章首先介绍了项目管理的有关概念、发展、内容及特性,以及项目管理信息系统的类型,国内外典型的项目管理软件,水利工程项目的特点及管理的难点和水利工程项目管理信息系统建设的常见内容与技术;然后在此基础上按施工阶段和运维阶段,分别介绍了水利工程智能管理信息系统的建设目标、需求分析、建设内容、设计原则、系统架构和采用的关键技术,并结合实际案例,简要介绍了不同案例管理信息系统的开发与应用情况;最后考虑档案管理在水利工程信息管理中的重要性,专门介绍了其建设情况。

第6章　水利智能通信网络系统

6.1　通信网络系统概述

通信系统是指使用光信号或电信号传递信息的系统。通信网络是通信系统的一种形式。克服时间、空间的障碍,有效而可靠地传递信息是所有通信系统的基本任务。通信系统按传输媒质可分为有线通信系统和无线通信系统。

1. 有线通信系统

有线通信是一种通信方式,狭义上现代的有线通信是指有线电信,即利用金属导线、光纤等有形媒质传送信息。光信号或电信号可以代表声音、文字、图像等。有线通信的特点是一般受干扰较小,可靠性、保密性强,但建设费用大。现阶段的有线通信案例有电脑(台式)、电视、电话等;具体的媒介有光纤、同轴电缆、电话线、网线等。

2. 无线通信系统

无线通信是指利用无线技术进行数据传输的一种方式。无线通信和有线通信是对应的。随着无线技术的日益发展,无线通信技术应用越来越被各行各业所接受。其特点在于综合成本低、性能更稳定、组网灵活、可扩展性好、维护费用低等。无线通信主要包括微波通信和卫星通信。微波是一种无线电波,它传送的距离一般只有几十千米,但其频带很宽,通信容量很大。微波通信每隔几十千米要建一个微波中继站。卫星通信是利用通信卫星作为中继站在地面上两个或多个地球站之间或移动体之间建立微波通信联系。

6.2　水利智能通信网络系统

6.2.1　水利信息基础设施组成及目前发展现状

水利信息基础设施主要为数字孪生流域提供“算力”支撑,主要由水利感知网、水利信息网、水利云等构成。水利感知网主要包括传统水利监测站网和新型水利监测站网,在已有基础上针对数字孪生特别是智慧化模拟需要进行站点优化补充、设备智能化升级,并扩大监测范围、增加监测要素、提升时空精度。水利信息网主要包括水利业务网和水利工控网,且水利业务网与水利工控网相对独立,仅根据需要在同级节点受控连接。水利云包括私有云、公有云以及高性能计算资源等,重点是满足“四预”海量数据对计算存储的需求。

水利信息基础设施各组成部分的功能与关联:①水利感知网主要采集数字孪生流域所需各类数据,按照统一的标准进行整理、清洗和标注;②通过水利信息网传输至数字孪生平台数据底板,经过处理后作为模型平台、知识平台的基础数据源支撑业务应用;③数据的存储、处理依靠水利云平台完成,水利信息网依托国家电子政务网络、租赁公共网络、利用卫星通信等多种方式，扩展网络带宽资源，构建连通水利部本级、流域管理机构、省（自治区、直辖市）、市、县以及工程管理单位等的水利信息网络，支持日常通信传输和应急通信服务保障。

“十三五”期间，通过水利信息化重点工程建设，水利信息基础设施初具规模。截至 2020 年底，在信息采集方面，全国县级以上水利部门建成各类信息采集点约 43.36 万处，采集要素大幅扩展，先进技术得到推广应用，水利信息综合采集体系初步形成。在水利业务网方面，水利部机关与所有部属单位、省级水行政主管部门实现全联通，流域管理机构与其直属单位和下属单位实现全联通，省级水行政主管部门与其市级水行政主管部门实现全联通、与区县级水行政主管部门联通率为 80.53%，骨干网带宽扩充至 100 Mbit/s 以上。在通信保障方面，全国县级以上水利部门共配备各类卫星地面通信设备约 3 109 台（套），卫星电话约 6 126 部，北斗卫星报汛站约 7 297 个，北斗卫星地面基站 427 套。在计算存储方面，初步建成水利部基础设施云，构建了本地备份、异地（郑州、贵阳）灾备的水利数据安全备份系统，全国省级以上水利部门配备各类服务器达 9 373 台（套），存储设备约达 1 329 台（套），存储能力达 47 PB。在水利视频会议系统方面，覆盖 7 个流域管理机构、31 个省（自治区、直辖市）和新疆生产建设兵团、341 个市级、2 567 个区（县）级水利部门和 15 644 个乡镇。

6.2.2　我国水利通信网络系统发展现状及存在问题

1. 发展现状

水利通信网络系统是指基于现代通信技术和信息化手段，用于水利行业内部和与相关部门之间进行信息交流、数据传输和协同工作的系统。它通过建立网络平台，实现水利部门的数据采集、传输、存储、处理和共享，提供决策支持和管理服务，以推动水利行业的现代化和智能化发展。当前我国水利通信网络系统的发展现状主要体现在以下方面。

（1）基础设施建设

我国在水利通信网络系统方面进行了大量的基础设施建设，包括广域网、局域网、无线通信网络、传感器网络等，实现了水利信息的全面覆盖和高速传输。

（2）数据采集与监测

通过水文站、水质站、气象站及遥感卫星等的监测设备，实现了对水资源、水文气象、水环境等关键数据的采集和实时监测。这些数据可以通过水利通信网络系统进行传输和共享，为水利决策和管理提供准确的信息支持。

（3）远程调度与控制

水利通信网络系统实现了对水库、水闸、泵站等水利设施的远程调度和控制。运用自动化、遥控遥测技术，可以实时监测和控制水利工程，提高运行效率和安全性。

（4）数据共享与协同工作

水利通信网络系统促进了水利行业内部和与相关部门之间的数据共享和协同工作。不同单位和部门可以通过网络平台实现信息的共享和交流，提高工作效率和合作能力。

2. 存在问题

目前，水利通信网络系统仍存在一些不足之处，具体体现在以下方面。

(1)数据标准化和一致性

由于不同单位和部门使用的数据标准和格式不一致,导致数据交换和共享的难度较大,需要加强数据标准化工作,确保数据的一致性和互通性。

(2)安全性和隐私保护

水利通信网络系统中涉及大量的敏感数据和信息,如水库、水闸的控制信息等。因此,需要加强网络安全和隐私保护措施,防止信息泄露和网络攻击。

(3)跨部门协同和信息共享

在水利行业内部的各部门之间的协同工作和信息共享仍存在一定的障碍,需要加强部门间的沟通和合作机制,促进信息共享和协同决策。

(4)技术应用和人才培养

水利通信网络系统的发展需要不断引入先进的技术和工具,并培养专业的人才。这就需要加强技术研发和人才培养,以提高系统的技术应用水平和管理能力。

综上所述,水利通信网络系统在我国的发展取得了一定成绩,但仍面临一些挑战和不足之处,进一步加强系统建设、数据共享、安全保护和协同工作,将有助于推动水利行业的现代化和智能化发展。

6.2.3 水利有线通信系统需求

1. 扩展水利业务广域网

(1)扩展互联互通范围

依托现有水利业务网和国家电子政务外网,进一步完善业务网络,实现水利部本级、流域管理机构及省、市、县等各级水行政主管部门与相关单位的全面互联。

(2)全面提升互联带宽

水利业务网骨干网带宽到 500 Mbit/s 以上、流域省区网带宽到 200 Mbit/s 以上、地区网带宽到 100 Mbit/s 以上,满足监视视频、会议视频、遥感影像等各类信息在节点间及时、高效地传输、交换,满足水利业务应用带宽新需求。

2. 完善水利业务城域网和部门网

(1)完善城域网

各级水行政主管部门运用网络新技术建设完善城域网,为同城区域水利单位提供高速、可靠的网络互联。

(2)完善部门网

省级以上水行政主管部门、大型水利工程管理单位建设完善本单位网络,优化功能分区,逐渐提高接入层和核心层网络带宽,更好地满足业务应用需求。

(3)完善互联网

各级水行政主管部门扩大互联网连接带宽,实现与社会公众、企业的信息交互与服务,整合共享互联网接入,缩减互联网接入端口数量。

3. 提升网络新技术应用水平

水利信息网建设要充分考虑面向下一代网络和扩容需求,全面支持 5G 和 IPv6 新一代无线和有线技术,应用 SDN 等网络新技术,优化网络结构、增强资源动态调配能力。在实现互联互通的基础上，按照业务和用户需求，对网络流量进行自适应引导和质量保证，并且对路由形成冗余保护，提高业务灵活调度能力，改善用户体验感受。

4. 提升水利业务网技术水平

依托现有水利业务网和国家电子政务外网，进一步完善业务网络，实现水利部本级、流域管理机构及省、市、县等各级水行政主管部门与相关单位的全面互联。依托水利骨干网，开展水利信息网通信能力提升建设，优化调整网络结构，通信网络尽量采用国家和社会资源，根据实际需要适当扩容，不足的地方再辅以自建资源，骨干网接入部分应进行适配改造以支持 IPv6 应用。扩大互联网连接带宽，实现与社会公众、企业的信息交互与服务。整合共享互联网接入，缩减互联网接入端口数量。充分考虑面向下一代网络和扩容需求，全面支持 5G 和 IPv6 新一代无线和有线技术，应用 SDN 等网络新技术，优化网络结构、增强资源动态调配能力。在实现互联互通的基础上，按照业务和用户需求，对网络流量进行自适应引导和质量保证，并且对路由形成冗余保护，提高业务灵活调度能力，改善用户体验感受。

5. 建设水利工控网集控中心

参照关键信息基础设施安全要求，建设与外界网络物理隔离的工控网，保障工程调度控制的安全运行，并将信息通过单向网闸传输汇集至上级管理机构。建设水利工控网现地控制网络，在大型及重要中型水利工程和具备条件的其他水利工程现场建设工控网，使水利工程控制从“现地自动化”迈向“全域智能化”，构建基于 IPv6 的水利工程智能化网络。工控网和业务网需物理隔离，确保安全。

建设水利工控网集控中心网络，根据业务需要在水利工程管理单位建设水利工控网集控中心网络，与现地工控网络互联，实现对网内水利工程的集中控制。根据需要可在水利工程管理上级单位建设水利工控网集控中心网络，与水利工程管理单位集控中心网络互联，原则上不直接连接现地工控网，只用于监视，如果需要也可以实现对网内水利工程进行远程控制。

6.2.4　水利无线通信系统需求

1. 加强北斗导航卫星系统的水利应用

建设北斗三号水利短报文分理服务平台，为水利行业提供统一的北斗短报文卡注册登记、数据接收转发和通信安全管理服务，基于平台构建覆盖全行业的北斗短报文应急通信网。实施北斗水利综合应用示范项目建设，利用北斗高精度位置服务和短报文通信功能，在病险水库和山洪灾害监测预警、特高坝形变和高边坡位移监测、水利工程精准施工和安全运行管理等方面开展创新应用。根据“十四五”北斗导航产业发展规划，开展基于北斗的数字流域及水安全综合监测预警和创新应用工程建设，利用北斗高精度定位、北斗短报文结合物联网、AI、大数据等技术，解决信息采集不足和模型准确性不高等问题，提升地方水情预报、智能调度和涉水事务管理能力。

2. 加强水利卫星通信网应用

延长并扩大水利卫星转发器使用年限与带宽，开展低轨通信卫星系统在偏远水文站应用试点，提高水利应急通信保障水平。

3. 完善水利传输网络

无光纤骨干的区域，采用4G/5G、微波等技术，推进水利工程无线宽带通信系统建设，实现覆盖范围内重要临水控导监测点的信息上报，有效解决基层单位工程信息传输问题，满足基层单位防汛信息采集、工程运行管理等对信息传输的需求。有条件采用光纤覆盖的区域，可建设新一代光纤传输网。

加强新一代物联通信技术应用，加强窄带物联网（NB-IoT）、5G等新一代物联通信技术的应用，构建大容量、高覆盖、低功耗、低成本、自适应、高速率、自愈合的物联通信网络，利用有线、无线等不同的通信组网方式，提升复杂条件下感知终端接入水利感知网的能力。

4. 完善泛在互联水利业务网

采用依托国家电子政务网络、租赁公共网络、利用卫星通信等方式，全面应用基于IPv6的新一代5G、微波、卫星通信等技术，广泛应用软件定义网络（SDN）优化网络结构，升级改造网络核心设备，增强资源动态调配能力，构建覆盖水利部本级、流域管理机构、省（自治区、直辖市）、市、县以及各类水利工程管理单位、相关涉水单位全面互联互通的水利业务网。

5. 建设常规应急兼备水利通信设施

以卫星通信应用为重点，依托国家公用通信网络，优化水利通信专网，加快北斗卫星导航系统行业应用平台建设，推广北斗短报文应用，实行在线监测站点备份卫星通信和储能电源“双备份”，探索5G、低轨卫星通信应用，全面提升水利基层单位和监测站点应急通信能力。

6. 新一代物联通信技术应用

加强5G、NB-IoT等新一代物联通信技术的应用，构建大容量、高覆盖、低功耗、低成本、自适应、高速率、自愈合的物联通信网络，支持有线、无线、近距离、中距离、远距离各种不同的通信组网方式，实现复杂条件下感知终端接入水利感知网的能力。

6.3 典型应用

以青海省果洛州智慧水安全及水生态环境保护系统建设为例，介绍智能方法在水利通信网络系统中的应用。

6.3.1 网络架构

网络架构描述了水利信息网的各个组成部分、组成部分的层级划分与覆盖范围，以及彼此之间的连接关系与连接方式。智慧水利网络架构如图6-1所示。

1. 信息网络

（1）总体架构

智慧水安全及水生态环境保护系统的总体架构如图6-2所示。其中，通信与网络层建立统一的物联感知网络，实现监测感知要素的精准获取，构建完整的、覆盖全州的水利业务专网，满足信息共享和交换需求。

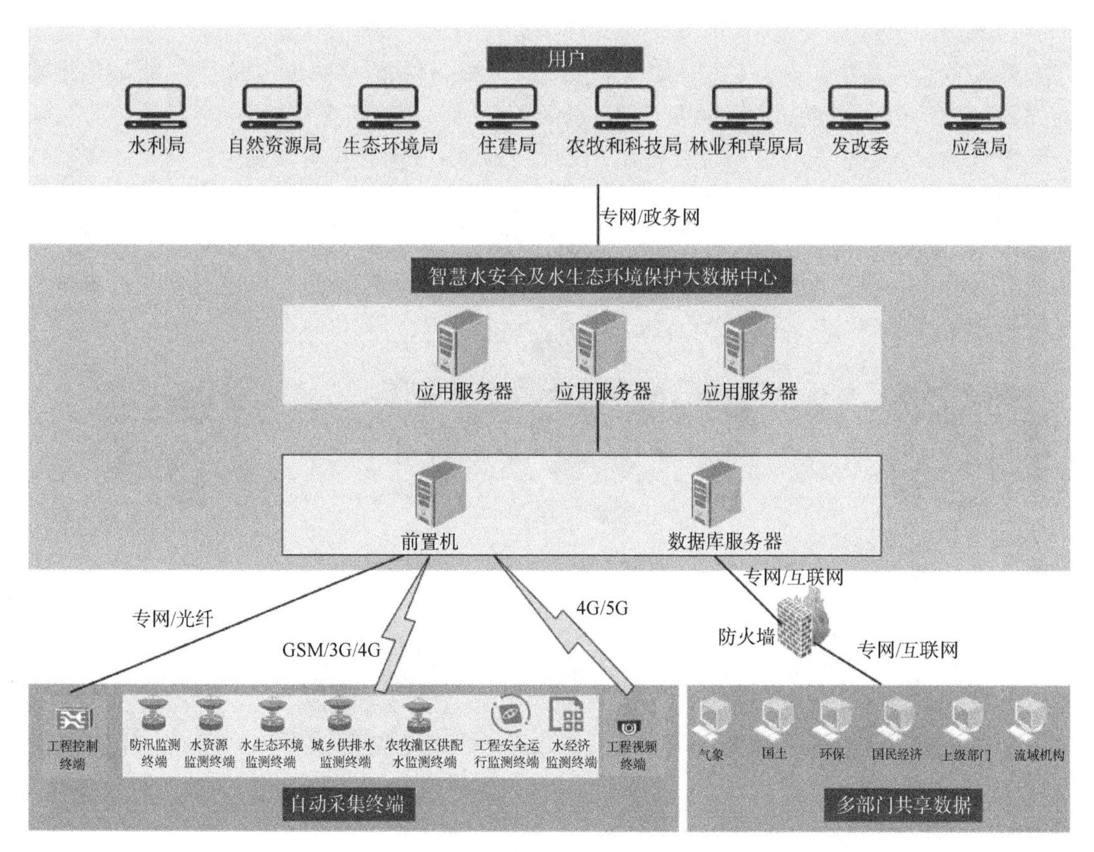

图 6-1　智慧水利网络架构

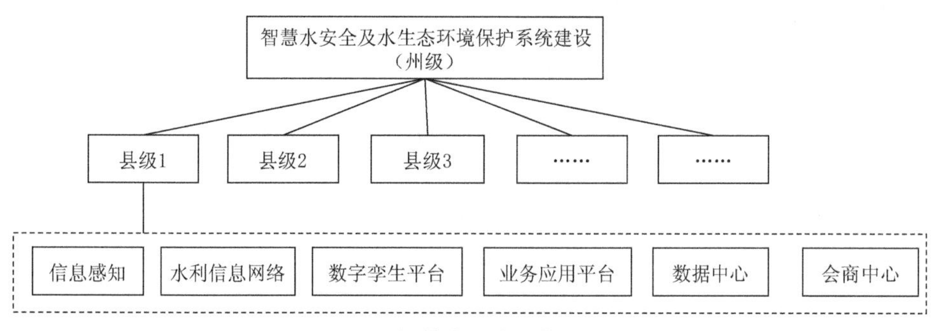

图 6-2　智慧水利建设体系架构

（2）网络类型

水利信息网络分州、县两级建设，主要包括专用通信网络、调度管理网络（控制）、数据共享网络和应急通信网络，各网络功能如下。

①专用通信网络：监测站点信息传输。

②调度管理网络：会商中心—闸泵控制中心调度管理信息传输。

③数据共享网络：共享信息接入或监测信息共享。

④应急通信网络：应急通信。

(3)网络区域

果洛州智慧水安全及水生态环境保护体系建设按州、县两级建设数据中心,全域网络架构如图6-3所示。在各县域内,按照河湖、水源地、水库、灌区等监测对象建立局点网络,信息感知网络采集的数据通过租赁或自建SDH专线的方式上传至县数据中心。气象、卫星、巡检等其他数据通过互联网(VPN)传输至各县数据中心。这些数据支撑智慧水利各子系统的业务功能,用于指挥调度、应急处理和监督管理,并根据需要向外部共享或发布数据。

果洛州6个县数据中心的数据通过SDH专线上传至州数据中心,并通过电子政务外网上报至上级单位或共享至相关单位。

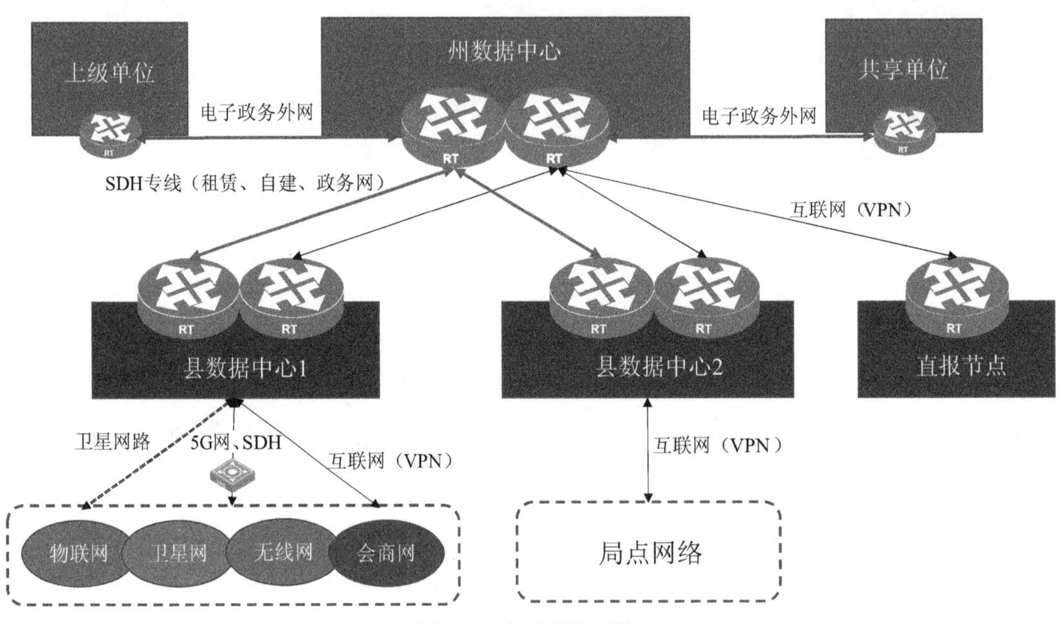

图6-3 全域网络架构

为了保证信息安全,对果洛州和6个县的数据中心进行分域管理,如图6-4所示。其中,核心区域是数据中心域,该区域具有最高的网络安全防护等级。数据中心域通过网络设施域与外层的边界接入域相联通。边界接入域承载着业务系统数据的输入和输出,包括专网接入区、政务外网接入区、互联网接入区等不同功能区。

1)专用通信网络

专用通信网络用于专门传输河湖、水源地、水库、灌区等监测区内的水情、雨情、墒情等数据,主要包括河湖监测、灌区监测、水源地监测、城乡供水、山洪灾害监测等5个方面,采用建设局点网络的方式与数据中心相联通。专用通用网络架构如图6-5所示。

前端感知网络采集的数据通过工业网络、无线基站、无线WLAN、卫星通信等方式传输,通过物联网关、业务网关和边缘计算后,将上报的数据通过出口网络上传。

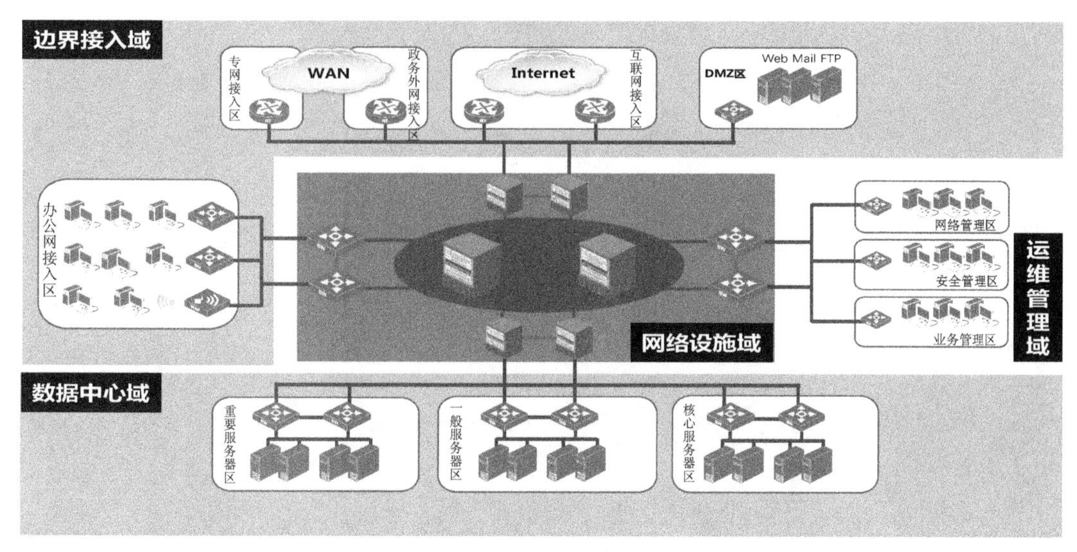

图 6-4　网络域划分

图 6-5　专用通信网络架构

2）调度管理网络

调度管理网络用于承载实时性要求强、安全性要求高的泵闸站监控、大坝监测和山洪监测等信息传输。为了确保数据传输的可靠性，采用自建或租用专用 SDH 网络建设，如图 6-6 所示。为满足数据传输需要，自建光纤 940 km。

3）数据共享网络

数据共享的相关部门包括上级水利部门和州政府各相关职能部门，如水利局、自然资源局、生态环境局、住建局、农牧和科技局、林业和草原局、发改委、应急管理局等。数据通过政务网或互联网（VPN）传输。

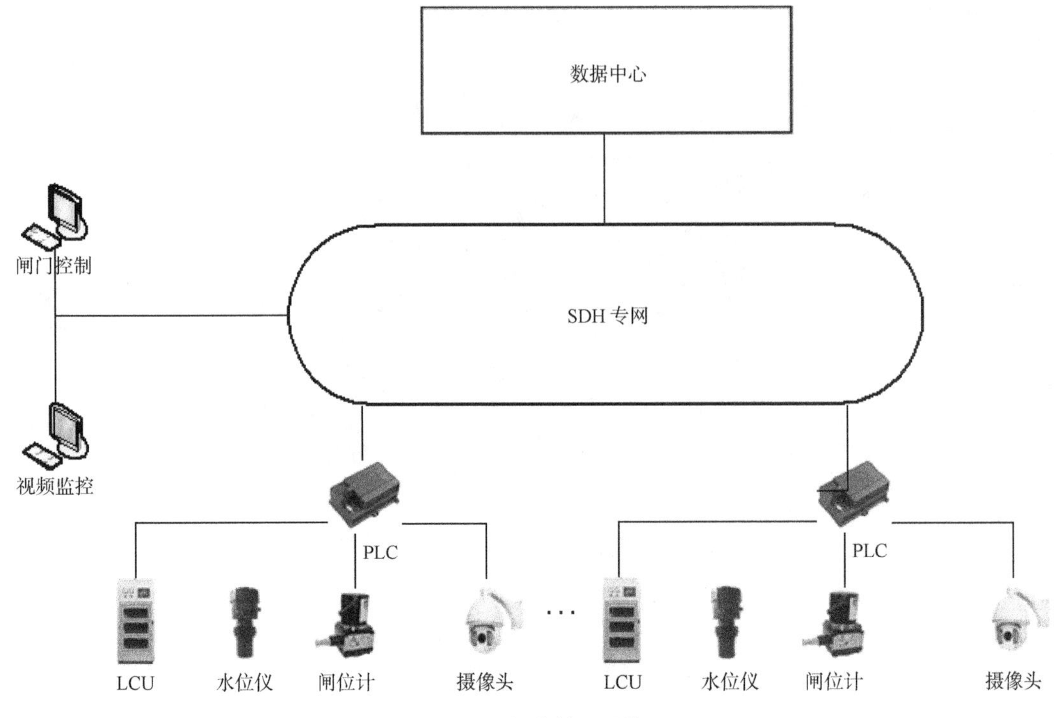

图 6-6 调度管理网络

为确保数据传输的及时性和高效性,系统开发专门的物联网平台进行数据采集、数据汇聚管理,并通过接口向数据资源管理平台传输所采集的数据。系统逻辑架构采用五层架构,包括实时数据采集层、数据管理层、数据接口层、业务逻辑支撑层、业务功能模块层,如图 6-7 所示。其中:

①实时数据采集层将获取到的不同类别的、不同传输协议的数据转换成统一格式,实现数据及时自动上报;

②数据管理层对监测数据进行分类和管理,为对外传输和功能应用提供支持;

③数据接口层是物联网平台与数据资源管理平台的接口层,负责数据上传和数据上传质量管理。

为了确保智慧水安全及水生态环境保护平台大数据高效传输和云数据安全,在数据共享网络中开发了数据接入、数据清洗和云数据安全子系统。其中:

①数据接入子系统是数据接入和监控工具,包括主流标准协议及数据格式的输入、输出、转换组件,可快速接入各个待建设子系统和已建设系统的数据;

②数据清洗子系统是数据清洗和监控工具,包括主流数据格式解析模块、数据转换模块、数据补全模块等,可对实时接入的数据进行实时清洗。

③云数据安全子系统具有从数据到终端的全过程安全管理功能,包括网络安全、虚拟化安全、数据安全、应用安全、终端安全和安全管理中心等,如图 6-8 所示。

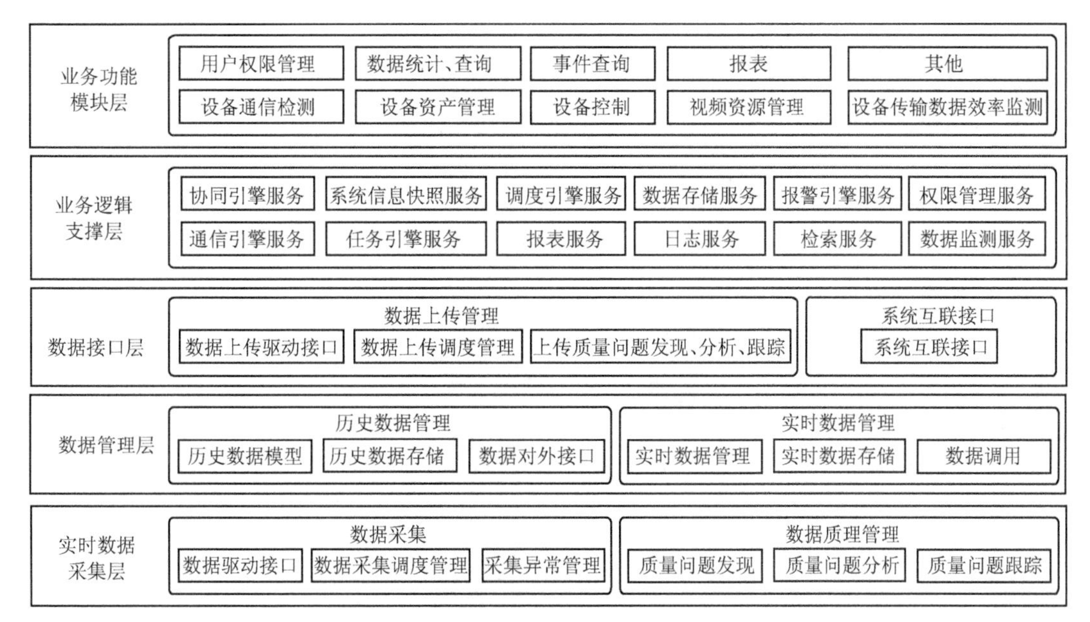

图6-7　系统逻辑架构

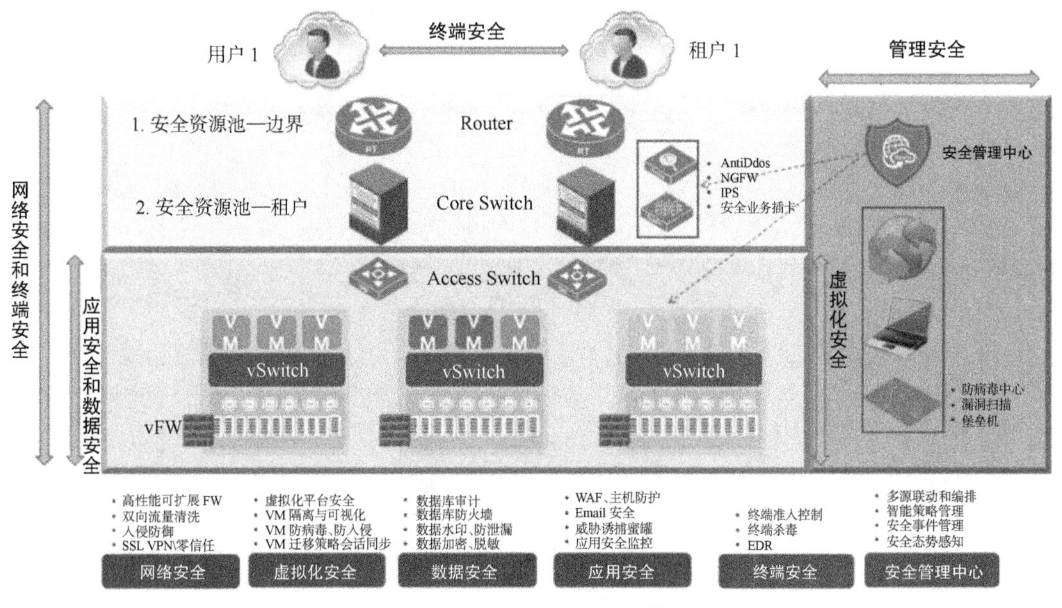

图6-8　云数据安全子系统

4)应急通信网络

应急通信网络主要在发生自然灾害时实现指挥水利系统的应急通信,包括无线电短波和超短波通信系统、卫星电话应急通信系统和应急广播通信系统以及应急交通运输设备。

建设覆盖州、县、乡三级的应急通信网络,包括无线电通信系统51套、卫星电话应急通信系统54套、应急通信广播通信系统210套,每县新配置不少于2辆应急运输车辆。

6.3.2 数据中心

果洛州水利数据中心是水利空间和业务数据汇集、存储与管理、交换和服务的中心。水利数据中心通过有序汇集水利信息，形成有用和可用的水利信息资源，通过提供各类信息服务，深化水利信息资源的开发和利用，达到规范信息表示、实现信息共享、改进工作模式、降低业务成本和提高工作效率的目的。

1. 数据中心的建设原则

果洛州水利数据中心应该按水利信息资源的基本特点和开发利用的需求进行构造与管理。水利数据中心的建设应该遵循以下基本原则。

(1)高可用

数据中心的高可用直接影响业务系统的可用性，高可用至少包括高可靠、高安全和先进性三个方面，具体如下。

1)高可靠

应采用高可靠的产品和技术，充分考虑系统的应变能力、容错能力和纠错能力，确保整个基础设施运行稳定、可靠。目前，关键业务应用的可用性与性能要求比任何时候都更为重要。

2)高安全

基础设计的安全性涉及核心数据安全，应按照访问安全、网络分层安全两个维度对安全体系进行设计规划，采用软硬件安全设备，从局部安全、全局安全到智能安全，将安全理念渗透到整个数据中心网络中。

3)先进性

数据中心将长期支撑水利信息化的业务发展，数据中心建设需要考虑后续的机会成本，采用主流的、先进的技术和产品，建立高性能、大容量存储的数据中心。

(2)易扩展

随着信息化的发展，水利基础通信网络逐步实现升级和全面覆盖，未来的业务范围会更多更广，业务系统调整与扩展在所难免，因此数据中心必须能够适应业务系统的频繁调整，同时在性能上应至少能够满足未来的业务发展。对于设备的选择和协议的部署，应遵循业界标准，保证良好的互通性和互操作性，支持业务的快速部署。

(3)易管理

数据中心是技术最为密集的地方，数据中心的数据繁多，各种协议和基础数据库软件越来越复杂，对运维人员的要求也越来越高，单独依赖运维人员个人的技术能力和业务能力无法保证业务运行的持续性。因此，数据中心需要提供完善的管理平台，对数据中心资源进行全局掌控，减少日常运维的人为故障。同时，一旦出现故障，能够借助工具直观、快速定位并进行排错处理。

2. 数据中心建设内容

在水利信息化发展的过程中，积累了海量的数据资源，然而随着数据数量、种类的不断增加，数据收集、存储和处理的难度越来越大，目前的水利信息业务系统普遍存在独立建设、数据不连通、数据结构定义不一致的问题，找到想要的、能用的数据越来越难。通过数据中心建设，将水利系统内外部的数据汇聚在一起，对数据进行重新组织和连接，让数据有清晰的定义和统一的结构，从来源复杂的数据中捕捉关键数据，深挖数据价值，对实现智慧水利的全局目标具有关键作用。

果洛州水利数据中心建设内容包括数据采集与整编、多源异构数据汇聚、数据加工与融合处理、模型数据标准化、水安全运行和生态保护资源库建设、数据中心管理平台建设等。需采用湖库一体化存储模式，支持包括水利基础数据、业务数据、监测数据、外部共享数据以及地理空间数据等不同类型数据的存储需求；通过数据汇集平台提供实时数据采集、数据导入、接口数据交换、网络数据抓取等功能，将各类资源数据汇聚到资源池中；在数据资源池中开展数据标准、数据模型、数据质量、数据安全等治理活动，主要解决实体对象、关系、属性的一致性问题以及一数一源问题；在主题层进行面向业务的数据组织与建模，形成业务专题数据；在规整后的数据资源基础上按照三级数据底板数据要求进行数据抽取、组合与融合，形成支撑多维多尺度应用场景的底板数据，通过数据中心管理平台提供基础数据服务、地图服务、三维场景服务、目录服务、可视化服务、检索服务以及个性化产品服务等，支撑数字化场景构建、专业模型计算以及知识库构建等，从而支持上层"四预"业务应用。数据中心数据架构大致如图 6-9 所示。

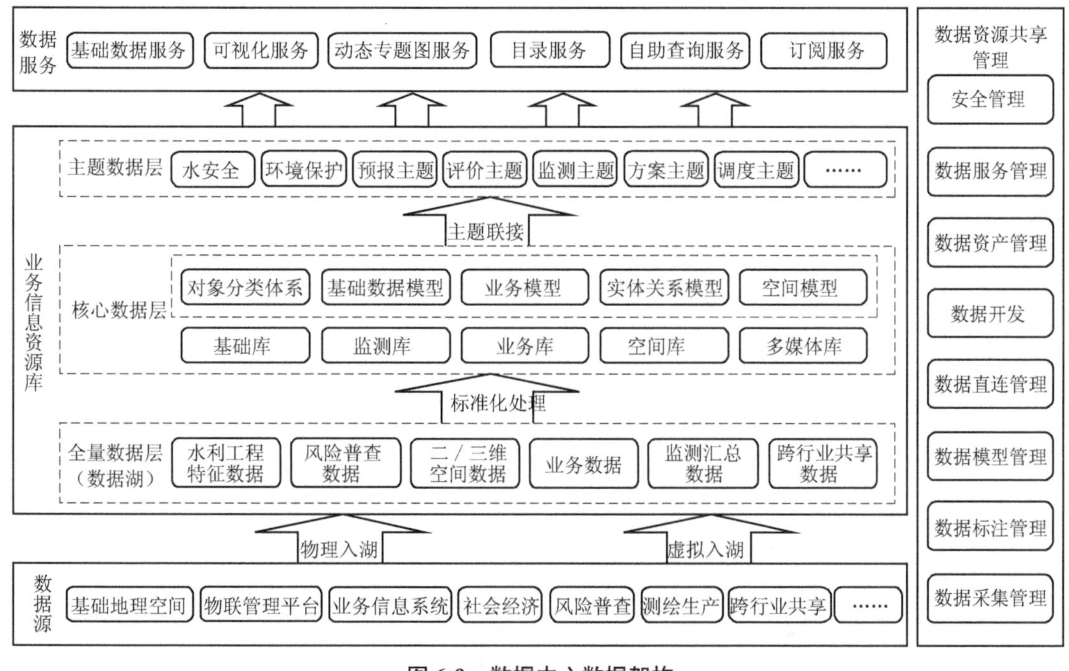

图 6-9　数据中心数据架构

数据资源池是指在汇聚果洛州现有水利信息业务系统数据资源基础上，同时对智慧水利业务建设需要的相关数据进行生产和收集，形成水利数字孪生平台的数据底板。数据资源池数据收集主要包括以下方面。

①基础地理空间数据：主要包括行政区划、居民点、交通、地形、地质、地震、植被、土地利用等国家基础空间数据和河流、水库、堤防等水利空间分布数据以及遥感信息。

②监测数据:通过物联网管理平台接入果洛州辖区范围内已有和新建的水雨情、视频、工情监测等数据。水雨情数据包括实时雨情数据、河流水系实时水情数据(警戒水位、流量等)、水库的实时水情数据(库水位、坝顶高度、蓄水量等)等;视频数据包括已经建设的摄像头所采集的数据;工情监测数据包括工程运行状况数据、工程险情信息以及抢险和防汛动态数据等。

③业务数据:收集果洛州范围内的防洪相关业务数据,进行结构化处理,从文档类型转换为计算机可编码的数据库字段型预案,主要包括州、县、乡镇、村防洪(山洪灾害)应急预案、水管范围防洪应急预案、各水利工程调度规程,如水库洪水调度方案、水库汛期调度运用计划、水库超标准洪水防御方案、水库防洪抢险应急预案、大坝安全管理应急预案等。

④社会经济数据:收集州、县社会经济数据,如人口、GDP、城市化水平、工农业生产总值、耕地等,进行数字化、空间化,并与州、县区划数据匹配融合。

⑤风险普查数据:收集接入辖区范围内的水旱灾害风险普查数据,包括洪水灾害隐患调查成果图、暴雨频率图、中小流域洪水频率图、中小河流淹没图、洪水风险区划图、干旱危险性等级图、洪水灾害防治区划图、干旱灾害防治区划图等成果数据。

⑥水利工程数据:收集接入辖区范围的河流、水库、湖泊、水闸、堤防等各类水利工程特征数据,主要来源于果洛州现有水利信息化系统等。水库的主要指标包括位置、规模、库容、水库类型、工程建设情况、运行状况、工程等别、工程规模、开工时间、建成时间、防洪高水位、正常蓄水位、防洪限制水位、防洪限制水位库容、死水位、总库容、调洪库容、防洪库容、有效库容、死库容、水库归口管理部门等;水闸的主要指标包括位置、规模、过闸流量、水闸用途、水闸类型、工程建设情况、运行状况、工程等别、工程规模、开工时间、建成时间、闸孔数量、装机功率、设计装机总容量、水闸归口管理部门等;堤防的主要指标包括位置、规模、堤防级别、堤防类型、堤防形式、堤防长度、堤防高程、堤防高度(最小值)、堤防高度(最大值)、堤顶宽度(最小值)、堤顶宽度(最大值)、工程建设情况、运行状况、堤防工程任务、开工时间、建成时间、堤防工程归口管理部门等;湖泊的主要指标包括位置、多年平均水面面积、多年平均湖泊容积以及矢量范围等。

⑦断面数据测量:对黄河流域、长江流域等支流未进行河道断面数据采集的断面进行补充测量。

⑧高精度地形图:针对洪水影响范围内的重要堤防两岸及重要集镇进行高精度地形数据测绘,主要通过无人机倾斜摄影等方式进行。

⑨遥感卫星数据:针对流域感知、洪水监测、水文水动力模型计算以及防洪重点保护对象卫星监测对遥感卫星数据的需求,自动计算各项数据采集需求所对应的特定时间区间、特定空间范围内的遥感卫星过境情况,并自动编制数据采集计划进行区域的遥感影像数据更新。

⑩ BIM 数据:针对重点水利工程,如大坝、水库防洪闸、分洪闸等重点工程,进行三维建模,基于构建的 BIM 和相关水利工程建造业务数据可以对相关水利工程安全运行提供更科学的数据和模型支持。

⑪ 水利标准数据:包括水利技术标准体系、已经颁布的各类水利技术标准、政策法规、行政条例、各类图书、期刊和文献资料等。

⑫ 水资源数据：包括水资源状况、需水、调水、供水、取水、用水、节水、规划与分区等信息。

⑬ 水土保持数据：包括水土流失的水力、风力、冻融、重力侵蚀类型、侵蚀强度、潜在危险程度、沙化、石化等信息。

数据资源池的建设需要配套建设数据汇聚平台，通过数据汇聚平台支撑将现有水利业务数据、新扩充生产数据以及通过其他渠道获取的数据共同汇聚到数据资源池，并在此基础上构建涵盖基础背景数据、业务管理数据、动态感知数据、跨行业共享数据等数据资源的数据中心，打通多源异构数据进入数据中心的管道。

3. 数据治理

多源异构海量数据汇聚到数据中心后，由于来源不统一导致存在数据对象不统一、格式多样以及坐标不一致的问题，因此要对已有数据和项目新采集的数据进行治理融合以及标准化。

数据的治理融合是指充分利用已有的数据基础，依托现有水利信息系统不同类型和精度的空间数据、水利生产经营数据、水资源管理调度数据、山洪灾害调查评价成果数据、河流水系数据、防洪工程等专题数据，以及站点实时监测数据、网格预报降水及融合降水数据、雷达测雨数据、实时水雨情数据，统计年鉴/公报数据、人员热力图数据、多媒体数据、业务流数据、高时空分辨率地形数据、小流域下垫面数据、气象水文数据、社会经济数据、水利工程数据等，按照上层应用要求及统一规范进行数据的空间基准统一、格式统一以及数据对象统一，实现多维多尺度数据融合。

数据的标准化是指从水利安全生产模型、河湖生态环境需水模型和水资源管理调度模型等角度出发，为实现业务标准化而制定业务模型所需要的各项数据标准，包括水文模型实时运行数据标准、水动力学模型实时运行数据标准、智能算法模式实时运行标准和预案结构化标准。

4. 业务资源库建设

遵循从水利安全生产模型、河湖生态环境需水模型和水资源管理调度模型等角度出发制定数据标准，构建数据存储体系的水安全和水生态保护辅助决策业务资源库。水安全和水生态保护辅助决策业务资源库不是一个单一的物理存储，而是根据数据类型、业务区域等由多个不同的物理存储构成的，并通过统一的元数据语义层进行定义和管理。

5. 数据管理平台

通过数据管理平台建设，将水利系统内外部的数据汇聚在一起，对数据进行重新建模与开发管理，让数据有清晰的定义和统一的结构，从来源复杂的数据中捕捉关键数据，提升数据质量及价值，有力支撑智慧水利整体信息化平台的建设，最终为领导辅助决策、智能预测、大数据分析提供依据。数据管理平台的功能模块包括首页概览、数据标准、数据汇聚、数据治理、数据资产、数据服务、运维管理、系统管理等。

①首页概览：数据管理平台首页能够展示整个平台建设中的关键性、价值性内容指标，首页能够使用户整体掌握当前数据底座底层资源使用、数据资产统计情况、数据服务等监控指标统计、各类汇聚任务运行情况等，使用户直观、快速地了解数据中心整体资源概况与核心资源状态。

②数据标准:包括数据模型管理以及数据标准规范两个方面,为后续水利数据的治理、资产数据的统一管理以及水利数据价值的提升奠定基础。数据标准中需要提供对于水利基础数据与水利业务数据的数据模型、元模型创建与管理等功能,以实现水利数据规范化管理。

③数据汇聚:包括水利数据从数据源到形成数据资产的数据处理过程,具体需支持数据源管理、结构化数据汇聚、非结构化数据汇聚以及汇聚任务的整体编排,还需提供一套完整的数据汇聚采集、数据清洗转换的流程体系,并且需包括不同数据层,如全量数据汇聚、中心库层数据汇聚、DW 层数据汇聚以及 DM 层数据汇聚过程。

④数据治理:需提供一套完整的数据采集、数据清洗转换、数据质检到数据存储、数据安全等数据处理治理能力流程体系。数据治理过程需涵盖数据处理、数据质量管理与全量数据安全管理等内容。通过数据治理能够提升数据质量的一致性、可得性、可用性和安全性,可形成优质的数据资产。

⑤数据资产:包括数据图谱、数据资产以及数据报表等功能。数据资产可实现数据全面的管理,同时对上支撑数据服务和数据分析应用。数据报表可向数据使用人员提供自助式在线数据查询、分析与可视化,实现多类型数据分析、可视化应用与报告输出。

⑥数据服务:包括水利资产数据 API 创建、鉴权、使用等全生命周期管理,通过数据服务的数据交付能力,需实现水利价值数据到业务场景与实际需求的快速、灵活应用。数据服务需包括的功能模块有服务管理、服务目录、服务订阅、服务统计等。

⑦运维管理:提供对数据中心高效管理与智能运维的能力,同时还需对数据中心中数据采集任务、数据开发汇聚任务、数据质检任务等不同任务类型提供统一化、模块化管理,包括任务监控、任务统计与任务日志等功能模块。运维中心对数据中心建设内容提供了全面的监控保障服务、资源运维服务与平台自运维服务,进而保障智慧水利数据中心建设及使用过程中的平台稳定性以及业务连续性。

⑧系统管理:对数据中心涉及的角色、用户进行统一管理,对不同用户可赋予各类角色,以满足业务多样化需求。此外,系统管理中还需提供数据权限功能模块,该功能模块需实现为不同角色、不同人员进行数据使用授权,以保障数据资产使用、数据生产的安全性以及可靠性。

6.4 小结

水利通信网络系统是实现水利部门的数据采集、传输、存储、处理和共享的主要手段,是推动水利行业的现代化和智能化发展必不可少的环节。本章首先对我国水利信息基础设施组成及目前发展现状进行了系统说明和分析;然后分别阐述了我国水利有线通信系统和无线通信系统的现状、需求和未来发展趋势;最后以青海省果洛州智慧水安全及水生态环境保护系统建设为例,对该系统的水利通信网络的总体架构和数据中心建设原则、内容以及业务资源库、数据管理平台等进行了详细分析和论述,为确保该地区智慧水安全和水生态环境保护平台大数据高效传输和云数据安全等提供了保障。

第 7 章　人工智能理论与应用

7.1　人工智能理论与方法简述

7.1.1　洪水智能预报理论与方法

1. 基于经典人工神经网络的智能预报方法

（1）人工神经网络

人工神经网络（Artificial Neural Networks，ANN）是由大量的处理单元互联组成的非线性、自适应信息处理系统。近年来，随着人工神经网络的飞速发展，不管是学术界还是工业界都通过它解决了大量的实际问题，如机器人处理、物体识别、语音和手写字体识别以及同声翻译等。近年来，随着人工智能（AI）的快速发展，数据驱动的人工智能模型逐渐成为水文预报领域的研究热点，在预测和模拟非线性水文过程中取得了丰硕成果。在众多 AI 模型中，人工神经网络是流域径流预报中最常用的模型之一。许多学者利用其监督学习和无监督学习能力建立了径流及洪水预报 ANN 模型，如利用 ANN 模型拟合逐日降雨、温度、融雪数据与逐日径流序列之间的函数关系，以降雨等多因素为输入预测径流过程。应用 ANN 模型进行不同条件下的降雨-径流预测，可以较准确地反映降雨径流非线性关系，在全球不同区域得到了广泛的验证。

人工神经网络由多层结构组成，每一层含有多个神经元，每个神经元都拥有输入和输出。人工神经网络第 n-1 层神经元的输出是第 n 层神经元的输入，输入的数据通过神经元上的激活函数来控制输出数值的大小。该输出数值是一个非线性值，通过激活函数求得数值，根据极限值判断是否需要激活该神经元。

人工神经网络的输出如下：

$$y = f\left(\sum_{i=1}^{n} w_i x_i + b\right) \tag{7-1}$$

式中：$f(\ )$表示激活函数，激活函数就是对神经元接收的所有输入进行加权，并判断是否激活该神经元，常用的激活函数包括 sigmoid，tanh，relu 等。

一般多层人工神经网络由输入层、输出层和隐藏层组成。其中，输入层接收输入信号作为输入层的输入；信号在人工神经网络中经过神经元的传输、内积、激活后，形成输出信号在输出层进行输出；隐藏层也被称为隐层，它介于输入层和输出层之间，是由大量神经元并列组成的网络层，通常一个人工神经网络可以有多个隐层。

人工神经网络的核心思想就是经过不断地训练，找到一个合适的 w，b 参数，能够很好地拟合输入、输出的映射关系。理论上，人工神经网络可以拟合任意线性或者非线性的函数。误差反向传播算法就是寻找合适的 w，b 的一种思路，即利用误差反向寻找误差的来源，然后根据梯度下降的原理更新 w, b。误差反向传播算法主要有两个阶段：一是正向计算的过程；二是反向传播的过程。误差反向传播算法属于监督学习，因此在训练时需要提供样本输入和对应的样本目标。

（2）支持向量机 SVM

支持向量机（Support Vector Machines，SVM）是一种二分类模型，它的基本模型是定义在特征空间上间隔最大的线性分类器，间隔最大使它有别于感知机；它还包括核技巧，使它成为实质上的非线性分类器。SVM 的学习策略就是间隔最大化，可形式化为一个求解凸二次规划的问题，也等价于正则化的合页损失函数的最小化问题。SVM 的学习算法就是求解凸二次规划的最优化算法。由于其完备的理论基础，在一定时期内和某些问题上有优异的表现，一度成为机器学习的研究热点，被广泛应用于模式识别、回归分析、函数估计、时间序列预测等领域。并且，其与其他学科的融合又扩展出了新型支持向量机，如粒度支持向量机（GSVM）、模糊支持向量机（FSVM）等。但由于其在结构上仍然是浅层结构，可以看成具有一层隐含层，对复杂函数的表示能力有限。

假设存在训练样本 (x_i, y_i)，其中 $i=1,2,\cdots,l$，可以被某个超平面 $w \cdot x + b = 0$ 没有错误地分开，并且距离超平面最近的向量与超平面之间的距离最大。对于线性可分的问题，设 $H_1: w \cdot x + b = 1$ 与 $H_2: w \cdot x + b = -1$ 分别为过各类中距离分类超平面最近的样本并且平行于分类超平面的平面，H_1 与 H_2 之间的距离为 $\frac{2}{\|w\|}$，即分类间隔。使超平面的分类间隔最大，等价于最小化 $\|w\|$，并且要保证 H_1 与 H_2 之间没有样本，也就是样本 (x_i, y_i) 满足如下条件：

$$\begin{cases} w \cdot x_i + b \geqslant 1 & y_i = 1 \\ w \cdot x_i + b \leqslant -1 & y_i = -1 \end{cases}$$

即

$$\min_{w,b} \frac{1}{2}\|w\|^2 \quad y_i(w \cdot x_i + b) \geqslant 1 \quad i=1,2,\cdots,n \tag{7-2}$$

满足式（7-2）的分类面即为最优分类面（与两类样本的距离最大的分类超平面），使等号成立的样本 (x_i, y_i) 即为支持向量。由式（7-2）可以看出，支持向量离分类面的距离最近，且在 H_1 与 H_2 上，最优分类面由支持向量决定，与其他的样本无关。这是一个凸二次规划的优化问题，其解可以通过构造拉格朗日函数获得：

$$L(w,a,b) = \frac{1}{2}\|w\|^2 - \sum_{i=1}^{n} \alpha_i [y_i(w \cdot x_i + b) - 1] \tag{7-3}$$

其中，$\alpha_i \geqslant 0$ 为拉格朗日乘子。

分别对式（7-3）中的 w 和 b 求偏导数，并令其等于 0，则有

$$\begin{cases} \dfrac{\partial L(w,a,b)}{\partial w} = 0 \Rightarrow w = \sum_{i=1}^{n} \alpha_i x_i y_i \\ \dfrac{\partial L(w,a,b)}{\partial b} = 0 \Rightarrow \sum_{i=1}^{n} \alpha_i y_i = 0 \end{cases} \tag{7-4}$$

代入式（7-4）得

$$L(w,a,b)=\sum_{i=1}^{n}\alpha_i-\sum_{i=1}^{n}\sum_{j=1}^{n}\alpha_i\alpha_j y_i y_j x_i x_j \tag{7-5}$$

根据 Wolf 对偶理论,可得到最优化问题的对偶问题:

$$\max_{\alpha} w(\alpha)=\sum_{i=1}^{n}\alpha_i-\sum_{i=1}^{n}\sum_{j=1}^{n}\alpha_i\alpha_j y_i y_j x_i x_j \quad \sum_{i=1}^{n}\alpha_i y_i=0 \quad \alpha_i\geqslant 0 \quad i=1,2,\cdots,n \tag{7-6}$$

由于这是一个不等式约束下的凸二次规划问题,因此存在唯一解。

根据解得的 α_i 可得到 $w=\sum_{i=1}^{n}\alpha_i x_i y_i$,则决策函数为

$$f(x)=\operatorname{sgn}\left[\sum_{i=1}^{n}\alpha_i y_i(x_i x_j)+b\right] \tag{7-7}$$

对于样本线性不可分的情况,引入非负松弛变量 $\xi=(\xi_1,\xi_2,\cdots,\xi_n)\geqslant 0$,构造最优超平面,在错误最小的情况下将样本分类:

$$\min_{w,b,\xi}\frac{1}{2}\|w\|^2+C\sum_{i=1}^{n}\xi_i \quad y_i(w\cdot x_i+b)\geqslant 1-\xi_i \quad \xi_i\geqslant 0 \quad i=1,2,\cdots,n \tag{7-8}$$

其中,C 为惩罚因子,表征对错误的惩罚程度,C 越大,表示对错误分类的惩罚越大。

$$L(w,a,b)=\frac{1}{2}\|w\|^2+C\sum_{i=1}^{n}\xi_i-\sum_{i=1}^{n}\alpha_i\left[y_i(w\cdot x_i+b)-1+\xi_i\right]-\sum_{i=1}^{n}\beta_i\xi_i \tag{7-9}$$

其中, $\beta_i\geqslant 0$, $\alpha_i\geqslant 0$ 为拉格朗日乘子。

同理,可得其二次规划问题:

$$\max_{\alpha} w(\alpha)=\sum_{i=1}^{n}\alpha_i-\frac{1}{2}\sum_{i=1}^{n}\sum_{j=1}^{n}\alpha_i\alpha_j y_i y_j x_i x_j \quad \sum_{i=1}^{n}\alpha_i y_i=0 \quad 0\leqslant\alpha_i\leqslant C \quad i=1,2,\cdots,n \tag{7-10}$$

根据以上条件可得:

①落在间隔线外的样本,即 $y_i(w\cdot x_i+b)\geqslant 1$,有 $\alpha_i=0$, $\xi_i=0$;

②落在间隔线上的样本,即 $y_i(w\cdot x_i+b)=1$,有 $0<\alpha_i<C$, $\xi_i=0$;

③落在间隔线内的样本,即 $y_i(w\cdot x_i+b)\leqslant 1$,有 $\alpha_i\geqslant C$, $C>0$, $\xi_i>0$ 。

当 $\xi_i=0$ 时,样本在间隔线外或间隔线上;当 $0<\xi_i<1$ 时,样本在间隔线内,分类正确;当 $\xi_i>1$ 时,对应样本点被错误分类。

对于非线性问题,通过采用适当的核函数 $K(x_i,x_j)=\Phi(x_i)\cdot\Phi(x_j)$,将输入空间的非线性变换映射为某个高维空间中的线性问题,在变换空间求最优分类面。大多数在输入空间线性不可分的问题在高维的特征空间可以转化为线性可分的问题。上述情况转换为

$$\min_{w,b}\frac{1}{2}\|w\|^2 \quad y_i(w\cdot\Phi(x_i)+b)\geqslant 1 \quad i=1,2,\cdots,n \tag{7-11}$$

根据 Wolf 对偶理论,可得最优化问题的对偶问题:

$$\max_{\alpha} w(\alpha)=\sum_{i=1}^{n}\alpha_i-\frac{1}{2}\sum_{i=1}^{n}\sum_{j=1}^{n}\alpha_i\alpha_j y_i y_j K(x_i,x_j) \quad \sum_{i=1}^{n}\alpha_i y_i=0 \quad \alpha_i\geqslant 0 \quad i=1,2,\cdots,n \tag{7-12}$$

决策函数为

$$f(x)=\text{sgn}\left[\sum_{i=1}^{n}\alpha_i y_i K(x,x_i)+b\right] \tag{7-13}$$

常用核函数有径向基核函数：

$$K(x,x_i)=\mathrm{e}^{-\gamma\|x-x_i\|^2} \tag{7-14}$$

其中，每一个基函数的中心对应一个支持向量，由于径向基核函数对应的特征空间是无穷大的，一般情况下，有限的样本在该特征空间中肯定是线性可分的，因此径向基核函数是使用最为普遍的核函数。

对于多分类问题主要有一对一方法、一对余方法、决策树方法等。一对一方法即在任意两类训练样本之间构造一个决策函数，转化为多个二分类问题的求解，k 个类别就需要 $\frac{k(k-1)}{2}$ 个分类器；一对余方法即在一类样本与剩余的多类样本之间构造一个决策函数，k 个类别就需要 k 个分类器。

（3）K 最近邻法

K 最近邻法（K-Nearest Neighbor，KNN）是基于类比学习的非参数的分类技术，在基于统计的模式识别中非常有效。KNN 算法是一种理论上比较成熟的方法，最初由 Cover 和 Hart 于 1968 年提出，其思路非常简单、直观。KNN 算法是有监督学习中的分类算法，它并不需要产生额外的数据来描述规则，它的规则就是数据（样本）本身，它并不是要求数据的一致性问题，即可以存在噪声。KNN 算法根据未知样本的 K 个最近邻样本来预测未知样本的类别，K 个最近邻样本的选择是根据一定的距离公式判定的。

KNN 算法的基本原理：首先将待分类样本 y 表达成和训练样本库的样本一致的特征向量；然后根据距离函数计算待分类样本 y 和每个训练样本的距离，选择与待分类样本距离最小的 K 个样本作为 y 的 K 个最近邻；最后根据 y 的 K 个最近邻判断 y 的类别。KNN 算法必须明确两个基本的因素：最近邻样本的数目 K 和距离的尺度。K 表示选择参考样本的数目，距离尺度对应一个非负的函数，用来刻画不同数据间的相似程度。在 KNN 算法中对于模型的选择（尤其是 K 值）往往是通过对大量独立的测试数据、多个模型来验证最佳选择。

基于相似性的分类算法的原理较容易、清晰。假设数据库中的每个元组 t_i 为数值型向量，每个类用一个典型数值向量来描述，则能通过分配每个元组到它最相似的类来实现分类。

KNN 算法可以克服以上基于相似性的分类算法对个别异常训练数据或孤立点数据非常敏感，对于包含个别异常训练数据或孤立点的数据集进行分类时可能会出现错误判断的缺陷。假设每个类包含不止一个训练数据，且每个训练数据都有唯一一个与之相对应的类别标记，则 KNN 分类的主要思想就是计算其周围邻居与自己最近的距离，并和待分类的数据进行比较，K 个训练数据中谁占多数，则待分类数据就属于哪个类别。

KNN 算法的流程如图 7-1 所示，其中 K 为算法的初始类别参数，m 为最近邻元组的初始个数，L 为训练元组与测试元组之间的距离，$L_{\max}$ 为之前存入优先级队列中的最大距离。

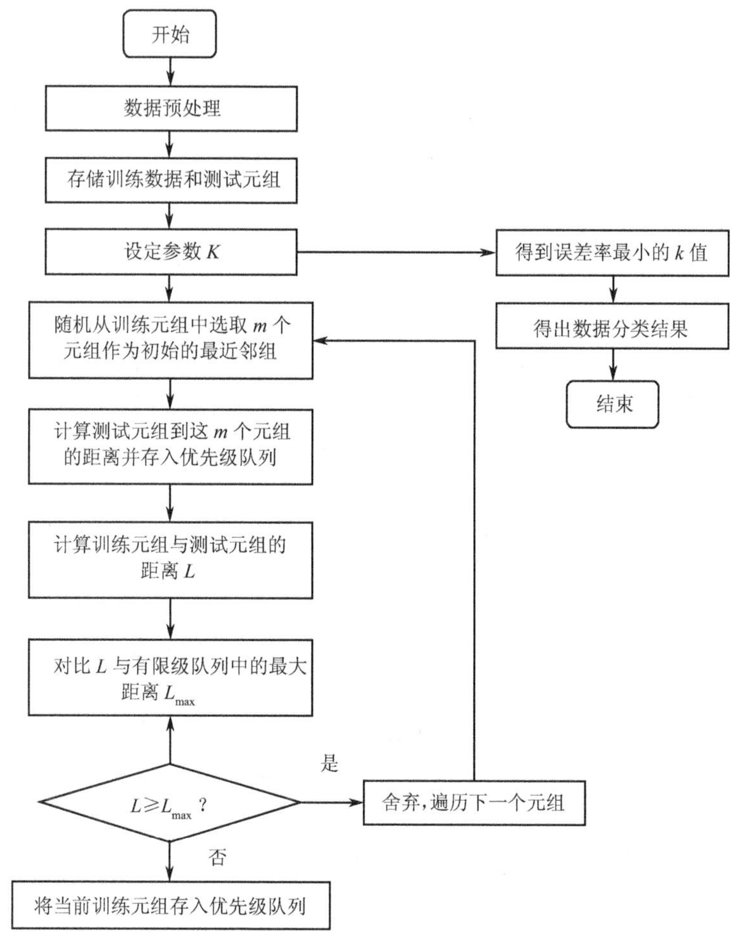

图 7-1　KNN 算法的流程图

KNN 算法的优点:

①思想简单,理论成熟,既可以用来做分类,也可以用来做回归;

②训练时间复杂度为 $O(n)$;

③可以用于非线性分类;

④准确度高,对数据没有假设,对异常值不敏感。

KNN 算法的缺点:

①需要大量的内存;

②样本不平衡问题(即有些类别的样本数量很多,而其他样本的数量很少);

③高维度导致欧氏距离的区分能力变差;

④计算量大。

2. 基于深度学习的智能预报方法

在传统机器学习算法中,往往是通过人工提取特征的方式进行模型训练,这就需要有经验的工程师设计特征提取器。但针对自然数据,如一张原始的 RGB 图像,传统机器学习算法无法很好地处理这类自然数据,同时纯人工也无法提取有用的或者足够的特征。而深度学习通过模拟具有丰富层次结构的脑神经系统，建立了类似于人脑的分层模型结构，对输入数据逐级提取，形成更加抽象的高层表示（属性类别或特征）。深度学习利用多层非线性信息处理实现有监督或者无监督的特征提取和转换、模式分析和分类，用来解释如图像、声音、文本等数据。高层次的特征和概念，根据较低层次的特征和概念来定义，相同低层次的概念可用来定义很多高层次的概念。这样一个分层次的结构称为深层结构。

上述深度学习的各种高层次的描述信息中，主要有两个关键方面：

①模型由多层次或阶段的非线性信息处理组成；

②特征表示的有监督或无监督学习，随着层数的提高，而更加抽象。

深度学习使用了分层抽象的思想，高层次的概念通过低层次的概念学习得到。这一分层结构通常使用贪婪逐层训练算法构建而成，并从中选取有助于机器学习的有效特征，很多深度学习算法都是以无监督学习的形式出现的，因此这些算法能被应用于其他算法无法企及的无标签数据，这一类数据比有标签数据更为丰富，也更容易获得，这一点成为深度学习的重要优势。目前，深度学习智能模型主要有以下几种。

（1）卷积神经网络（Convolutional Neural Networks，CNN）

CNN 是一个专门针对图像识别问题设计的神经网络，也是通过反向传播算法来实现的。CNN 通过将隐藏层中的连接数限制为部分神经元，从而减少参数的数量（即输入图像的部分区域），隐藏层在这种情况下也称为卷积层。每个卷积由几组神经元组成，每组中的神经元权重是共享的。每组卷积通常由覆盖整个图像所需的多个神经元组成，这就好像隐藏层中的每组神经元计算了图像与其权重的卷积，从而产生了一个处理过的“图像版本”，通常称这个卷积为一个特征。

一般 CNN 的基本结构包括两层：一是特征提取层，每个神经元的输入与前一层的局部接收域相连，并提取该局部的特征，一旦该局部特征被提取后，它与其他特征间的位置关系也随之确定下来；二是特征映射层，网络的每个计算层由多个特征映射组成，每个特征映射是一个平面，平面上所有神经元的权值相等。特征映射结构采用影响函数核小的 sigmoid 函数作为卷积网络的激活函数，使特征映射具有位移不变性。此外，由于一个映射面上的神经元共享权值，因而减少了网络自由参数的个数。CNN 中的每一个卷积层都紧跟着一个用来求局部平均与二次提取的计算层，这种特有的两次特征提取结构降低了特征分辨率。

CNN 主要用来识别位移、缩放及其他形式扭曲不变性的二维图形。由于 CNN 的特征检测层通过训练数据进行学习，所以在使用 CNN 时避免了显示的特征抽取，而隐式地从训练数据中进行学习；再者由于同一特征映射面上的神经元权值相同，所以 CNN 可以并行学习，这也是卷积网络相对于神经元彼此相连网络的一大优势。CNN 以其局部权值共享的特殊结构在语音识别和图像处理方面具有独特的优越性，其布局更接近于实际的生物神经网络，权值共享降低了网络的复杂性，特别是多维输入向量的图像可以直接输入网络这一特点避免了特征提取和分类过程中数据重建的复杂度。

（2）循环神经网络（Recurrent Neural Networks，RNN）

无论是卷积神经网络还是人工神经网络，都假设同层节点之间独立，输入和输出也是独立的，即无法处理时间上的延续性。RNN 正是为了解决这个问题，而让网络拥有“记忆力”。RNN 之所以称为循环神经网络，是因为一个序列当前的输出与前面的输出也有关，具体的表现形式为网络会对前面的信息进行记忆并应用于当前输出的计算中，即隐藏层之间的节点不再无连接而是有连接的，并且隐藏层的输入不仅包括输入层的输出，还包括上一时刻隐藏层的输出。理论上，RNN 能够对任何长度的序列数据进行处理。但是在实践中，为了降低复杂性往往假设当前的状态只与前面的几个状态相关。

简单的 RNN 由输入层、隐藏层和输出层组成。

$\boldsymbol{x}$ 是一个向量，表示输入层的值；$\boldsymbol{s}$ 是一个向量，表示隐藏层的值；$\boldsymbol{U}$ 是输入层到隐藏层的权重矩阵；$\boldsymbol{o}$ 也是一个向量，表示输出层的值；$\boldsymbol{V}$ 是隐藏层到输出层的权重矩阵。RNN 的隐藏层的值 $\boldsymbol{s}$ 不仅取决于当前这次的输入 $\boldsymbol{x}$，还取决于上一次隐藏层的值 $\boldsymbol{s}$。权重矩阵 $\boldsymbol{W}$ 就是隐藏层上一次的值作为这一次的输入的权重。

网络在 t 时刻接收到输入 $\boldsymbol{x}_t$ 后，隐藏层的值是 $\boldsymbol{s}_t$，输出值是 $\boldsymbol{o}_t$。关键的一点是，$\boldsymbol{s}_t$ 的值不仅取决于 $\boldsymbol{x}_t$，还取决于 $\boldsymbol{s}_{t-1}$。可以用下面的公式来表示 RNN 的计算方法。

$$\boldsymbol{o}_t = g(\boldsymbol{V}\boldsymbol{s}_t) \tag{7-15}$$

表示输出层的计算公式，输出层是一个全连接层，也就是它的每个节点都和隐藏层的每个节点相连。其中，$\boldsymbol{V}$ 是输出层的权重矩阵，g 是激活函数。

$$\boldsymbol{s}_t = f(\boldsymbol{U}\boldsymbol{x}_t + \boldsymbol{W}\boldsymbol{s}_{t-1}) \tag{7-16}$$

表示隐藏层的计算公式，它是循环层。其中，$\boldsymbol{U}$ 是输入层的权重矩阵，$\boldsymbol{W}$ 是上一次的值作为这一次的输入的权重矩阵，f 是激活函数。

RNN 的训练采用基于时间的反向传播算法，该算法是针对循环层的训练算法，包含以下四个步骤。

①前向计算每个神经元的输出值。

②反向计算每个神经元的误差项值，它是误差函数 E 对神经元 j 的加权输入的偏导数。RNN 的误差函数 E 定义为交叉熵损失：

$$E_t(y_t, \hat{y}_t) = -y_t \lg \hat{y}_t \tag{7-17}$$

$$E(y, \hat{y}) = \sum_t E_t(y_t, \hat{y}_t) = -\sum_t y_t \lg \hat{y}_t \tag{7-18}$$

式中：y_t 是时刻 t 的样本实际值，$\hat{y}_t$ 是预测值，通常把整个序列作为一个训练样本，所以总的误差就是每一步的误差的加和。

③计算每个权重的梯度。

④用随机梯度下降算法更新权重。

（3）长短期记忆（Long Short-Term Memory，LSTM）

循环神经网络是非常强大的动态系统，但训练它们已被证明是有问题的，因为反向传播的梯度会在每个时间步长增大或缩小，所以在很多时间步长它们通常会爆炸或消失。LSTM 最早被设计用于解决 RNN 的梯度消失或者爆炸问题，后来被广泛用于各种应用中，并且解决了很多问题。

与一般的 RNN 相比，LSTM 通过刻意的设计来避免长期依赖问题。LSTM 自然而然地记忆了长期的信息，并不需要付出非常大的代价。所有的 RNN 都具有一种重复神经网络模块的链式形式，在标准的 RNN 中，这个重复的模块只有一个非常简单的结构，如一个 tanh

层。LSTM 同样是这样的结构,但是重复的模块拥有一个不同的结构。其不同于单一神经网络层,而是有四个,以一种非常特殊的方式进行交互。LSTM 有通过精心设计的称作“门”的结构来去除或者增加信息到长期状态的能力。门是一种让信息选择式通过的方法,它们包含一个 sigmoid 神经网络层和一个 pointwise 乘法操作。

(4)门控循环单元(Gated Recurrent Unit,GRU)

GRU 是 LSTM 的一种变体。GRU 的结构与 LSTM 很相似, LSTM 有三个门,而 GRU 只有两个门且没有长期状态,简化了 LSTM 的结构。而且在许多情况下, GRU 与 LSTM 有同样出色的结果。GRU 有更少的参数,因此相对容易训练,且过拟合问题要少一点。相比 LSTM,使用 GRU 能够达到相当的效果,并且相比之下更容易进行训练,能够在很大程度上提高训练效率,因此很多时候更倾向于使用 GRU。

深度学习在各种任务上都逐渐成为最先进的方法,在时间序列方面的应用也越来越成熟。无论在时间序列特征提取、预测、分类,还是异常检测等任务上,越来越多的新颖的深度模型结构被提出,各种时序场景下的具体探索也更加完善。

7.1.2 洪水演进智能预报理论与方法

快速、准确的洪水演进预测在防洪减灾、应急救灾决策等方面具有重要的作用。洪水演进预测一直是国内外研究的热点。人工智能技术在水力学领域的应用主要包括洪水演进模拟、洪灾损失评估等方面,关于人工智能技术在洪水演进模拟方面的应用研究,顾正华等认为水流本身的自组织性和自调整性与智能科学理论中的人工神经网络等方法联系紧密,运用智能科学理论研究水流问题是一条有广阔前景的新途径,智能水力学是运用智能科学方法研究水流运动规律、解决水力学问题的交叉学科。人工智能技术在水利相关领域的应用多是进行水文长序列分析与水文预报等,长久以来在洪水分析计算方面的研究偏少,尚处于初步发展阶段,未来有望深度挖掘人工智能技术在水力学领域的应用潜力,推动智能水力学快速发展。

人工智能技术在洪水演进计算中的应用主要是基于图卷积注意力神经网络(Graph Convolutional Neural Networks,GCN),其本质是一个图数据特征提取器,具体原理如下。

假设图数据有 N 个节点,每个节点都有自己的特征,设这些节点的特征组成一个 $N\times D$ 维的矩阵 $\boldsymbol{X}$,各个节点之间的关系也会形成一个 $N\times N$ 维的邻接矩阵 $\boldsymbol{A}$, $\boldsymbol{X}$ 和 $\boldsymbol{A}$ 便是模型的输入。GCN 是一个神经网络层,它的层与层之间的传播方式为

$$H^{(l+1)}=\sigma\left(\tilde{\boldsymbol{D}}^{-\frac{1}{2}}\tilde{\boldsymbol{A}}\tilde{\boldsymbol{D}}^{-\frac{1}{2}}H^{(l)}W^{(l)}\right) \tag{7-19}$$

式中:$\tilde{\boldsymbol{A}}=\boldsymbol{A}+\boldsymbol{I}$,$\boldsymbol{I}$ 表示单位矩阵;$\tilde{\boldsymbol{D}}$ 表示 $\boldsymbol{A}$ 的度矩阵,$\tilde{D}_{ii}=\sum j\tilde{A}_{ij}$;$H$ 表示每一层的特征;σ表示激活函数。损失函数为交叉熵。

目前,大多数洪水演进预测模型仅为洪水淹没区域的关键点的时间序列预测,忽略了洪水淹没单元之间的空间关系。将洪水淹没区域的空间特征融入预测模型中能够更为准确地预测洪水演进情况。因此,构建基于图卷积神经网络和注意力机制的短时洪水演进预测模型,考虑洪水演进的时空过程,实现洪水演进的快速、准确预测。

洪水演进过程预测问题可以理解为基于洪水淹没单元数据淹没水深序列 $\left[\boldsymbol{H}_{t-s},\cdots,\boldsymbol{H}_{t-2},\boldsymbol{H}_{t-1}\right]$ 来预测下一时刻 t 的淹没水深 $\boldsymbol{H}_t$。利用图卷积神经网络模型预测洪水演进过程可表示为

$$\boldsymbol{H}_t = f\left(\left[\boldsymbol{H}_{t-s},\cdots,\boldsymbol{H}_{t-2},\boldsymbol{H}_{t-1}\right]\right) \tag{7-20}$$

式中:$\boldsymbol{H}$ 表示洪水淹没水深特征向量;$f(\ )$表示图卷积神经网络模型。

同一洪水淹没区域的多个淹没单元可以抽象成一张有向图 $G=(q,V,\boldsymbol{A})$。其中,q 表示顶点的取值,即洪水淹没单元的取值;V 表示顶点集,即洪水淹没区域中的每个淹没单元;$\boldsymbol{A}$ 表示邻接矩阵,即顶点间的水量交换关系。

多个淹没单元数据淹没水深序列属于非欧氏空间,存在两个洪水淹没单元相邻,但却无法交换水量的情况。这点与图十分类似,图的结构往往是不规则的,可以认为是一种无限维的数据,没有平移不变性。每一个节点的周围结构都是独一无二的,这种结构的数据,使传统的循环神经网络和卷积神经网络难以处理,却适用于图卷积神经网络。洪水演进快速预测模型利用多层 GCN 来提取洪水淹没单元的洪水淹没水深序列特征,注意力机制调整特征的分权重,得到预测结果。

通过分析讨论图卷积注意力神经网络的洪水快速预测模型,一方面采用 CPU/GPU 协同的方法,利用基于 CUDA 架构的 GPU 并行计算技术,建立一、二维耦合水动力快速计算模型,实现洪水的淹没范围和演进过程的快速模拟;另一方面构建基于图卷积神经网络和注意力机制的洪水演进快速预测模型,考虑洪水演进的时空过程,实现洪水演进的快速、准确预测。

7.1.3　水资源智能优化调度理论与方法

水资源优化调度采用系统分析方法及最优化技术,研究有关水资源配置系统管理运用的各个方面,并选择满足既定目标和约束条件的最佳调度策略的方法。水资源优化调度是水资源开发利用过程中的具体实施阶段,其核心问题是水量调节。在需水过程和系统硬件已定的情况下,水资源优化调度就是充分利用天然径流的不同步性和各个水库库容特性的差异,最大限度地发挥水资源的综合利用效益。随着信息技术的不断发展,出现了很多优化方法,包括非线性规划、动态规划以及智能算法等,可优化水资源开发利用。其中,智能算法是目前研究的热点,具体方法如下。

1. 遗传算法

遗传算法(Genetic Algorithm, GA)是模仿生物在自然条件下,遵循优胜劣汰原则,整个种群进化的过程。该过程的特点是进化过程长,受外界条件影响大。若人为干预种群进化,则会有一定目的性,有选择地进化,可以得到最优解。遗传算法以种群中所有个体为对象,通过选择、交叉和变异完成遗传操作,不需要其他任何辅助手段,只需要知道目标函数,就可以得到全局最优解。

(1)遗传算法理论

遗传算法是基于进化论和遗传学所研究的理论,它将自然选择和生物进化过程运用到寻找最适合环境生存的个体过程中。遗传算法模拟自然界的物种进化,遵循适者生存的规

律。根据种群一代的发展,初代种群既保留了父代的部分基因,同时又增加了表现子代独特性的新基因组合。研究对象包含某一种群中所有的个体(编码),选择是随机的,但有一定方向性。每个个体适应环境的程度,称为适应度,决定了个体生存下来的概率。进化过程是逐代产生(交叉)出越来越好的优秀个体(变异),最终结果得到最适合生存的个体,称为最优解。

(2)遗传算法的特点

遗传算法在解决复杂的大规模最优化问题中,可以得到最优值或者次优值。对于遗传算法的全局优化问题,国内外许多学者在各行各业做了深入研究和应用,取得了显著成果。遗传算法模拟生物进化过程,将一组随机生成的模型参数可行解组成一组染色体,依据一些适应性调节计算各个染色体的适应度值大小,有选择的保留一些染色体个体,然后通过交叉、变异,生成新的个体。遗传算法的特点如下。

①遗传算法以串集形式开始搜索,搜索面积大,搜索速度快,有利于全局搜索最优解。

②遗传算法可以同时对群体中多个个体进行评估,降低陷入局部最优解的概率。

③遗传算法可以仅根据适应度函数评估个体的概率,适应度函数形式任意,不受函数连续可微的特征限制,并且可以任意选定定义域范围,更有利于扩大算法适用领域。

④遗传算法不用制定规则限制,而是根据适应度的大小指引搜索方向。

⑤遗传算法具有自组织、自适应、自学习性。种群进化过程中有方向的自行搜索,适应度大的具有较高的生存概率,具有更适应环境的基因结构。

⑥进化过程中可以自动调节算法控制参数和编码精度。

(3)遗传算法步骤

遗传算法仿照自然进化过程得到最优解,在应用中要确定实际问题是否能转化为求解最优化问题的模型。遗传算法过程简单,只需通过循环迭代获得最优解。遗传算法的步骤如下。

①编码:种群初始化是遗传算法的第一个阶段,直接决定遗传算法性能。初始种群的大小,决定着算法收敛速度和寻优空间大小。

②选择算子:对群体进行优胜劣汰操作,使适应度较高的个体被遗传到下一代群体中的概率大,使适应度较小的个体被遗传到下一代群体中的概率较小。

③交叉算子:根据交叉率将种群中的两个体随机交换某些基因,能够产生新的基因组合,期望将有益基因组合在一起。

④变异算子:将个体染色体编码串中的某些基因座上的基因值用基因座上的其他基因来替换,从而形成新的个体。

⑤终止规则:当最优个体的适应度达到给定的阈值时,或者最优个体的适应度和群体适应度不再上升时,或者迭代的次数达到预定的代数时,算法终止。

2. 量子近似优化算法

量子近似优化算法(Quantum Approximate Optimization Algorithm, QAOA)是一种经典量子的混合算法,它是在基于门的量子计算机上求解组合优化问题的变分方法。一般而言,组合优化的任务就是从有限的对象中寻找使成本最小化的目标对象,在实际生活中的主要应用包括降低供应链成本、车辆路径、作业分配等。

QAOA 最初是为了解决最大切割问题而提出的。在含噪声的中等规模量子时代(NISQ),量子噪声主要包括量子退相干、旋转误差等。而量子操作数会受到量子噪声的限制,因此利用量子经典混合算法,借助经典优化器优化量子线路参数、选择最优演化路径来降低量子线路深度。

如果依赖不超过两个,直接映射到哈密顿量。如果依赖为三个或三个以上,也可以映射到哈密顿量,但可能会以引入额外变量为代价。

最大切割问题也属于一个组合优化问题。QAOA 与酉变换层数 p,理论上只要层数 p 足够多,就能找到较好的近似解,但与此同时也会耗费大量时间。

对于一个图,最大切割的规模比其他任何一个切割都大。即将图的顶点划分为两个互补的集合 S 和 T,使 S 和 T 之间的边数尽可能大。找到这种切割方式的方法被称为最大切割问题。当人们想要顶点集的一个子集 S,使 S 和互补子集之间的边数尽可能大,等价于得出一个具有尽可能多边的二分子图。该问题有一个更通用的版本被称为加权最大切割,其中每条边都与一个实数相关联,即它的权重。加权最大切割问题的目标是最大化 S 与其补码之间的边总权重。通过翻转所有权重的符号,可以将允许正权重和负权重的加权最大切割问题转换为加权最小切割问题。

给定一个无向图 G,其顶点 $i \in V$,边缘$(i, j) \in E$,求解最大切割问题得到 V 的两个子集 S_0 和 S_1,使 $S_0 \cup S_1=V$, $S_0 \cap S_1=\varnothing$,边数(i,j)中 $i \in S_0$ 和 $j \in S_1$,且 j 尽可能大。根据量子自旋模型,最大切割问题的解对应于哈密顿量的最低能量本征态。

3. 多目标粒子群优化算法

粒子群优化(Particle Swarm Optimization, PSO)是由 Kennedy 和 Eberhart 等人于 1995 年提出的,是一个很流行的启发式进化算法,它通过模拟鸟群和鱼群的社会合作和个人竞争行为,并根据当前搜索到的最优解来引导粒子群进化到全局最优,因此它具有很快的收敛速度,但它又比较贪婪,容易陷入局部最优。PSO 算法步骤如下。

①初始化一群随机粒子和速度(rand 随机生成),刚开始每个粒子相对应的个体历史最佳位置就是当前初始化的种群,种群全局历史最优位置是当前个体历史最佳位置中的最好值。

②更新粒子的速度和位置,然后通过比较每个粒子的适应度函数值大小重新更新个体历史最佳位置和种群全局历史最优位置。

③迭代第二步,直至满足条件。

多目标粒子群算法是利用外部种群存档存储当前所有的非支配解,并将外部存档中的个体看作精英个体,通过精英个体控制种群进化方向,引导种群逼近真实 Pareto 前沿,算法运行结束后将外部存档中的粒子作为获得的 Pareto 最优解近似。现有的多目标粒子群算法一般可分为两类:一类是将 Pareto 支配关系嵌入 PSO,用来确定个体历史最佳粒子和全局最佳粒子,如一般的 MOPSO、SMPSO 算法等;另一类采用分解方法将多目标优化问题转换为一组单目标优化问题,然后可以直接应用 PSO 解决每个单目标优化问题,由于充分利用 PSO 的收敛速度和全局寻优能力,可以更好地解决多目标优化问题,如 MMOPSO、CMPSO 算法等。

多目标粒子群优化算法中, Pareto 非支配解不被其他解支配,所以是当前种群中最优秀的个体，对处于同一 Pareto 支配等级的个体，通常会保留拥挤密度小的个体，以保证种群多样性。MOPSO 中拥挤密度估计使用的是自适应网格法，通过自适应网格法对外部存档的溢出进行剪切操作和更新。自适应网格法的每个坐标轴代表一个目标维度，找出所有非支配粒子每个目标函数的最大值和最小值，将每个坐标轴上[最小值，最大值]区间划分成 N 份，这样就将所有个体分割在不同的网格里，每个粒子所在网格中的所有粒子数就是它的拥挤密度。

7.1.4 水情遥测智能识别理论与方法

遥感技术作为获取现代地球空间信息的重要手段，能为防汛抗旱减灾提供有效的空间信息与技术支持。与常规信息获取手段相比，遥感技术具有监测范围大、监测周期短、获取资料及时、可全天候工作以及经济、客观等优势，不受地域、灾害和恶劣天气限制的特点，使其有能力进行连续不断的动态监测。随着航天技术和地球空间数据获取手段的不断发展，遥感技术正在进入一个全新的飞速发展阶段，已具备全方位为防汛抗旱提供动态、快速、多平台、多时相、高分辨率监测的平台基础和技术条件。

基于卫星遥感影像的信息分类提取方法虽然在监测和提取各种地物类型方面具有诸多优势，如最大似然法、决策树法、面向对象法、支持向量机等，但这些方法缺少对样本噪声数据的处理，且存在同物异谱、异物同谱、混合像元提取精度低等问题，严重影响分类精度和效率，不能为资源动态监测提供更高精度的数据。遥感影像杂波干扰大、目标轮廓模糊、特征不明显，同时随着遥感影像数据量不断增加，对遥感影像识别与分类技术提出了更高的要求和挑战。因此，急需引入新的算法进一步提升遥感信息的提取精度和效率。

深度学习是近年来机器学习研究中的新兴领域，其本质是模仿人类大脑局部感受野感知和认知的过程，其特点是能从输入的数据中提取分层特征，由低层次特征抽象出高层次特征，可用于分类和模式分析。深度学习一般包含多层隐层结构，对大量样本进行学习训练，能学习更为有效的特征，提高识别和分类精度。深度学习与浅层学习最明显的区别在于模型结构，深度学习一般包含多层隐层，与浅层学习相比更具深度。深层学习结构示意如图 7-2 所示。

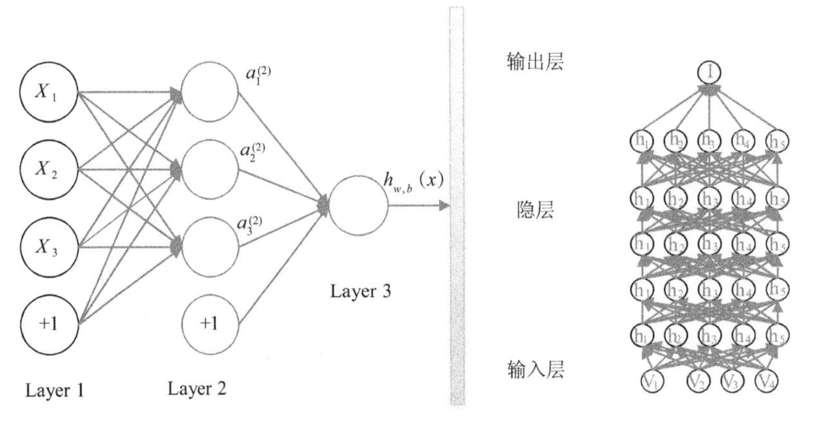

图 7-2 深度学习结构示意图

深度学习常见模型主要包括卷积神经网络(CNN)、深度置信网络(DBN)、深度自动编码器(AE)、稀疏编码(SC)、受限玻尔兹曼机(RBM)等。

1. 卷积神经网络原理

卷积神经网络与普通神经网络的区别在于,卷积神经网络包含一个由卷积层和子采样层构成的特征抽取器。在卷积神经网络的卷积层中,一个神经元只与部分邻层神经元连接。在卷积神经网络的一个卷积层中,通常包含若干个特征平面,每个特征平面由一些矩形排列的神经元组成,同一特征平面的神经元共享权值,这里共享的权值就是卷积核。卷积层利用卷积核产生卷积层特征图,卷积核一般以随机小数矩阵的形式初始化,在网络训练过程中卷积核将学习得到合理的权值。共享权值(卷积核)可以减少网络各层之间的连接,同时降低过拟合的风险。子采样也称为池化,通常有均值子采样和最大值子采样两种形式,子采样层将卷积层特征抽象到更高层。卷积层与子采样层在卷积神经网络结构中穿插,类似于初级视觉皮层细胞结构。对于范围大的影像数据,需要设定一个固定大小的感受野,再输入卷积神经网络中进行特征提取。典型的卷积神经网络是一种可以分层提取特征的多层神经网络结构,其由三部分构成:第一部分是输入层;第二部分由 n 个卷积层和池化层的组合组成;第三部分由一个全连接的多层感知机分类器构成。

(1)卷积层

第 l 层卷积层特征图是由第 $l-1$ 层经过可训练学习的滤波器 k ,将这些数据输入激活函数 $g(\ )$ 产生第 l 层输出数据。在神经网络结构中,激活函数通常是 sig moid 函数 $g(x)=\left(1+e^{-x}\right)^{-1}$ 。第 l 层卷积层 C^l 一般可以表示为

$$C^l = g\left(k^l h^{l-1} + b^l\right) \tag{7-21}$$

式中: h^{l-1} 代表第 $l-1$ 层隐藏层, h^0 代表最初输入数据; b^l 代表第 l 层特征图的偏置。

在卷积神经网络训练学习期间,每一个卷积核 k 都会覆盖整个影像数据以此产生特征图。与基于经验指导的空间滤波器选择不同,卷积层可以对整个网络自主学习,并且选择最佳滤波器。

(2)子采样层

在整个训练过程中,子采样层能够根据之前的特征层进行抽象提取,以此减少整个训练学习过程中计算的复杂程度。经过子采样层后,特征图层大量减少,但却更加稳定抽象。子采样层定义如下:

$$S^l = g\left(down\left(h^{l-1}\right) + b^l\right) \tag{7-22}$$

式中: $down(\ )$ 代表子采样函数。

一般子采样函数采用 $n\times n$ 区域对输入数据进行操作,最后输出的特征图相比之前的输入数据缩小为 $1/n$ 。每一个输出数据都被赋予各自的偏置参数 b^l ,这与卷积层的偏置类似。通过这种方式,具有相关性的特征要素逐层被提取抽象出来。

子采样有两种形式:一种是均值子采样;另一种是最大值子采样。两种子采样看成特殊的卷积过程,如图 7-3 所示。

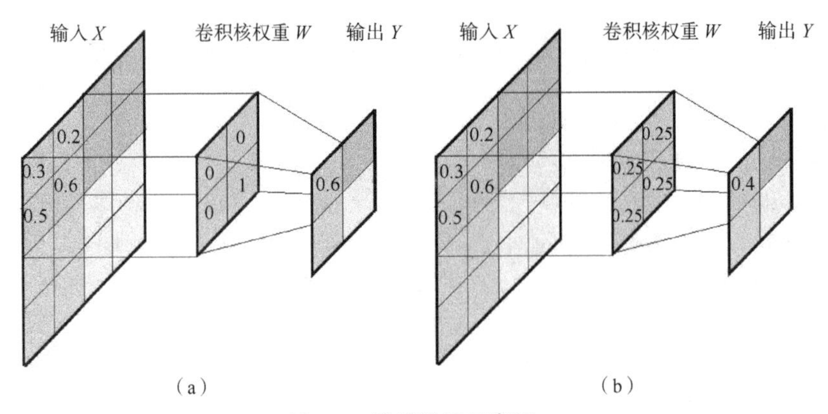

图 7-3 子采样层示意图

(a)最大值子采样 (b)均值子采样

2. 多尺度卷积神经网络识别方法

卷积神经网络一般从固定大小范围内提取与空间相关的要素,然而遥感影像中目标通常出现在不同观察尺度中,固定感受野限制了观察尺度,对获得相关尺度方面的信息不利,导致图像分类精度较低。因此,为了提高精度,采用多尺度空间要素提取技术十分必要。多尺度卷积神经网络能够通过不同的尺度学习空间要素特征,获得多尺度深层特征要素。在多尺度卷积神经网络中,与固定观察尺度不同,可利用金字塔算法获取不同观察尺度的图像,并全部输入整个网络结构中提取特征。

为构建多尺度训练样本,从最初的 M 波段 $\{I_m\}_{m=1}^{M}$ 中构建尺度参数为 S 的拉普拉斯金字塔影像集 $\{P_s\}_{s=1}^{S}$。金字塔影像第一个尺度 P_1^M 和波段 I_m 是相同的,而 P_s^M 是在 P_{s-1}^M 基础上获得的。为了提高训练性能,金字塔中的图像被全部归一化为零均值和方差。假定现有多尺度训练样本 $\{X^n\}_{n=1}^{N}$ 中有 C 个类别,X^n 是由感受野生成的正方形样本集,用标签代表其参考像素集。

多尺度卷积神经网络框架如图 7-4 所示。

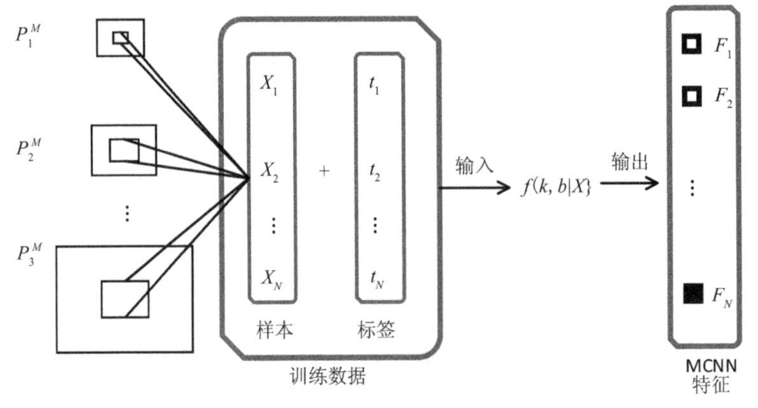

图 7-4 多尺度卷积神经网络框架

如图 7-4 所示，训练 L 层网络结构等同于用平方误差代价函数学习滤波器 k 和偏置向量 b。前向传播的代价函数可用下式表述：

$$\min l(k,b)=\frac{1}{2}\sum_{n=1}^{N}\left(t^n-y^n(k,b)\right)=\frac{1}{2}\sum_{n=1}^{N}\left\|t^n-y^n(k,b)\right\|_2^2 \tag{7-23}$$

式中：t^n 代表第 n 个训练样本 X_n；$y^n(k,b)$ 代表多尺度卷积神经网络对于样本 X_n 的预测标签。

第 l 层隐藏层用 $h^l\left(l\in\{1,2,3,\cdots,L\}\right)$ 表示，h^0 表示原始输入数据。因此，最终的输出层结果可以表示为

$$y(k,b)=g\left(a^L\right)\quad a^L=k^L h^{L-1}+b^L \tag{7-24}$$

通过比较输出的标签与参考标签之间的差值，采用随机梯度下降法优化滤波器参数和偏置向量。最终，基于多尺度卷积神经网络的空间特征要素可以表示为

$$F=f\left(k,b|X\right)=g\left(kX+b\right) \tag{7-25}$$

与传统的特征要素提取方法不同，多尺度卷积神经网络能够从样本中产生多尺度空间特征要素，滤波器 k 和偏置向量 b 可通过反向传播算法自动优化。非线性激活函数提取的多尺度特征要素也是非线性的。非线性特征要素与线性特征要素相比更具有代表性，尤其在目标识别和分类中。

综合上述遥感数据识别技术研究进展，现阶段人工智能技术在遥测数据识别领域应用中已取得一定进展，但关于遥测水体和洪灾风险识别，尚需结合防洪减灾三维信息化平台与人工智能技术深度应用，进一步拓展遥感、航测、雷达等多源遥测数据识别范围，解决识别精度与速率同步提高的矛盾，攻克海量大数据优化存储管理技术难题。

7.2　洪水智能预报系统

洪水智能预报系统是指通过水动力学、灾害学、地理信息学及人工智能等多交叉学科理论方法的相互渗透与深度融合，采用三维空间数字平台中的地形地貌数据和河道数据自动获取以及网格剖分方法，融合重点测站洪水水文智能预报、小流域智能组网快速预报、河道洪水演进自适应率定及快速预报、风暴潮智能预报等洪水智能预报算法，构建水文-水动力学耦合预报以及平原河网地区、感潮河段、下游工程影响复杂的流域模型，形成洪水预报调度常规模型库与智能模型库，为突发性超标准洪水风险的实时模拟、预报、调度及动态评估提供支持。

7.2.1　水文预报模型构建

1. 基于 GIS 的水文特征自动提取

（1）河流水系提取

河流水系提取是基于 GIS 平台，以 DEM 数据为基础，经过计算和处理而得到地表水系网络。

（2）子流域划分

在进行流域水文模拟时，考虑到整个流域内不同区域之间特征参数的区别，需要把整个流域划分为多个子流域。基于提取的河网矢量数据，进一步提取子流域。子流域划分主要包括以下步骤。

1）流域盆地的确定

流域盆地是由分水岭包围而成的汇水区域，通过对水流方向数据的分析，确定所有相互连接并处于同一流域盆地的栅格。流域盆地的确定首先是要确定分析窗口边缘的出水口位置，也就是说流域盆地的划分中，所有流域盆地的出水口均处于分析窗口的边缘。

2）汇水区出水口的确定

由流域盆地确定得到的是一个比较大的流域盆地，在很多水文分析中，还需要基于更小的流域单元进行分析，从而就需要将这些流域从大的流域中分解出来，即流域分割。流域的分割首先要确定小级别流域的出水口位置，其主要思想是利用一个记录着 point 点的栅格数据，其中属性值存在的点作为潜在出水点，在汇流累积量数据层上搜索具有较高汇流累积量栅格点的位置，这些搜索到的栅格点就是小级别流域的出水点。（图 7-5）

3）集水流域的生成

首先确定一个出水点，也就是该集水区的最低点，然后结合水流方向数据，分析搜索出该出水点上游所有流过该出水口的栅格，直到所有的该集水区的栅格位置都确定了，也就是搜索到流域的边界、分水岭的位置。每一条河网弧段集水区就是所要研究的最小沟谷集水区域，它将一个大的流域盆地按照河网弧段分为一个个小的集水盆地，即将整个流域划分为多个子流域。（图 7-6）

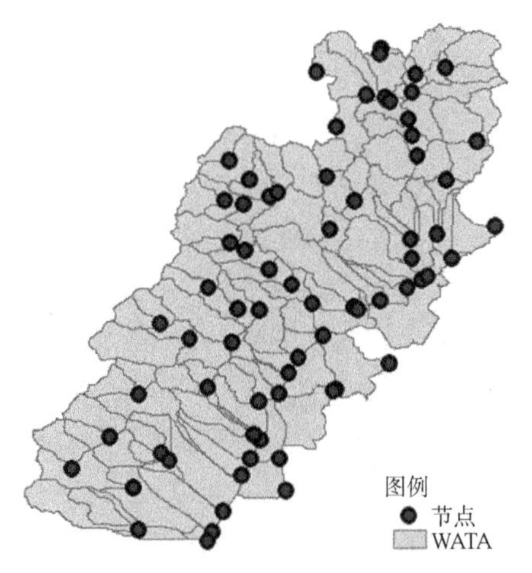

图 7-5　流域汇流出口位置示意图

图 7-6 流域划分示意图

（3）基于泰森多边形的面雨量计算

三角形垂直平分线的特性决定了泰森多边形边上的点到其两边的离散点距离相等的特性。垂直平分线的确定一般是通过先确定三角网中三角形的外接圆的圆心，再连接圆心点，还要保证泰森多边形内部只含有唯一雨量站。

（4）基于多源数据识别的下垫面信息提取

GIS 平台中可提取丰富的流域下垫面信息，包括地形、地貌、土地利用、交通等多源数据。利用地形、地貌数据，可以提取下垫面基本特征。利用土地利用和植被类型数据，可以提取流域下垫面坡面糙率和下渗特性。通过分析土地利用类型与小流域坡面糙率的对应关系，进行栅格化处理，可以概化确定流域坡面糙率值；利用土壤质地数据，分析土壤质地类型与流域坡面下渗特性的对应关系，进行栅格化处理，可以概化确定流域下渗特性参数，建立流域坡面糙率和下渗特性数据属性表。（图 7-7、图 7-8）

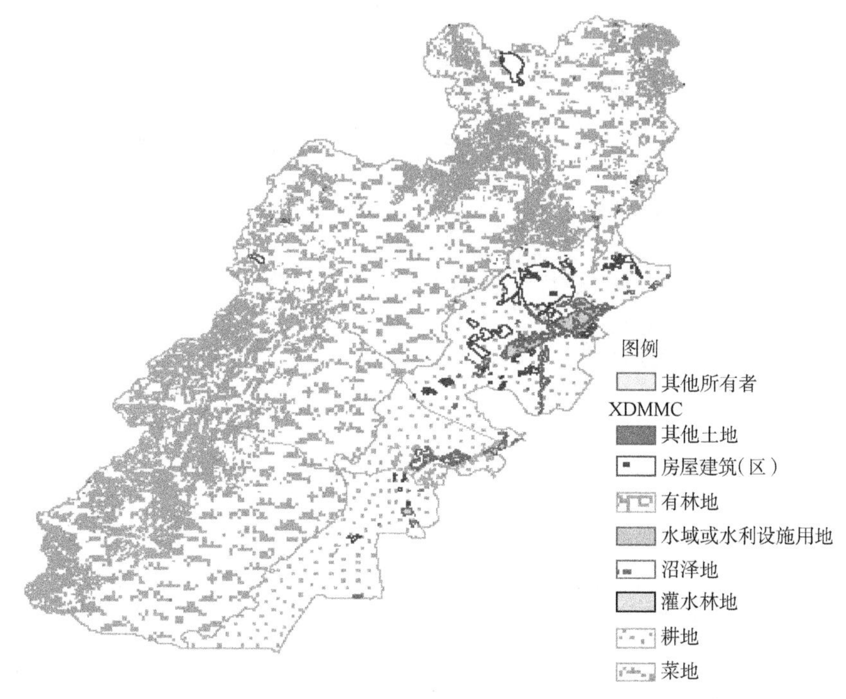

图 7-7　土地利用数据示意图

2. 水文模型构建

首先，基于 DEM 数据利用三维空间技术提取子流域，将每个子流域作为一个计算单元，在每个计算单元上根据降雨径流相关法计算每个子流域产流量以及下垫面特征；其次，在降雨与径流关系中，考虑流域的下垫面条件（如土壤、坡度、植被、土地利用情况等）对径流的影响，将下垫面条件这一重要因素列入水文模型的定量计算中；最后，通过产汇流模型计算得到流域出口径流过程。产汇流模型构建总体思路如图 7-9 所示。

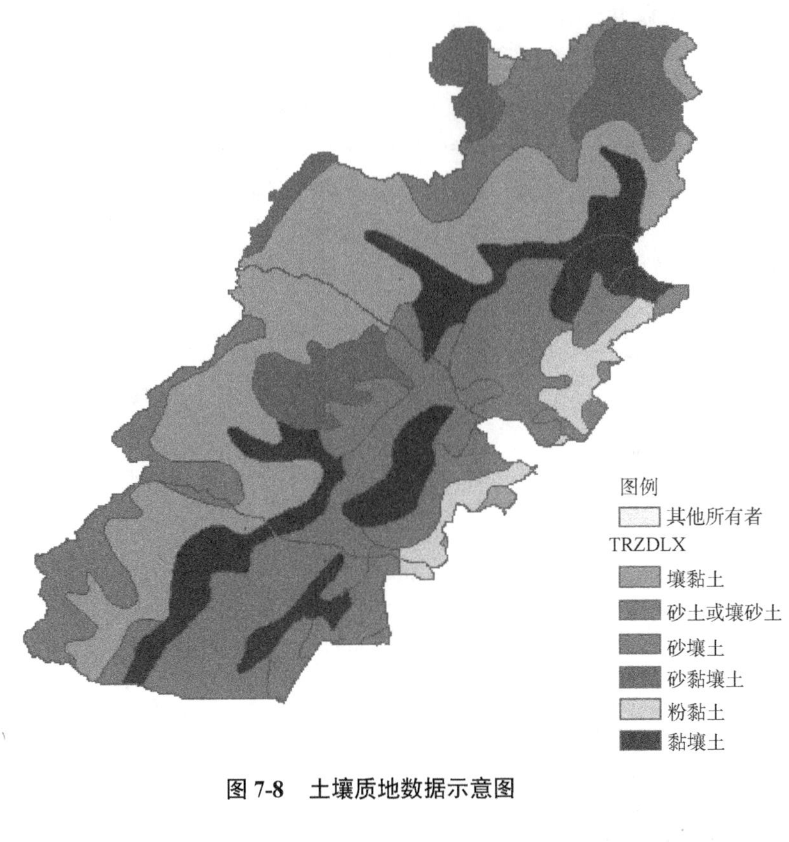

图 7-8 土壤质地数据示意图

图 7-9 产汇流模型构建总体思路

7.2.2 洪水智能预报模型构建

1. 基于 DLANN 的河道洪水智能预报方法

人工神经网络作为算法来说具有通用性，但在实际应用中需要具体问题具体分析。神经网络洪水预报模型在复杂水系洪水预报中，预报精度常常不够理想。为了提高神经网络洪水预报模型的预报精度，通常采用学习率的自适应调整方法。学习率是影响网络训练速度和训练精度的重要因素之一，权重的调整公式为

$$\Delta \boldsymbol{W}_j = \eta r\left(\boldsymbol{W}_j, \boldsymbol{X}, t_j\right) \boldsymbol{X}^{\mathrm{T}} \tag{7-26}$$

权重调整取决于网络的输入向量 $\boldsymbol{X}$、网络当前的权重矩阵 $\boldsymbol{W}_j$ 以及学习率 η 三方面因素。在网络训练的全过程中，初始权重和学习率共同决定了权重的修改路线和网络的最终收敛位置，但在训练过程中的某一个循环，权重修改大小由学习率一个因素决定。在研究中往往过多地强调学习率对网络训练速度的影响，而忽略其对网络误差梯度下降路线的影响。基于此，提出神经网络峰值识别自适应学习算法，对模型加以改进和优化，以提高预报精度

和稳定性。神经网络峰值识别自适应学习算法计算流程如图 7-10 所示。

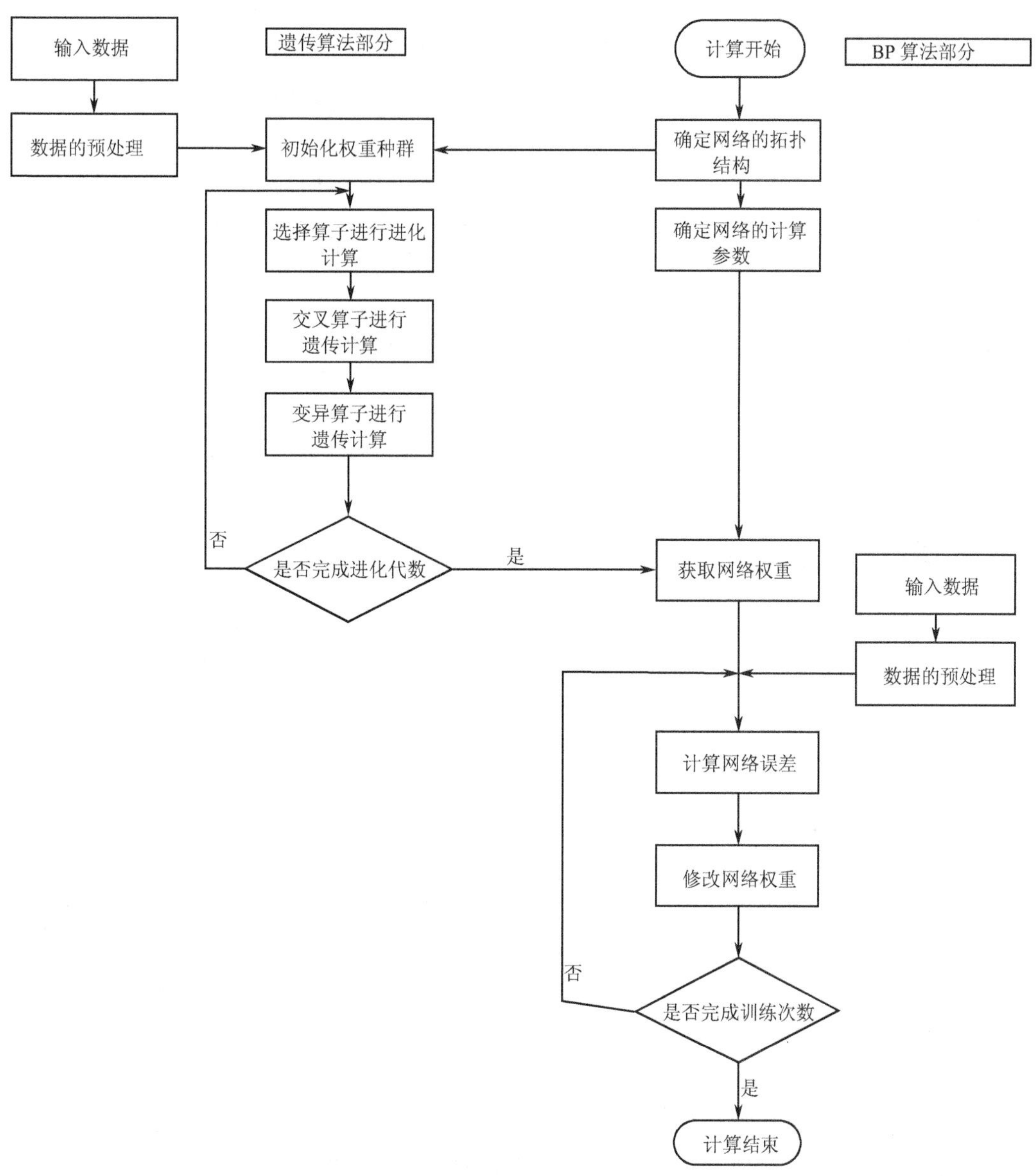

图 7-10　神经网络峰值识别自适应学习算法计算流程图

2. 串并联模块化洪水智能预报模型构建

神经网络对河道洪水演进机制进行辨识的实质是通过选择适当的神经网络模型逼近实际系统的动态过程。若以上游水位(或流量)作为网络的输入,以下游所形成的相应水位(或流量)作为网络的输出,这样的网络只对相应的水位(或流量)进行映射,网络本身不具有时间的概念,但是洪水自上游到下游的传播时间就是网络对洪水预报的预见期。

根据天然河道、河系关系的复杂程度,河道洪水预报可分为单一河道洪水预报和河系洪水预报。单一河道洪水预报是指洪水在干流河道内流动,没有其他较大支流洪水的流入或流出，下游断面的水位和流量演进过程由本河道上游断面的水位和流量演进过程及河段边界条件唯一确定。洪水在河道中的演进过程，洪水总量不变，洪水过程的变化体现在河道边界条件对洪峰过程的削峰作用。河系洪水预报是指对由干流河道和一个或多个支流河道组成河系的洪水演进进行预报，下游河道洪水演进过程除受边界条件的影响外，还与上游干流河道的洪水和各支流汇入洪水有关，并且存在洪水相互顶托作用的影响。

近年来，深度学习(Deep Learning，DL)在图像、语音、自然语言处理等领域取得了关键性突破，而深度学习的概念源于人工神经网络研究，通过组合低层特征形成更加抽象的高层表示，以发现数据的分布式特征表示。图 7-11 所示为串并联模块化结构，由干支流交汇的神经网络子模型以串并联的形式组成了神经网络预报系统，并将水流输控条件分段嵌入河道 ANN 模型，建立基于 DLANN 的串并联模块化洪水智能预报模型，实现洪水风险的智能快速预测预警。

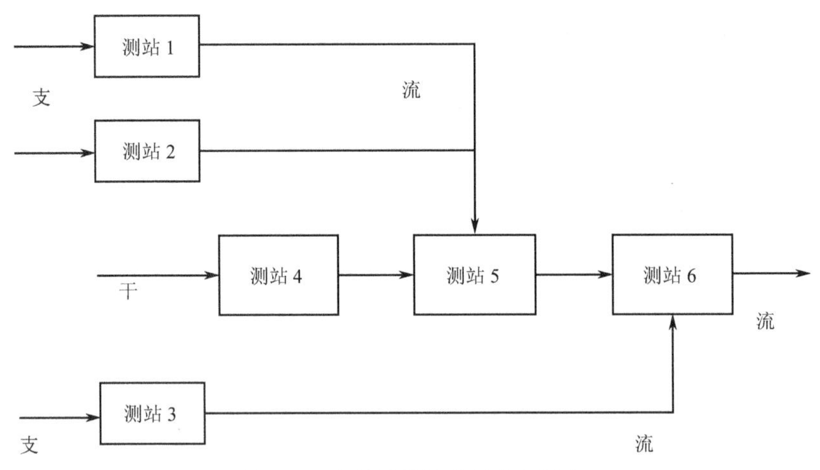

图 7-11　串并联模块化结构示意图

(1)串联模块化洪水智能预报模型

单一河道洪水预报是最为简单的预报形式，其预报模式可分为三种：水位预报、流量预报、水位流量同时预报。根据上述洪水预报原理，分别建立相应的智能预报模型：

①以水位演进过程为模型输入和输出的单输入和单输出神经网络模型；

②以流量演进过程为模型输入和输出的单输入和单输出神经网络模型；

③以水位和流量演进过程为输入和输出的双输入和双输出神经网络模型。

第一类模型预报洪水水位沿河道的演进过程，第二类模型预报洪水流量的演进过程，第三类模型考虑河道断面水位和流量的非线性变化关系，同时预报洪水水位和流量的演进过程，各模型如图 7-12 至图 7-14 所示。

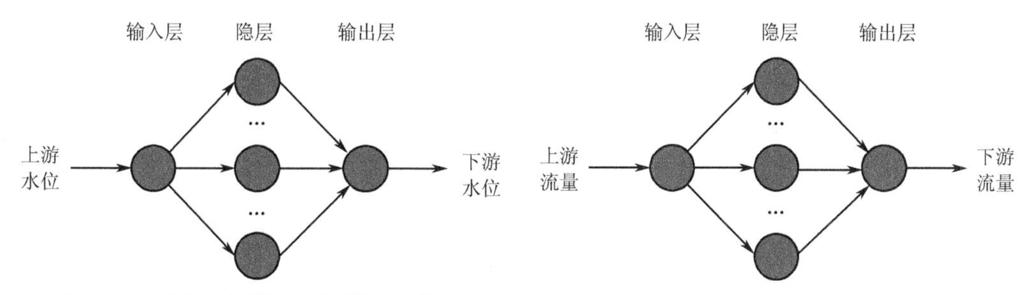

图 7-12 水位预报神经网络模型示意图　　图 7-13 流量预报神经网络模型示意图

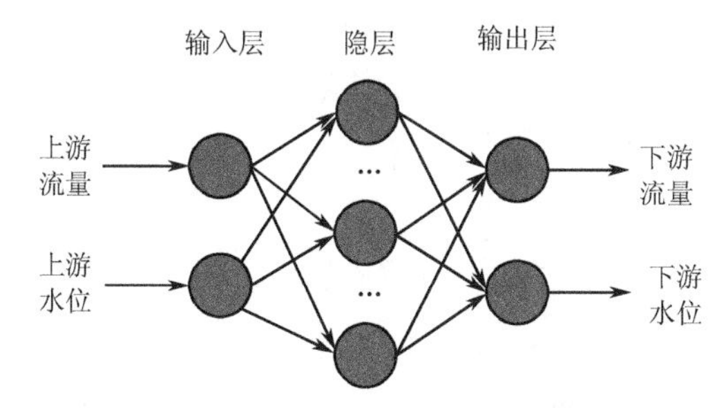

图 7-14 水位流量预报神经网络模型示意图

较长河道的洪水预报模型可看作各子模型的串联形式,从而构建串联模块化洪水智能预报模型,如图 7-15 所示。

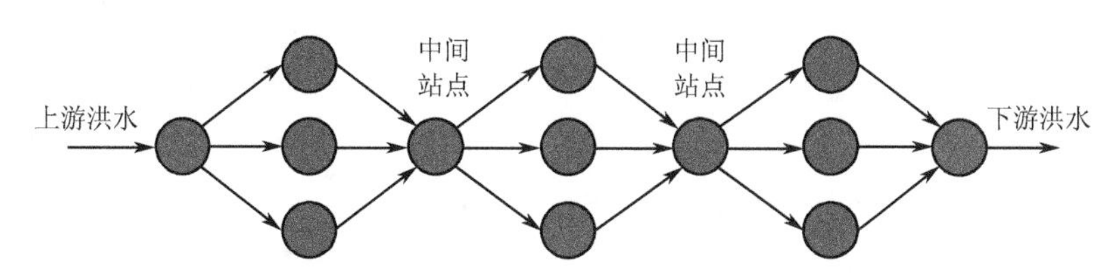

图 7-15 串联模块化洪水智能预报模型示意图

(2)串并联模块化洪水智能预报模型

对于存在旁侧支流的河系,其洪水预报要比单一河道洪水预报复杂得多,需要采用一种并联模块化洪水智能预报模型的方法进行河系洪水预报的改进模式(相对于单一河道)。建立串并联模块化洪水智能预报模型类似于单一河道神经网络模型,不过输入与输出纳入了更多的控制参量。图 7-16 和图 7-17 所示分别为串并联模块化水位智能预报模型和串并联模块化流量智能预报模型。该类模型与单一河道模型相比,网络以干流和各个支流连续的三个时段的水位(或流量)作为网络的输入和输出,赋予了神经网络更多的洪水演进信息,具体如下。

①神经网络模拟了洪水的连续过程。

②在输入项中,上游干流和各个支流通过连续的三个时段的水位(或流量)模拟了上游洪水演进过程中每一时段的变幅;在输出项中,下游干流的连续三个时段的水位(或流量)模拟了下游洪水每一时段的变幅。

③在输入项中,下游干流同时刻的水位(或流量)模拟了洪水演进过程中下游水位(或

流量）对洪水演进的影响。

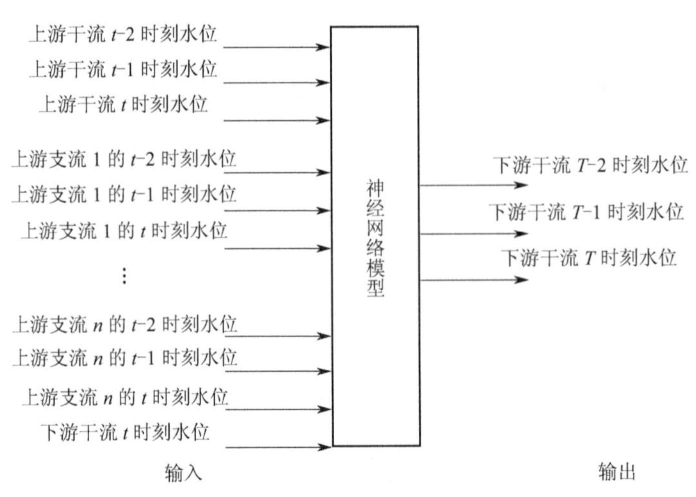

图 7-16　串并联模块化水位智能预报模型示意图（t 为当前时刻，$T-t$ 阶段为预见期，下同）

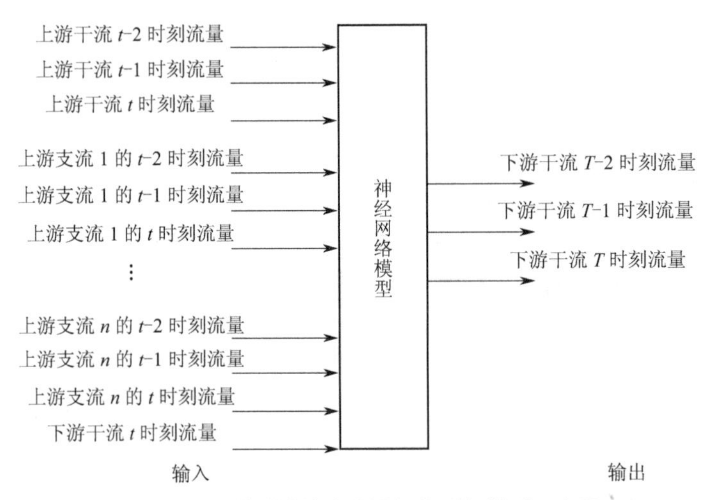

图 7-17　串并联模块化流量智能预报模型示意图

7.2.3　系统应用

洪水智能预报系统以电子地图、专用数据库、水雨情信息、防洪预报相关模型为基本支撑，实现模型与系统的紧密集成，通过人机交互方式，完成水雨情监视、防洪形势分析、水文预报、调度计算、调度方案仿真与可视化、调度方案评价比较等业务功能，以有效支持流域防洪调度决策，如图 7-18 所示。

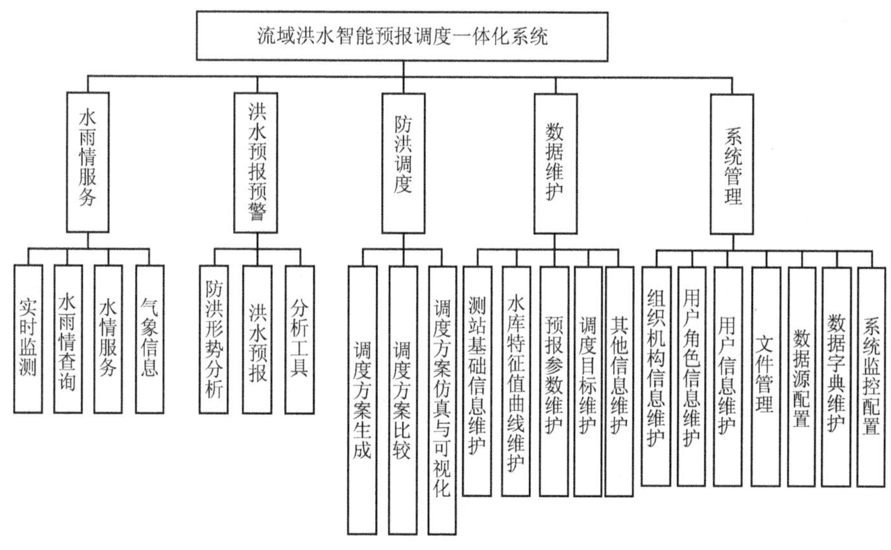

图7-18 流域洪水智能预报调度一体化系统功能结构图

流域洪水智能预报调度一体化系统以满足防洪调度实际需要为目标，兼顾防洪调度工作未来的发展，充分利用现有水文气象预报技术手段、流域各种调度研究成果，通过对洪水预报方案的修订和补充、河湖库调度模型的研究，以实时水雨情数据、工情数据、历史洪水数据、图形数据等信息资源为基础，依托计算机网络环境，遵循统一技术架构，全面建成覆盖流域内主要防洪地区的预报调度系统，为防洪调度指挥决策提供有力支持。

该系统架构采用业界成熟通行的实现方案和技术体系作为设计基础。在设计中以信息安全和行业信息化标准作为基础保障，采用SOA（Service-Oriented Architecture，面向服务的架构）设计思想，对系统进行纵向切分，包括业务应用、基础服务、数据存储三个层面。分类和分层原则是用户可见程度的由浅入深，在切分过程中对具体的应用系统与数据存储通过中间的业务服务体系进行解耦，从而使系统中的业务应用与数据保持相对独立，减少应用系统各功能模块间的依赖关系，通过定义良好的访问接口与通信协议形成松散耦合型系统，在保证系统间信息交换的同时，还能尽可能地保持各系统之间的相对独立运行。

7.3 水资源智能优化调度系统

7.3.1 水资源优化调度模型构建

建立区域水资源优化调度模型，旨在将现有供水工程与新建工程及其输水渠道相结合，按照农业用水、生活用水和工业用水等用水方式将可供水分配给各级用水户，尽可能满足各级用水户的用水需求。

建立水资源优化调度模型时，将水资源供需关系分为供过于求（即丰水）和供不应求（即缺水）两种情况。在丰水情况下，供水工程可以完全满足所有用水户的用水需求，即按照用水户理想需求进行水资源配置；在缺水情况下，则要优先满足生活用水，剩余的水根据该时段各用水户的最小需水量要求按优先级不同比例分配给各用水户，如水量有剩余，要保证当地农业灌溉基本用水，然后满足工业用水和区域内生态环境用水，直到剩余水量为零。

水资源精细化配置涉及水资源的供需平衡分析。进行供水分析时，需考虑当地水源（蓄、引、提工程）来水情况和研究区域水库的补水量，以此确定可供水量。进行需水分析时，涉及农业、生活和工业等三大需水对象，每个对象在各个分区对应不同的用水户。其中，农业需水部分要考虑当地粮食作物（如水稻、玉米等）和经济作物（如甘蔗、蔬菜等）的不同用水需求，同时要考虑种植结构变化对农业灌溉需水产生的影响；生活需水部分要针对城镇居民、农村居民和用水牲畜等不同对象，采用相应的用水定额计算；工业需水要考虑当地各工业部门的用水需求，同时要考虑未来工业业务变更和产值扩大可能会对工业需水产生的影响。在该模型的供需平衡计算过程中，要考虑生态用水和水利过渡安全等因素的影响。

7.3.2 水资源优化调度系统

1. 水资源优化调度方案类型

水资源优化调度通常按照下面两个方案进行。

（1）总供水-分类型供水方案

分析整个研究区域内供需水情况，根据各用水对象（生活用水、农业灌溉、工业需水、生态用水等）需水情况，结合研究区域水库的补水量，合理制定各个用水对象的总体配水方案。

（2）各用水协会配置方案

根据各用水协会内部对应不同用水对象的用水需求，在各用水协会内部进行配置，构建水资源优化配置系统。

2. 水资源优化配置系统分析主要步骤

在上述方案基础上，构建研究区域的水资源优化配置系统，具体分析步骤如下。

①系统范围的界定。

②系统任务分析，主要包括确定所研究典型年、基准年及规划水平年的水量分配方案及精细化配置结果。针对调度运用中存在的问题，充分利用现代水文信息收集技术和水情预报方法，并结合研究区域在各时期的用水特点，进一步优化调度运行方案，挖掘水利工程除害兴利潜力，提出不同情景下研究区域的水资源优化调控方案。

③系统要素的识别与系统概化。

Ⅰ. 水源：包括当地蓄水工程、引水工程、提水工程及当地建设水库供水。

Ⅱ. 用户：包括系统范围内各地区生活用水、农业用水、工业用水、生态用水等用户。

Ⅲ. 输供水工程系统：包括该系统内连通水源与水源、水源与用户的各个连通渠道、闸门、泵站、取水口等。

Ⅳ. 系统约束条件：即为实现系统目标所受的各种限制条件。

Ⅴ. 系统模型建立：在系统概化、目标分析、约束分析的基础上，形成水资源优化调度模型。

Ⅵ. 系统模型求解：系统模型建立起来后，寻找合适的算法，进行程序编制与系统界面设计。

Ⅶ. 系统方案生成：运用软件系统进行优化协调，得到系统最终的水资源优化配置方案。

Ⅷ. 研究区域取水口、泵站等基本信息及技术方案的可视化展示。

7.4　水情遥测智能识别系统

遥感作为现代获取地球空间信息的重要手段，能为防汛抗旱减灾提供有效的空间信息与技术支持。与常规信息获取手段相比，遥感具有监测范围大、监测周期短、获取资料及时、可全天候工作以及经济、客观等优势，且不受地域、灾害和恶劣天气限制的特点使其有能力进行连续不断的动态监测。随着航天技术和地球空间数据获取手段的不断发展，遥感技术正在进入一个全新的飞速发展阶段，已具备全方位为防汛抗旱提供动态、快速、多平台、多时相、高分辨率监测的平台基础和技术条件。

7.4.1　遥感影像洪灾智能识别模型

1. 遥感影像洪灾智能识别模型构建

结合深度学习人工智能算法，构建深度卷积神经网络洪灾智能识别模型，优化模型参数，快速提取灾害风险信息，缩短训练时间，提高识别精度，可作为遥感影像洪灾智能识别技术推广应用。遥感影像洪灾智能识别技术工作流程如图 7-19 所示。

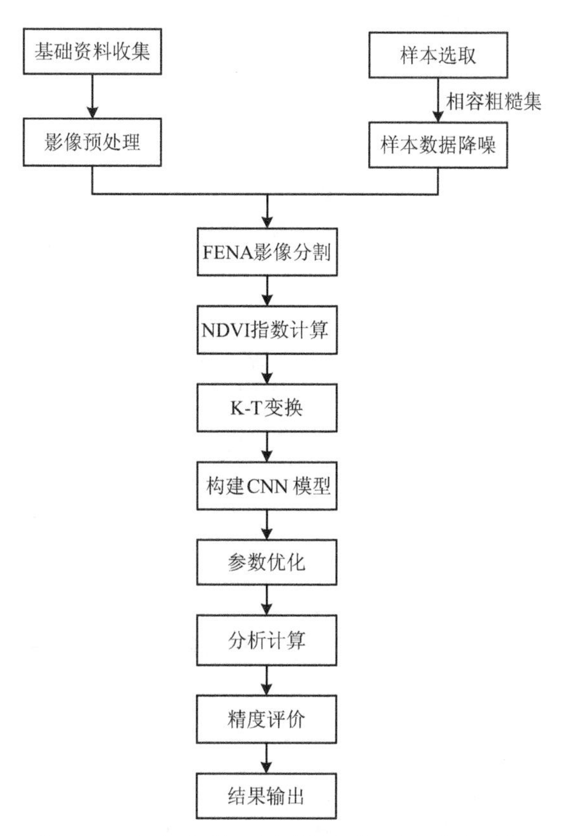

图 7-19　遥感影像洪灾智能识别技术工作流程图

(1)降噪处理

受传感器性能影响,获取的一些遥感图像中会出现周期性的噪声,需对其进行消除或减弱。

(2)辐射定标

卫星传感器是通过接收地面反射电磁波后,根据电磁波间的能量差异生成图像,但电磁波在传播中,由于大气、地形以及太阳位置等因素导致产生误差,从而影响到遥感影像的信息提取。通过辐射定标可以消除这方面影响,确保遥感影像数据精度。这项工作可以持续到卫星运转的整个周期,是一项十分重要的基础工作。

(3)大气校正

大气校正是指通过一定的方法和技术消除由于大气等因素对遥感影像产生的影响,旨在得到遥感影像中地物的真实参数,获得真实数据。然而,传感器精细程度越来越高,对影像大气校正方法的精度要求也相应提高。大气校正主要有基于辐射传输理论、基于图像、基于经验等的方法,在洪灾智能识别中主要采用基于光谱响应函数进行 FLASSH 大气校正试验。

(4)几何校正

卫星上搭载的传感器在获取遥感影像时,由于卫星飞行高度、角度姿态和地球自转等原因导致遥感影像产生几何畸变,致使影像无法准确反映地物特征,对卫星影像几何畸变进行纠正即为几何校正。几何校正通常可分为粗校正和精校正。系统几何校正是采用卫星星历参数等对遥感影像数据进行几何校正,不仅快速、高效,而且几何精度高。

(5)正射纠正

利用已有地理参考数据(影像、地形图和控制点等)和数字高程模型数据(DEM、GDEM),对原始遥感影像进行纠正,可消除或减弱地形起伏带来的影像变形,使遥感影像具有准确的地面坐标和投影信息。

(6)图像增强

为使遥感图像所包含的地物信息可读性更强,感兴趣的目标更突出,需要对遥感图像进行增强处理。不同的遥感数据具有不同的空间分辨率、波谱分辨率和时相分辨率,如果能将它们各自的优势综合起来,可以弥补单一图像上信息的不足,这样不仅可以扩大各自信息的应用范围,而且可以大大提高遥感影像分析的精度。

(7)图像裁剪

①按 ROI 裁剪:根据 ROI(Region of Interest,感兴趣区域)范围大小对被裁剪影像进行裁剪。

②按文件裁剪:按照指定影像文件的范围大小对被裁剪影像进行裁剪。

③按地图裁剪:根据地图的地理坐标或经纬度的范围对被裁剪影像进行裁剪。

(8)图像镶嵌

图像镶嵌也称图像拼接,是将两幅或多幅数字影像(它们有可能是在不同的摄影条件下获取的)拼在一起,构成一幅整体图像的技术过程。

通常先对每幅图像进行几何校正,将它们规划到统一的坐标系中;然后对它们进行裁剪,去掉重叠的部分;最后将裁剪后的多幅影像拼接起来形成一幅大幅面的影像。

（9）图像匀色

在实际应用中，用来进行图像镶嵌的遥感影像，经常来源于不同传感器、不同时相的遥感数据，在进行图像镶嵌时经常会出现色调不一致，这时就需要结合实际情况和整体协调性对参与镶嵌的影像进行匀色。

2. 相容粗糙集样本降噪

相容粗糙集样本数据预处理步骤如下。

①在 ArcGIS 中提取所有训练样本的各波段灰度值，得出样本数据决策表。

②计算该决策表中各样本间的相似度 SIM_A，并得到关于该决策表的相似度矩阵。

③利用该相似度矩阵，依据基于相似划分的粗糙熵定义来进行相似性阈值 τ 的最优计算，得到粗糙熵达到最小值时的 τ。

④根据公式求得每一样本 x 的相容粗糙集，然后计算每个样本 x 的下/上近似集，再计算样本 x 属于各决策类的隶属度。

⑤求得所有样本的下/上近似集和粗糙隶属度后，根据相容粗糙集数据预处理判别规则对所有训练样本逐一进行类别属性判断。先利用样本 x 的下近似集进行分类，下近似集中类别属性过于模糊难以判别的，则利用样本 x 的上近似集进行类别属性判别，根据上近似集判别规则仍无法判别样本的决策属性时，则将该样本从训练数据集中剔除。

3. 基于卷积神经网络的遥感数据信息分类

多尺度特征要素学习已被证实可成功应用于卷积神经网络和其他神经网络结构的场景分类中。多尺度特征要素学习的思想是通过几个不同尺寸大小的上下文场景输入，同时运行几个卷积神经网络模型，将每个模型的输出联合输入到全连接层。具体信息分类类型如下。

（1）单个卷积神经网络分类

单个卷积神经网络分类是在卫星遥感影像中使用单个卷积神经网络进行逐个像素的分类，具体流程如图 7-20 所示。

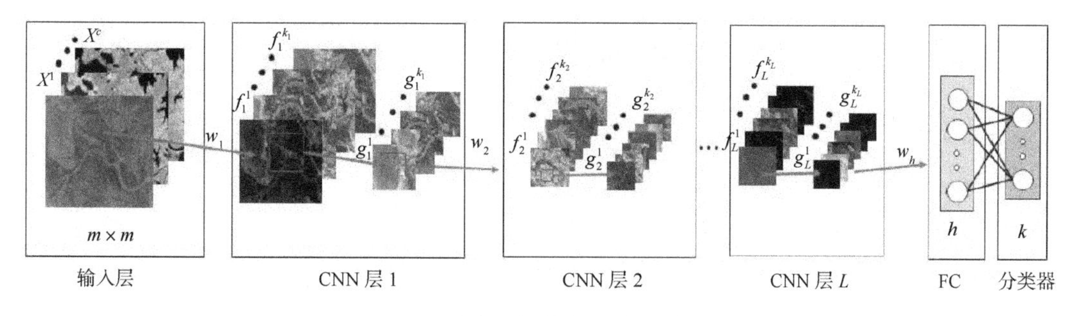

图 7-20　单个卷积神经网络分类流程

首先输入卷积神经网络模型的输入层，其是由 c 个波段组成的遥感影像，其场景大小为 $m\times m$，被分类像元位于中心。整个网络结构包括 L 个标准卷积层和子采样层，最后与一个全连接层（FC）相连，并在分类器处连接。第一个 CNN 层由卷积层和子采样层组成，共有 k_1 个卷积和池化后得到的特征要素。在进行卷积后，非线性激活函数使用了修正线性单元。

由于使用修正线性单元激活函数会造成未饱和输出,因此在进行非线性函数激活后需要进行局部标准化。全连接层输入数据是最后一层子采样层的输出数据。全连接层的输出最后输入分类器中得到最后的分类结果。

(2)多尺度卷积神经网络分类

多尺度卷积神经网络模型是由若干个上下文场景尺度不同的卷积神经网络组成的,其具体结构如图 7-21 所示。其中有 N 个卷积神经网络并行运行,深度为 L 即共有 L 个卷积与池化过程,并且上下文场景大小从 m_1 一直到 m_N。每个卷积神经网络的输出都串联到全连接层,最后全连接层的输出作为分类器的输入数据进行处理。其每个卷积神经网络的参数训练学习与单个卷积神经网络逐像素学习训练一致。

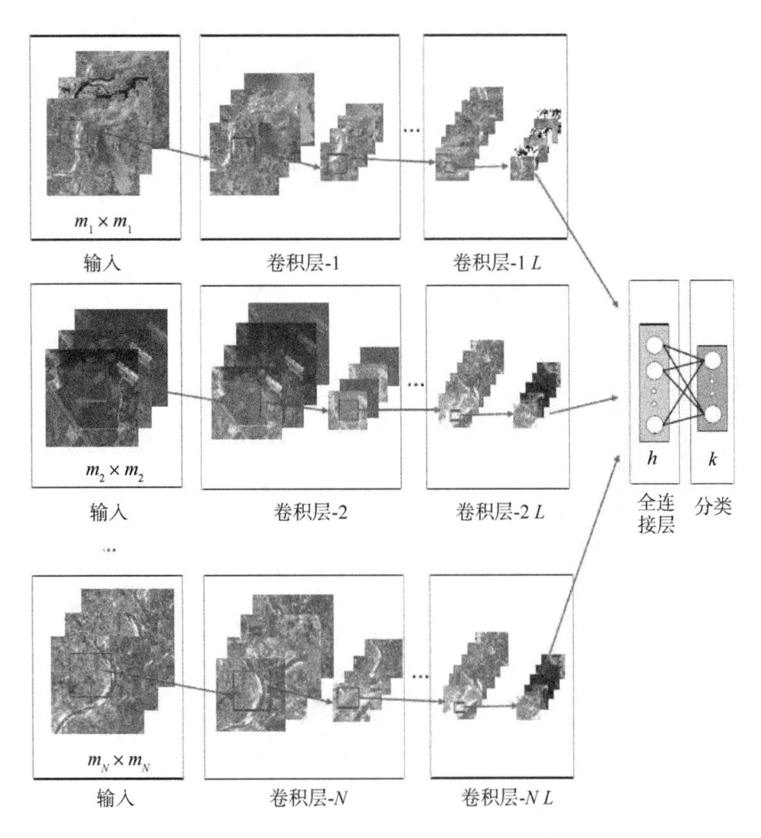

图 7-21 多尺度卷积神经网络结构

4. 遥感影像洪灾智能识别方法

(1)Unet 神经网络

Unet 神经网络是较早使用全卷积网络进行语义分割的算法之一, Unet 神经网络自 2015 年被提出以来,被广泛应用于图像分割,尤其是在生物医学领域。Unet 神经网络是一个左侧下采样、右侧上采样的对称网络结构,由于其网络结构形似“U”形而得名,如图 7-22 所示。Unet 神经网络在 FCN 的基础上进行了改进,使其更加适用于针对小样本的简单分割。Unet 神经网络左侧由 4 个下采样块构成,每个下采样块又包括 3 个卷积层和 1 个最大池化层；Unet 神经网络右侧则对应由 4 个上采样块构成，每个上采样块包括 3 个反卷积层。

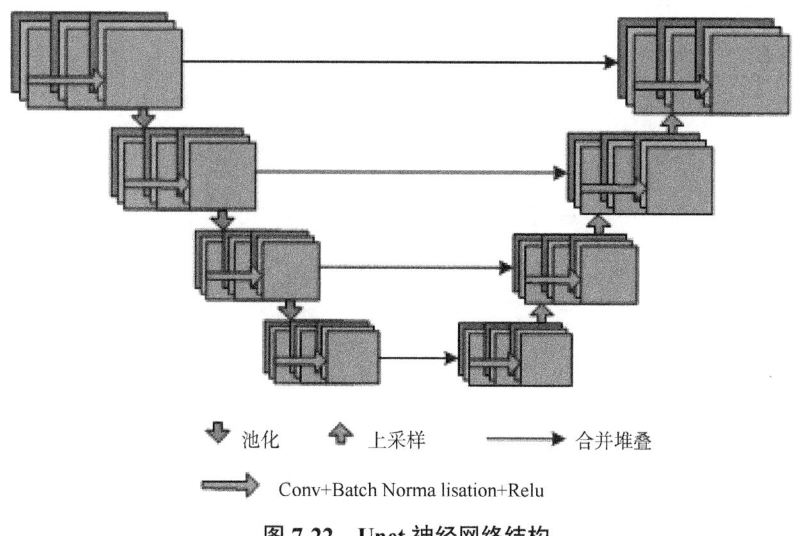

图 7-22　Unet 神经网络结构

Unet 神经网络的一个重要特征为跳层连接，即在上采样的过程中，神经网络会将上一个上采样块的输出结果和下采样过程中的特征图进行融合，所用融合方式为特征图合并堆叠，由于左右两边特征尺寸不一致，所以 Unet 神经网络会对左边较大的特征图进行裁剪，然后同右边的特征图进行合并。

（2）SegNet 神经网络

SegNet 神经网络是一种常见的深度学习语义分割网络，是由编码器网络和其对应的解码器网络共同构成的一个对称网络。其中，编码器网络由卷积层、池化层组成，解码器网络由反卷积层、上采样层和分类器组成。SegNet 神经网络语义分割的原理是遍历图像中的每一个像素点，通过识别像素点类别的方法实现图像的分割。SegNet 模型是基于 VGG16 的前 13 层卷积网络构建编码器的。SegNet 神经网络结构如图 7-23 所示。

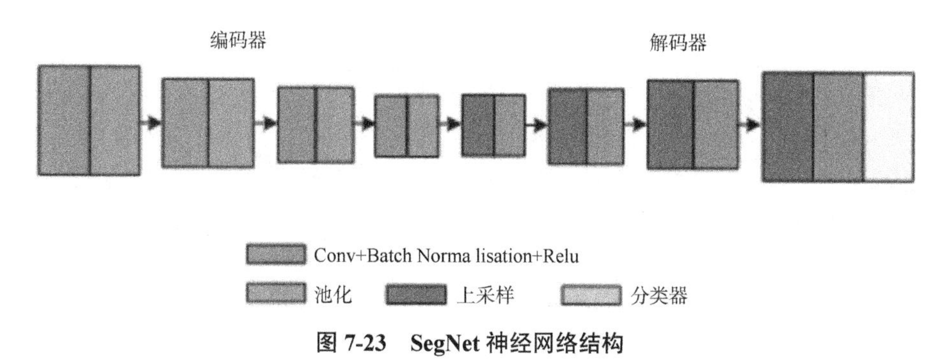

图 7-23　SegNet 神经网络结构

当图像被输入 SegNet 模型时，首先经过编码器网络，即通过卷积网络提取图像特征，并通过池化对图像进行下采样，对下采样后的图像进行尺寸压缩、降维等操作；然后经过解码器网络，即通过反卷积网络重现图像特征，并通过上采样还原图像尺寸、丰富图像信息；最后通过分类器输出分类结果。

(3)DeepLab v3+神经网络

DeepLab v3+是谷歌研究人员基于 DeepLab v3 于 2018 年提出的。该模型通过在编码器部分引入大量空洞卷积改进 DeepLab v3,在不损失信息的前提下,加大了感受野,可以得到更加精准的分割边缘,从而提高语义分割的精度。该结构在语义分割领域表现优异,在 PASCAL VOC 2012 和 Cityscapes 测试集上能够得到 89.0% 和 82.1%的分割精度,同时无须复杂的预处理过程。DeepLab v3+神经网络结构如图 7-24 所示。

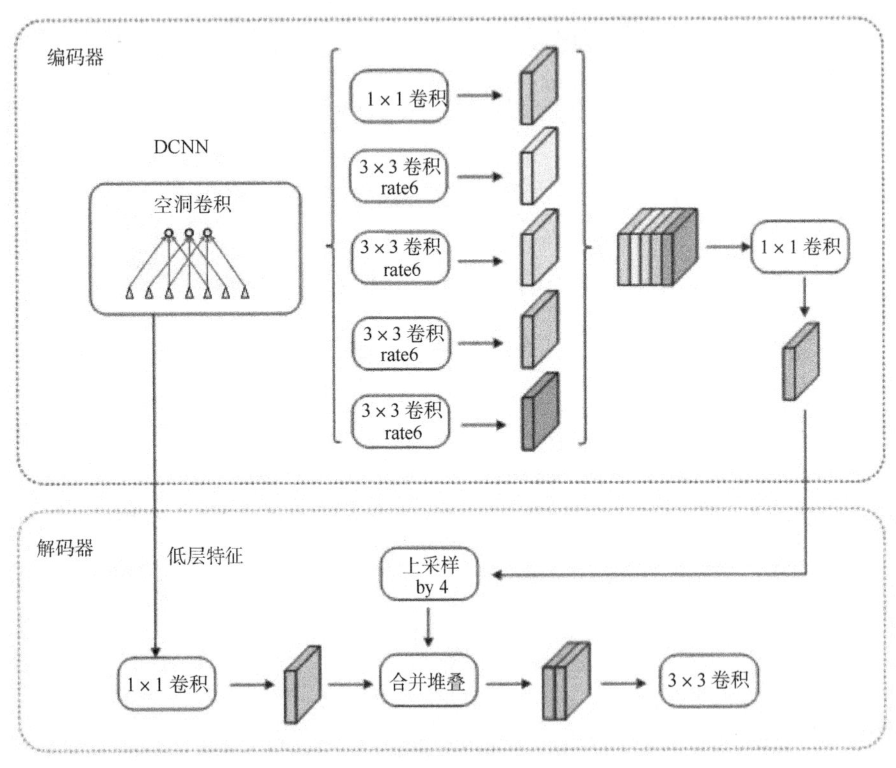

图 7-24 DeepLab v3+网络结构

DeepLab v3+神经网络引入了编码器和解码器结构,其中编码器由下采样模块组成,解码器由上采样模块组成。DeepLab v3+神经网络的下采样模块负责实现对特征图的特征提取,在此过程中会缩小图像的尺寸和减少特征映射,上采样模块通过反卷积的方式恢复特征图尺寸,然后输出分割结果。DeepLab v3+神经网络通过使用几个并行的且速率不同的空洞卷积构建了空间金字塔池化(ASPP)模块,该模块能够用来捕获丰富的语义信息,通过对不同分辨率的图像进行特征池化来实现。

(4)ResNet50-SegNet 神经网络

为了解决在神经网络学习过程中出现的梯度爆炸、梯度消失和退化问题,有学者提出在网络中使用批标准化层和残差结构。残差结构可以让神经网络的某些层跳过下一层神经元的连接,以弱化每层之间的强联系,使其隔层相连,从而在一定程度上减轻退化问题。基于网络中的残差结构,该神经网络也被称为残差网络(ResNet)。根据网络深度的不同,ResNet

神经网络有 5 个系列，分别是 ResNet18、ResNet34、ResNet50、ResNet101 和 ResNet152，如图 7-25 所示。其中，ResNet 后面的数字即为网络层数，ResNet50 即代表其是具有 50 层网络的残差网络。

层名称	输出尺寸	18 层	34 层	50 层	101 层	152 层
convl	112 × 112	7 × 7, 64, stride2				
conv2_x	56 × 56	3 × 3 最大池化, stride2				
		$\begin{bmatrix}3\times3, 64\\3\times3, 64\end{bmatrix}\times2$	$\begin{bmatrix}3\times3, 64\\3\times3, 64\end{bmatrix}\times3$	$\begin{bmatrix}1\times1, 64\\3\times3, 64\\1\times1, 256\end{bmatrix}\times3$	$\begin{bmatrix}1\times1, 64\\3\times3, 64\\1\times1, 256\end{bmatrix}\times3$	$\begin{bmatrix}1\times1, 64\\3\times3, 64\\1\times1, 256\end{bmatrix}\times3$
conv3_x	28 × 28	$\begin{bmatrix}3\times3, 128\\3\times3, 128\end{bmatrix}\times2$	$\begin{bmatrix}3\times3, 128\\3\times3, 128\end{bmatrix}\times4$	$\begin{bmatrix}1\times1, 128\\3\times3, 128\\1\times1, 512\end{bmatrix}\times4$	$\begin{bmatrix}1\times1, 128\\3\times3, 128\\1\times1, 512\end{bmatrix}\times4$	$\begin{bmatrix}1\times1, 128\\3\times3, 128\\1\times1, 512\end{bmatrix}\times8$
conv4_x	14 × 14	$\begin{bmatrix}3\times3, 256\\3\times3, 256\end{bmatrix}\times2$	$\begin{bmatrix}3\times3, 256\\3\times3, 256\end{bmatrix}\times6$	$\begin{bmatrix}1\times1, 256\\3\times3, 256\\1\times1, 1\,024\end{bmatrix}\times6$	$\begin{bmatrix}1\times1, 256\\3\times3, 256\\1\times1, 1\,024\end{bmatrix}\times23$	$\begin{bmatrix}1\times1, 256\\3\times3, 256\\1\times1, 1\,024\end{bmatrix}\times36$
conv5_x	7 × 7	$\begin{bmatrix}3\times3, 512\\3\times3, 512\end{bmatrix}\times2$	$\begin{bmatrix}3\times3, 512\\3\times3, 512\end{bmatrix}\times3$	$\begin{bmatrix}1\times1, 512\\3\times3, 512\\1\times1, 2\,048\end{bmatrix}\times3$	$\begin{bmatrix}1\times1, 512\\3\times3, 512\\1\times1, 2\,048\end{bmatrix}\times3$	$\begin{bmatrix}1\times1, 512\\3\times3, 512\\1\times1, 2\,048\end{bmatrix}\times3$
	1 × 1	平均池化, 1 000-d fc, 分类				
FLOPs		1.8×10^9	3.6×10^9	3.8×10^9	7.6×10^9	11.3×10^9

图 7-25　不同网络深度 ResNet 神经网络

ResNet50 的最大特点是其深度，50 层的卷积神经网络能够使它学习更加复杂的特征，从而提高精度和准确率。此外，ResNet50 作为 ResNet 的优秀分支，同样使用残差块，每个残差块包含两个卷积层和一个跳跃连接。跳跃连接将输入直接传递到输出，从而避免了梯度消失的问题。ResNet50 的另一个特点是它使用了全局平均池化层，这个层将每个特征图的所有像素的平均值作为该特征图的输出，其作用是减少模型的参数数量，从而减少过拟合的风险。

ResNet50 在图像分类和识别方面的性能要优于 VGG16。为了提高洪涝遥测智能识别的精度，将 SegNet 神经网络的编码器部分由之前的 VGG16 替换为表现更加优异的 ResNet50。

5. 遥感影像洪灾智能识别评价指标

模型评价指标都是在混淆矩阵的基础上进行计算的。所谓混淆矩阵，也称误差矩阵，是用于评估模型精度的一种常用方式，特别适用于可视化评估监督分类算法的性能。混淆矩阵通过将每个位置的真实像元值和预测的分类值相比进行精度评估。混淆矩阵一般表现为(n_classes，n_classes)大小的矩阵，其中 n_classes 表示分类的数量。当 n_classes 为 2 时，混淆矩阵为常规二分类混淆矩阵，见表 7-1。

表 7-1 分类混淆矩阵

		预测值	
		P	N
真实值	P	TP	FN
	N	FP	TN

注:TP(True Positive)表示真正,即实际为正,预测结果也为正的一类结果;
FP(False Positive)表示假正,即实际为负,但预测时错误地判定为正的一类结果;
FN(False Negative)表示假负,即实际为正,但预测时错误地判定为负的一类结果;
TN(True Negative)表示真负,即实际为负,预测结果也为负的一类结果。

(1)准确率(Accuracy)

准确率表示模型正确预测的比例,即预测正确的样本数占总体样本数的比例,其计算公式为

$$Accuracy = \frac{TP + TN}{TP + FP + FN + TN} \tag{7-27}$$

(2)精确率(Precision)

准确率表示模型预测结果和实际都为真的样本数占预测为真样本数的比例,其计算公式为

$$Precision = \frac{TP}{TP + FP} \tag{7-28}$$

(3)平均交并比(mean Intersection-over-Union , mIoU)

平均交并比是对每一类交并比求和平均的结果,其计算公式为

$$mIoU = \frac{1}{2}\left(\frac{TP}{TP + FN + FP} + \frac{TN}{TN + FP + FN}\right) \tag{7-29}$$

(4)Kappa 系数

Kappa 系数是基于混淆矩阵计算得到的一个用于一致性检验的系数,该系数可以用于衡量分类精度,其计算公式为

$$Kappa = \frac{Accuracy - p_e}{1 - p_e} \tag{7-30}$$

其中

$$p_e = \frac{(TP + FP)\cdot(TP + FN) + (FP + TN)\cdot(FN + TN)}{(TP + FP + TN + FN)^2}$$

Kappa 系数的计算结果为-1~1,但通常 Kappa 值在 0~1,且可分为五组来表示不同级别的一致性: 0.0~0.20 极低的一致性、0.21~0.40 一般的一致性、0.41~0.60 中等的一致性、0.61~0.80 高度的一致性和 0.81~1 几乎完全一致。

7.4.2 水情遥测智能识别技术应用

以黄河宁夏段的青铜峡至石嘴山河段为例,对其进行基于遥感数据的洪灾智能识别。黄河宁夏段自宁夏中卫市沙坡头区南长滩翠柳沟入境至石嘴山市头道坎麻黄沟出境,全长

397 km，约占黄河总长的 1/14。黄河宁夏段洪水主要来自上游吉迈至唐乃亥和循化至兰州区间，宁夏境内汇入黄河的支流主要有清水河、红柳沟、苦水河等。该河段防洪标准为 20 年一遇，设计洪峰流量为 5 620 m³/s，河道流量为 2 200 m³/s，河宽为 500 m。根据石嘴山水文站多年洪水资料分析，大洪水多发生在 7 月和 9 月，8 月发生的多为一般洪水，整个汛期洪水历时约 45 天。7 月洪水一般峰形较尖瘦，流量保持在 5 000 m³/ s 以上的时间平均为 4 天；9 月洪水一般峰形较肥胖，峰量关系较好，流量保持在 5 000 m³/ s 以上的时间平均为 7 天。

遥感智能识别技术所使用的 Landsat 8 影像数据均来自美国地质调查局（USGS）官方网站，研究区域原始遥感影像如图 7-26 所示。

图 7-26　研究区域原始遥感影像

1. NDWI 计算

归一化差分水体指数（Normalized Difference Water Index，NDWI）是由美国学者 McFeeters 于 1996 年提出的水体指数，通过对遥感影像数据中某些特定波段进行计算，即归一化差值处理，增强遥感影像中的水体信息。NDWI 通过计算遥感影像中绿光波段和近红外波段的比值抑制植被等信息，凸显遥感影像中的水体特征，其计算公式为

$$NDWI=\begin{cases}\dfrac{G-NIR}{G+NIR} & G\geqslant NIR\\ 0 & G<NIR\end{cases} \tag{7-31}$$

式中：G、NIR 分别表示绿光波段、近红外波段影像。

2. 缨帽变换

缨帽变换是一种线性变换，最早由 Kauth 和 Thomas 在 1976 年研究植被、农作物生长的试验中发现，通过正交线性变换能将地物的光谱特征变换到新的特征空间中，从而反映其特性，MSS 图像的四个波段经过正交变换后，其中植被和农作物的光谱点分布形状类似于帽子，因此得名缨帽变换，又称为 K-T 变换。

缨帽变换能够消除多光谱遥感影像中各类地物间的光谱特性影响，已经广泛用于遥感影像的特征提取领域、可视化领域以及进行生物量估算等。其计算公式为

$$u=R^{\gamma}x+r \tag{7-32}$$

式中：u 表示经过变换之后的波段灰度值；R 表示 K-T 变换系数；x 表示各个波段灰度值；r 表示为防止出现负值增加的一个常数值，表示偏移量。

多光谱遥感影像经过缨帽变换后得到六个分量，其中第一个分量代表亮度，第二个分量代表绿度，第三个分量代表湿度。湿度分量（KT3）能够反映地表的湿度含量分布状况，对于湿地信息提取有很大参考价值。

3. FNEA 分割

分形网络演化方法（Fractal Net Evolution Approach，FNEA）是由 Baatz 与 Schape 提出的，针对高分辨率遥感影像利用空间信息与光谱信息进行影像分割，通过区域生长和区域合并将相似区域对象合并得到影像分割结果。FNEA 通过设置参数阈值调节影像得到分割结果，是一种自下而上的区域合并，区域合并的条件是相邻两个对象异质性是否达到阈值。将遥感影像输入后进行第一次分割，计算特征相似且相邻两个对象间的异质性测度，若小于阈值则进行区域合并，若大于阈值则不合并，重复计算直至分割结果中每个对象与相邻对象异质性测度都大于阈值为止。

4. 深度卷积神经网络模型构建

选取训练样本构建基于 DCNN 遥感信息的识别模型。选用 32×32、64×64、128×128 三种不同尺度对遥感影像进行训练。DCNN 共有 9 层，第一层输入层，后接 3 个卷积层和 3 个降采样层，卷积层与降采样层交替，最后两层为 1 个全连接层和 1 个输出层，如图 7-27 所示。

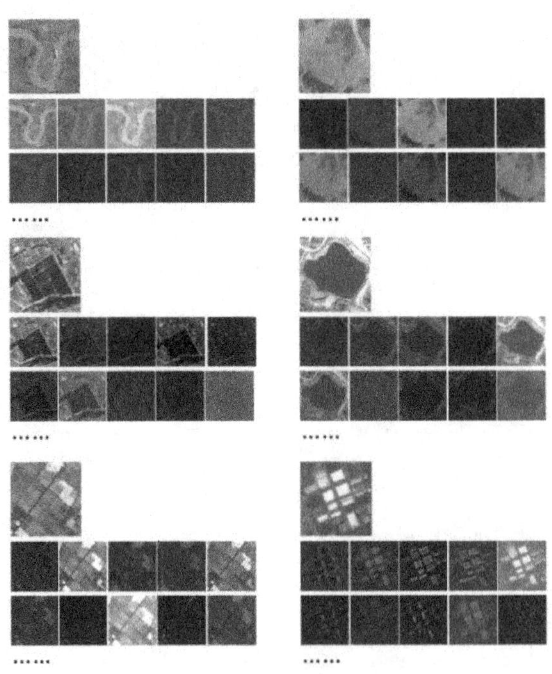

图 7-27 训练样本特征图

经过计算分析，对原始遥感影像进行智能识别，最终提取结果如图 7-28 所示。提取水体的形状基本与原始影像上的水体保持一致，对于细小水体的提取效果较好。

图 7-28　遥感洪灾智能识别结果

5. 洪灾风险识别结果分析

根据实地调查,选取研究区域内200个水体样本点,分别用总体分类精度、Kappa系数、错分误差、漏分误差、制图精度、用户精度共六个指标来评价单波段阈值法、水体指数法以及深度卷积神经网络法的水体识别效果,具体见表7-2。

表 7-2　洪灾风险识别方法精度评价对比表

方法	总体分类精度	Kappa 系数	错分误差	漏分误差	制图精度	用户精度
单波段阈值法	81.323%	0.813%	28.233%	29.655%	81.483%	81.434%
NDWI	85.636%	0.857%	13.287%	15.825%	84.746%	85.732%
DCNN	92.369%	0.896%	7.347%	11.356%	88.243 478%	93.277%

从表7-2可以看出,深度卷积神经网络识别水体效果最好,其次是NDWI方法,单波段阈值法提取水体的精度最低。本研究中,首先根据影像中洪水的特点,在多源数据提取水体的基础上,利用相容粗糙集理论对样本数据进行降噪处理,有效剔除了数据中的噪声数据影响。同时,多尺度卷积神经网络模型大大减少了神经网络训练时间,提高了训练的成功率,从而使分类精度有了显著提升。

7.5　小结

随着全国山洪灾害调查评价、水文测验、遥感遥测和高分辨率地形等构成的遥感水文大数据日益丰富,实现了遥感水文监测从点到面的转变以及从静态到动态的拓展,为解决复杂水文现象问题,发展新型水文模型提供了全新途径,基于人工智能技术和大数据驱动新一代水文模型成为水文及水资源领域研究的热点。本章第一节介绍了不同水文及水资源领域所用的不同人工智能理论和方法;第二节主要针对洪水智能预报系统,重点阐述了水文预报模型和洪水智能预报模型的构建,对系统架构和功能进行了简单介绍;第三节简要阐述了水资源优化调度模型的构建和水资源智能优化调度系统的架构;第四节在阐述各种遥感影像洪灾智能识别模型构建过程和模型评价指标的基础上,以黄河宁夏段的青铜峡至石嘴山河段为例,对其进行了基于遥感数据的洪灾智能识别,获得了较高的识别精度。

第8章　大型水库灌区智慧系统示范

8.1　区域概况

广西左江治旱驮英水库及灌区工程为国务院确定的172项节水供水重大水利工程之一。该工程地处广西三大旱片的左江旱片，驮英水库位于明江支流公安河上游河段，下距宁明县城115 km，是全国大型水库规划和珠江流域规划建设重点项目。驮英灌区工程涉及崇左市下辖的江州区、扶绥县和宁明县，包括21个乡镇127个行政村。该工程建设以灌溉、供水为主，兼顾发电等综合利用。水库正常蓄水位为226.50 m，总库容为2.28亿立方米，有效库容为1.51亿立方米，最大坝高为72.20 m，电站装机为20.60 MW，多年平均发电量为$5\,229 \times 10^4$ kW·h，多年平均供水量为1.73亿立方米。灌区由宁明灌片、江州灌片、东门灌片和客兰灌片组成，设计灌溉面积为84.12万亩，其中新增灌溉面积32.50万亩，恢复灌溉面积21.87万亩，改善灌溉面积29.75万亩。其中包括5条干渠、64条支渠及渠系和田间工程，干渠总长243.36 km，支渠总长442.67 km。

该工程建成后，可为广西中国-东盟青年产业园和崇左工业区供水15.50×10^4 m³/d，同时能够有效解决区域内39.12万人口饮水不安全问题，灌区粮食年均增产约14.80万吨、农业产值年均增加9.94亿元，经济、社会效益显著，是广西实现新增50亿斤粮食不可缺少的项目，对提高广西粮食自给水平和保障区域粮食安全意义重大，对改善边疆少数民族地区人民的生活水平、增进民族团结、兴边富民、巩固边疆等均具有重要意义。

由于本项目具有工程体系构成多、干支渠线路长、工程监测要求精度高和实时性、工程调度与控制技术难、施工质量保障风险大、业务应用需求范围广、工程运行管理难度大、自动化程度要求高等特点，在整个项目的建设和后期运行管理过程中，将会面临诸如施工期的工程全要素信息化高效管理和工程质量智能化监控，以及项目建成后的工程安全运行、工程自动控制、水资源优化调度、防汛应急指挥决策、工程智能化管理与运行维护等一系列复杂的技术和管理难题。因此，需要利用数据自动采集技术、无线实时传输技术、高分辨率遥感监测技术、大坝安全高精度传感技术、北斗定位技术、大数据管理和挖掘技术、数据信息智能提取与综合技术、工程施工动态监控仿真技术、工程信息三维动态展示技术等高新、前沿的信息技术手段，来解决工程建设和管理过程中所面临的这些难题，全方位提升工程建设与运行维护管理的技术水平与工作效率，保障工程建设与运行管理安全。同时，系统建设有利于进一步提升水资源综合利用效率和效益，促进水质保护和生态安全，为建设灌区亲水性健康河湖环境提供保障。

8.2　智慧系统框架

驮英水库及灌区综合管理信息系统的总体框架由七个层面、两大保障体系、四类服务对象共同构成，其中七个层面包括信息采集、信息传输、计算机网络、数据资源、应用支撑、业务应用和应用交互；两个保障体系包括信息安全体系和标准规范体系；四类服务对象包括水行政主管部门、取用水户和政府相关职能部门、社会公众等。该系统各个组成部分间由标准化的协议与接口结合为一个有机的整体，其总体框架如图 8-1 所示。

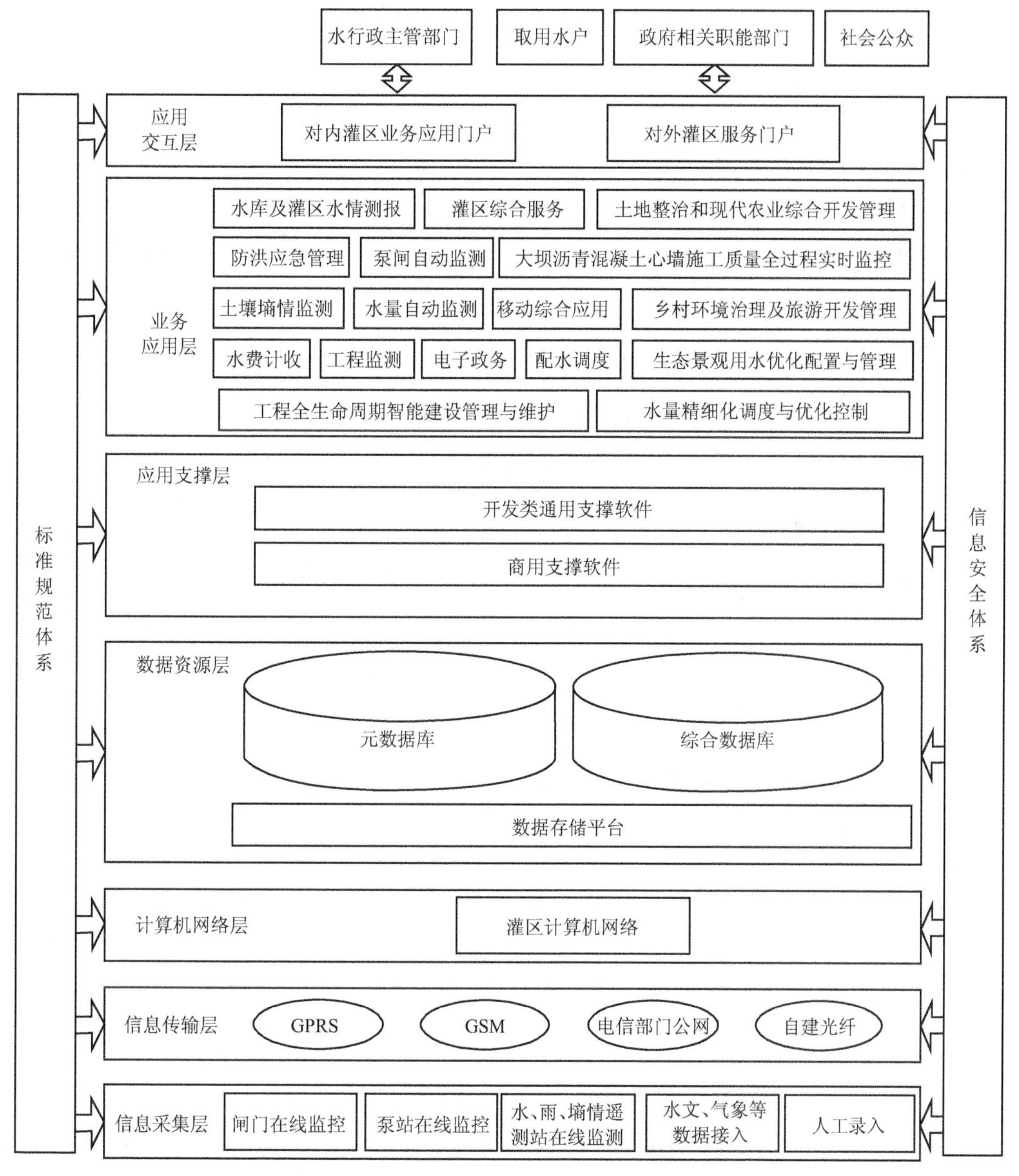

图 8-1　驮英水库及灌区综合管理信息系统总体框架

1. 信息采集层

数据是整个信息化系统的根基,该系统涉及的数据资源需要整理录入或者实时动态监测,这些信息不仅包括水情、雨情、墒情以及水量等遥测站监测信息,还包括闸门、泵站、大坝等工程的视频监控信息,同时需要接入气象信息和历史水文信息。不同的数据类型或者数据内容,其数据内容、采集工具和处理过程不同。所有与数据相关的接入过程均包括在信息采集层中,这些数据资源需按规约或一定的格式通过特定的传输途径接入整个信息化系统中,供相关的业务系统整合使用。

2. 信息传输层

信息传输层主要是为中心站与管理所、现场监控(监测)站之间的数据、图像等各种信息提供可靠的传输通道,完成所采集及监测数据的传输。依据数据的内容、获取频次、数据量、时效性、安全性、成本等要求,不同的数据类型选取不同的传输媒介,包括 GPRS、GSM、电信部门公网、自建光纤等。

3. 计算机网络层

计算机网络层为各子系统提供基础性的网络平台支撑,以中心站为中心,采用统一的主流协议和星形拓扑结构,为水库及灌区信息采集、传输、处理、服务与共享提供主要的基础支撑平台和网络环境。

4. 数据资源层

数据资源层是在数据存储管理平台的基础上,对各类数据进行存储、管理、维护,是保障整个信息系统完整构建以及良好运行的决定性因素。需要采取面向对象的数据建模理论与方法,对驮英水库及灌区工程的信息资源进行整体规划,建设大数据综合管理数据库,以实现数据资源的空间、属性、业务关系的一体化管理。

5. 应用支撑层

应用支撑层采用多种先进技术相结合的方式,为驮英水库及灌区工程各业务应用提供统一的技术架构和运行环境,为上层应用建设提供基础框架和底层通用服务,为数据存取和数据集成提供运行平台,相关建设内容包括软件环境建设、统一的数据共享与交换、数据维护与管理系统、应用服务平台以及二/三维一体化基础平台等。

6. 业务应用层

业务应用层由水库及灌区水情测报、土壤墒情监测、水量自动监测、工程监测、灌区综合服务、配水调度决策支持、水费计收、防洪应急管理、泵闸自动监控、电子政务、移动综合应用、土地整治和现代农业综合开发管理、乡村环境治理及旅游开发管理、水量精细化调度与优化控制、生态景观用水优化配置与管理、大坝沥青混凝土心墙施工质量全过程实时监控、工程全生命周期智能建设管理与维护等共 17 个业务应用组成,是综合运用联机事务处理技术、组件技术、地理信息系统(GIS)、决策支持系统(DSS)等,与灌区专项业务相结合,构建的先进、科学、高效、实用的灌区业务应用系统。

7. 应用交互层

针对面向用户对象的不同,应用交互层可分为对内和对外两种类型的门户,对内主要是工程管理单位、水行政主管部门的用户,对外主要是面向取用水户、政府相关职能部门以及其他的社会公众用户。

8. 标准规范体系

标准规范体系是支撑综合管理信息系统建设和运行的基础，是实现应用协同和信息共享的需要，是节省项目建设成本、提高项目建设效率的需要，是系统不断扩充、持续改进和版本升级的需要，系统设计和建设应遵循水利信息化计算机网络类、数据类、通信类、运行管理类的相关标准和规范。

9. 安全保障体系

安全保障体系是保障系统安全应用的基础，包括物理安全、网络安全、信息安全及安全管理等。

8.3 大型灌区智慧系统功能

8.3.1 水情测报系统

水情测报系统为驮英水库及灌区的水情信息提供一个信息展现、分析与整理的平台。其中，驮英水库水情信息包含 9 个遥测站（1 个水库站、1 个水文站和 7 个雨量站），驮英灌区水情信息包含 53 个遥测站（2 个水文站、1 个水位站、40 个水库站和 10 个雨量站），除新建的驮英水库 1 个水文站和 1 个水库站直接与中心站传输数据外，其余 60 个遥测站数据均通过原有的数据传输通道发送至崇左市水文局并共享至崇左市水利局，灌区综合信息管理系统通过接入崇左市水利局水情信息平台调取数据。

水情测报系统包括数据接收与处理、动态数据监测、在线预警和数据统计查询四个功能模块，系统在水库及灌区水情信息的基础上，对数据信息进行展现、分析与整理，直观地反映灌区状况。水情测报系统的功能结构如图 8-2 所示。

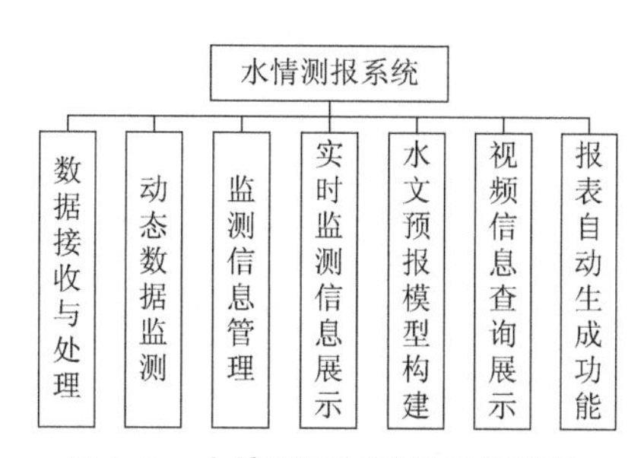

图 8-2 水情测报系统的功能结构

水情测报系统能够在一个地图平台下叠加水情监视。实时水情查询分析系统可以实现在电子地图上动态监视各水位站的水位，同时能对超标站点进行不同颜色的区分；按用户给定的类型、站点、时间等多条件自由组合，生成各种时段水位报表、过程线、日水位报表、过程线等；实现信息以快速、直观、多层次的方式展示。

水情测报系统通过提取数据库中的数据，基于 GIS 平台和数据库技术，采用模块化设计，自动、快捷地在电子地图和表格中展现水情信息，并提供文件的导出和打印功能，实现对各分布站点的水情信息的实时查询。

8.3.2 水量自动监测系统

灌区水量自动监测系统以灌区 62 个水量监测站监测数据为基础,实现水量数据的自动收集、统计、计算、分析、整编和存档,为灌区配水调度提供决策依据。中心站可以对水量监测站发送参数设置、召测数据和时段数据查询等遥控指令,随时掌握灌区的水量动态变化。

灌区水量自动监测系统包括通信设置、数据接收与处理、动态数据监测、监测信息管理、在线预警和信息查询等六个功能模块。该系统的功能结构如图 8-3 所示。

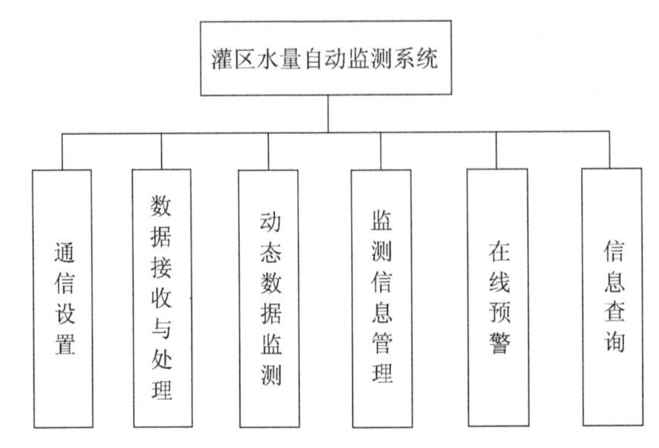

图 8-3 灌区水量自动监测系统的功能结构

1. 通信设置

通过通信设置功能模块,实现中心站与水量监测站 RTU 建立通信连接,并测试连接,将通信配置信息保存在 RTU,为数据采集和发送提供通信支撑。经过通信配置,中心站可向水量监测站发布命令,以完成不同的业务功能,主要包括校对监测站时钟、读取实时数据、读取自记数据和动态配置监测站参数等。

2. 数据接收与处理

数据接收与处理功能模块完成水量自动监测数据的接收和处理,主要包括信息接收、信息转换和信息存储等功能。

3. 动态数据监测

动态数据监测功能模块主要实现基于 GIS 的图形化工具,将各种实时监测信息、空间信息和属性信息有机结合在一起,以各种直观的图形图表形式,形象而精确地表达各类灌区实时监测信息,实现水量监测站点监测的水位、流量以及前日用水量信息查询功能。

4. 监测信息管理

监测信息管理功能模块包括测站基本信息管理、监测数据月平均畅通率管理、共享数据月平均畅通率管理、设备无故障时间查询、异常数据管理、监测数据维护、数据异常规则设置等。

5. 在线预警

在线预警功能模块主要实现当水量监测站水位信息达到预警值时,报警模块能以红灯闪烁和声音等形式在电子地图上自动报警,以提示工作人员采取应对措施。

6. 信息查询

信息查询功能模块主要以精确查询、模糊查询等方式,满足工作人员在实时监视的基础上更深入地了解相关情况的发展,具有统计汇总功能,查询结果可以列表、图形等形式给出,并与地理信息系统相结合,提供显示、导出、保存、打印等输出方式。

8.3.3　水资源调度决策支持系统

1. 业务结构

灌区配水调度决策支持系统主要立足于水资源配置模型的建立以及配水调度业务决策支持,为决策者提供多角度、可选择的水资源配置、调度方案,供决策参考。配水调度决策支持系统的业务结构分为支撑信息、水资源配置模型、调度管理与决策支撑三层,具体如图 8-4 所示。

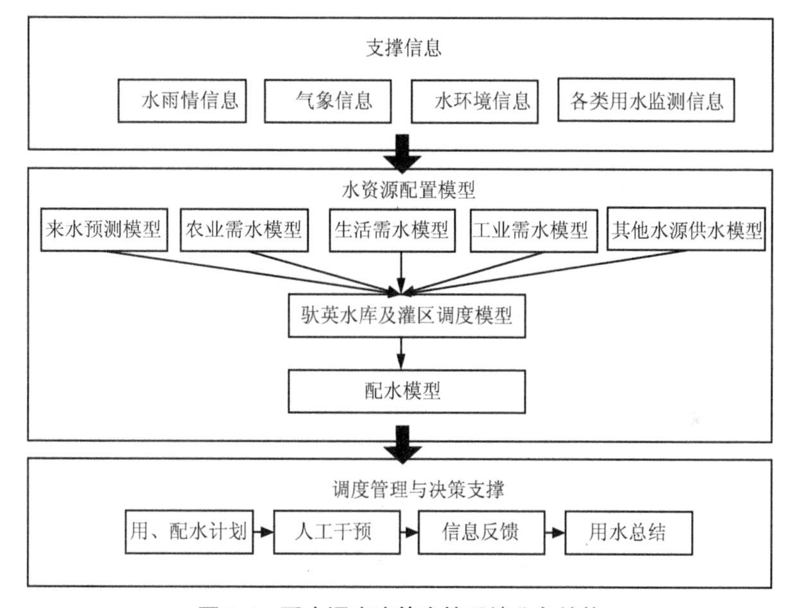

图 8-4　配水调度决策支持系统业务结构

2. 功能结构

根据业务分析,配水调度决策支持系统在功能上分为参数管理、辅助信息查询、预测模型管理、配水调度管理和用水总结等五个功能模块,系统功能结构如图 8-5 所示。

(1)参数管理

1)基础参数管理

基础参数管理是对基础参数的维护和管理,基础参数由不经常改变的参数组成,包括渠系、渠段、管理所、中心站、所属市(县)、用水单位等。

2)专用参数管理

专用参数管理是完成对专用数据的增加、修改、删除和查询等操作。专用参数指配水计划制定中使用的参数,如配水定额、田间利用系数、渠系利用系数、灌溉面积、工业和城镇供水计划流量、发电用水计划流量等。

(2)辅助信息查询

辅助信息查询是从数据库中获取预测模型所需的各种参数数据,包括驮英水库和灌区内的干、支渠的基本信息;驮英水库库区、灌区各个降雨站点和水文站点的降雨和水位资料;灌区内日最高、最低、平均温度,日照时数,相对湿度,风速等气象信息;水环境信息;用水量信息等。同时,将防洪应急管理系统提供的洪水调度信息作为配水调度的决策参考。

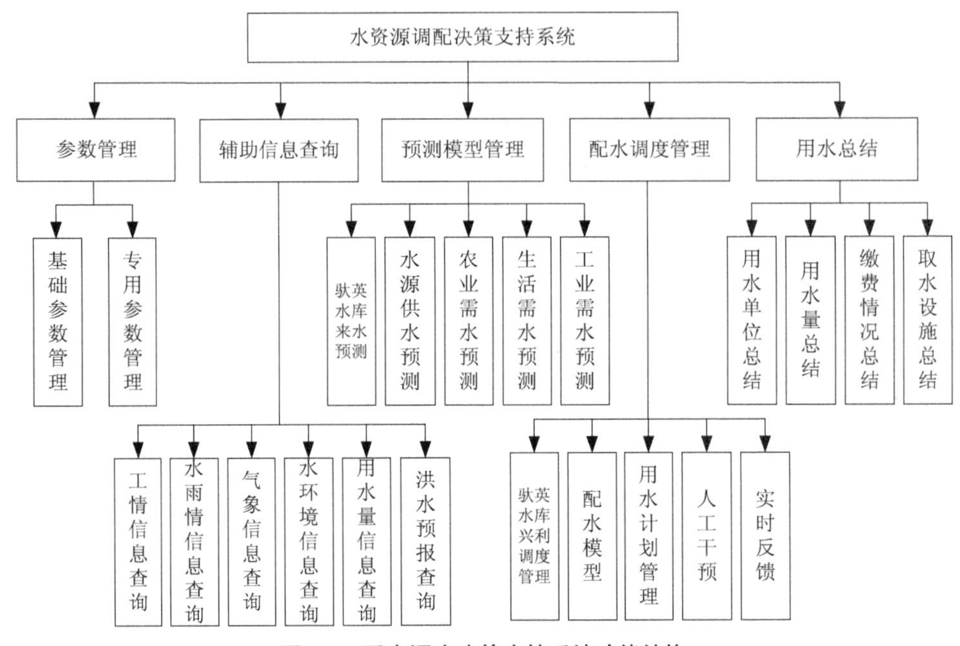

图 8-5 配水调度决策支持系统功能结构

(3)预测模型管理

预测模型包括可供水量预测和需水预测两部分,供水方面除驮英水库作为主要水源外,灌区内其他一些中小型水源也可提供一部分水资源;需水预测则从农业、生活、工业三个方面对需水量进行预测。

(4)配水调度管理

1)驮英水库兴利调度管理

驮英水库承担灌溉、发电、工业及城镇供水等兴利任务,水库的可供水量必须综合考虑防洪调度和供水调度两个方面。在水库水位等监测信息的基础上,根据入库径流预报过程线及各用水户需水量预报过程,在不同水平年用水保证率和水库各条兴利及防洪调度控制线的约束下,以保证防洪安全为前提,以弃水量最少或供水最大为目标,建立水库优化调度模型,确定各用水户的可供水量。

2)配水模型

对驮英水库可供农业灌溉水量和农业灌溉需水量进行对比,当水库可供水量大于农业灌溉需水量时,水库实际向灌区提供的灌水量为农业灌溉需水量,利用农业需水预测模型确定灌区的灌水量、灌溉起始日期、灌溉终止日期及灌溉流量。当季节性干旱发生时,灌区用水不能满足供需平衡,则对灌水时间和灌水流量进行调整,如仍不能满足要求,灌区灌水量基于驮英水库可供农业灌溉水量，对各级渠道的灌水量按相应规则进行调整和分配。

3）用水计划管理

以配水模型预测灌水定额和各级渠道的灌溉日期、时间、流量、水量为基础，划分轮灌组，建立渠系动态配水模型，最终形成动态用水计划，并确定各级渠道的开闸日期、时间，放水延续时间（或关闸日期和时间）、放水流量。

4）人工干预

由配水调度决策支持系统做出配水方案后，根据具体情况的不同，可能需要加以人工干预。通过一个专门的人机交互对话界面，管理者可以在对话界面中针对各轮灌组或者某一渠道进行修改，修改内容包括灌水中间日、灌水延续时间、灌水流量、灌水终止时间等。

5）实时反馈

通过对灌区内各监测点的数据进行反馈监测，确保渠系动态配水计划的顺利实施。

（5）用水总结

①对用水单位的基本情况进行总结。

②对不同用水部门、不同水源的取水设施进行总结和汇总。

③对年内不同月份的用水量进行汇总。

④对不同部门的缴费情况进行总结。

8.3.4　防洪应急管理系统

灌区防洪应急管理系统旨在针对灌区突发洪水等情况，能够有效预防、减少暴雨和洪水灾害，提高灾害发生后的应急处置能力，在暴雨洪水等预报发布后能够高效、有序地做好洪水预防、预警及防洪救灾工作。该系统能针对接收到的实时气象信息、水雨情信息、驮英水库水位信息、下泄流量信息等进行识别、集成、处理与综合分析，并评估和预测洪水影响范围和可能受灾情况，在防洪调度准则下根据特征监测指标情况，形成防洪调度预案，为灌区防洪调度决策提供科学支撑，最大限度确保灌区工程安全，降低灾害风险。

1. 业务结构

防洪应急管理系统业务涉及多种信息，以包括灌区的水雨情信息→洪水预报→防洪形势分析→防洪调度预案→防洪方案仿真→防洪方案决策→防洪方案实施→编制调度报告为业务流程主线，并基于流程主线调用其他辅助信息，如气象信息、灌区基础业务信息等。该系统业务结构如图 8-6 所示。

2. 功能结构

基于防洪应急管理系统的业务结构分析，防洪应急管理系统在功能上包括辅助信息查询、模型库管理、洪水预报和防洪调度四个功能模块。该系统功能结构如图 8-7 所示。

（1）辅助信息查询

辅助信息查询是从数据库中获取防洪相关的基础信息数据及预测模型所需的各种参数数据，包括驮英水库和灌区内的干、支渠的基本信息；驮英水库库区、灌区各个降雨站点和水文站点的实时监测降雨和水位数据；灌区内日最高、最低、平均温度，日照时数，相对湿度，风速等气象信息；相关防汛信息等。

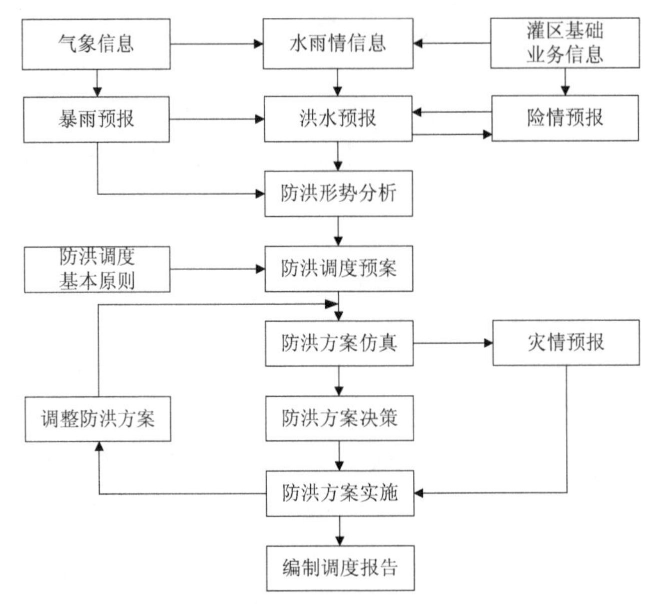

图 8-6 防洪应急管理系统业务结构

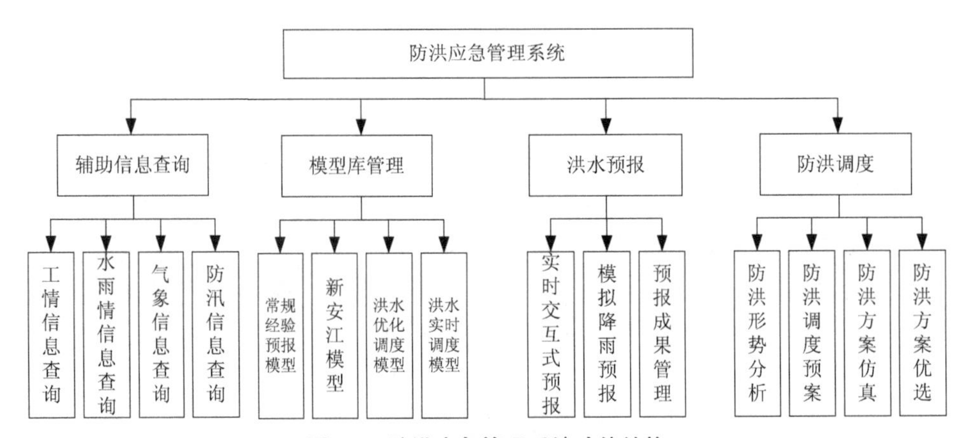

图 8-7 防洪应急管理系统功能结构

(2)模型库管理

模型库管理旨在提供洪水预报模型、洪水调度模型等模型库,以供决策者进行选择计算并分析。防洪应急管理系统的洪水预报体系建立在常规经验预报模型和新安江模型的基础上,防洪调度体系则以洪水优化调度模型和洪水实时调度模型为基础建立。

(3)洪水预报

1)实时交互式预报

实时交互式预报是利用洪水预报模型生成多种不同的预报方案,并以图形的方式向管理员展示预报方案,管理员根据模型计算的理论结果并结合自身的工作经验,最终确定洪水预报方案。

2)模拟降雨预报

模拟降雨预报以地理信息为基础,根据未来时段可能出现的降雨量(或从气象部门得到定量降雨预报的结果），模拟灌区产汇流情况，预报水库入库洪水的流量过程。

3）预报成果管理

预报成果管理是对大量的预报方案进行统一、有序的分类和管理，在后续洪水预报中可以方便、快速地查找，起到经验积累和借鉴的作用。

（4）防洪调度

1）防洪形势分析

建立以驮英水库为核心，集客兰水库、派关水库、那加水库、那江水库，以及干支渠、渡槽、隧洞、暗涵、倒虹吸、泵站、水闸等工程于一体的防汛综合调度风险分析模型。通过系统开发，构建优化调度数值模拟计算分析模块，该模块主要通过调用基础参数管理模块、实时水情数据管理模块及“水雨墒情测报系统”的水情预报数据，按各工程的防洪调度能力，进行不同调度方案的风险模拟计算，借助三维模拟功能模块的模拟演示分析，从风险控制角度提出相对最优的洪水调度方案。如果预报洪水属常规洪水，提供常规调度管理模块进行常规调度工作；如果是超常规洪水，则提供应急调度和联合调度模块。

2）防洪调度预案

以水库洪水调度方案为基础，综合应用洪水优化调度模型和洪水实时调度模型，围绕优化目标函数，通过人机交互方式确定未来调度时间范围内各个时段内下泄流量、兴利流量，以这些数据为基础，生成防洪调度预案。

根据水情预报成果，通过汛情洪水风险分析与仿真模拟，从风险优化控制角度，编制适合于当前预报洪水的优化调度方案，形成调度方案。该功能模块主要用于提供调度方案编制的基础控制参数、文档编写与成文，并提供常规调度管理模块开展常规调度工作。

3）防洪方案仿真

对于已经生成的调度预案，系统利用标准化图形进行仿真模拟，基于 GIS 平台所建立的流域图对降雨量、入库流量和预报流量等信息进行仿真模拟显示，并可以根据各种情况进行动态跟踪分析、计算、汇总。

4）防洪方案优选

防洪方案优选是采用模糊优化理论和多阶段多目标水库防洪调度决策的模糊优化模型对生成的多种防洪调度方案进行模糊评价优选。在保证工程安全的前提下，以洪灾损失最小、水库综合效益最高为目标，充分利用库容调节洪水，妥善处理蓄泄关系，充分发挥水利资源的综合利用效益。

8.3.5　泵闸自动监控系统

泵闸自动监控系统主要是针对灌区 10 座闸门和 2 座泵站的远程监视和控制，对闸门启闭、水泵启停、运行数据获取方式采用远程自动监控，避免人工作业在人力资源、时效性、准确度上带来的不便，为水资源统一调配、准确计量提供科学的手段，同时给远程多级控制创造了平台，使控制和权限更加透明且可操作。

泵闸自动监控系统可分为闸门监控子系统和泵站监控子系统，两个子系统均按相同的软件功能结构进行设计。该系统功能结构如图 8-8 所示。

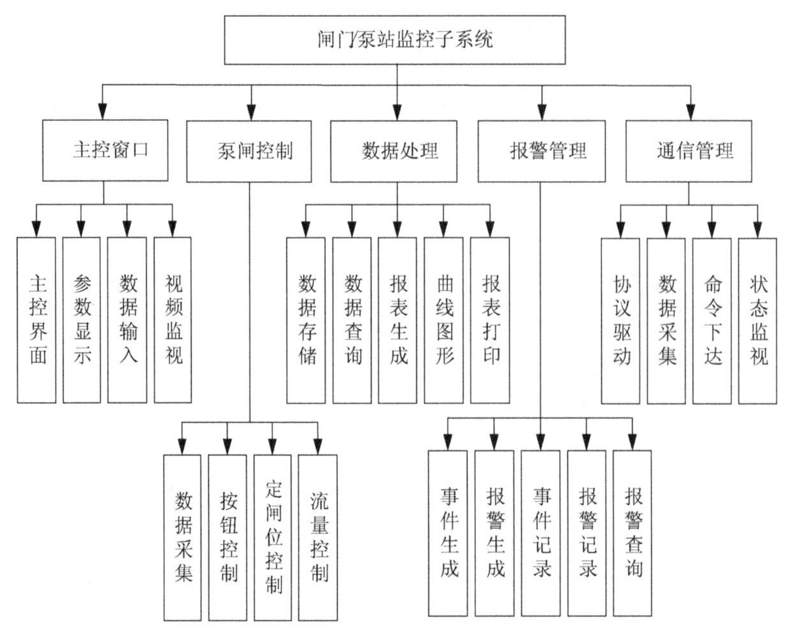

图 8-8 泵闸自动监控系统功能结构

8.3.6 水量精细化调度与优化控制管理系统

水量精细化调度与优化控制管理系统利用计算机技术、最优化技术、信息技术和自动控制技术等,实现水资源的合理配置和灌溉系统的优化调度,使有限的水资源获得最大的效益。该系统功能结构如图 8-9 所示。

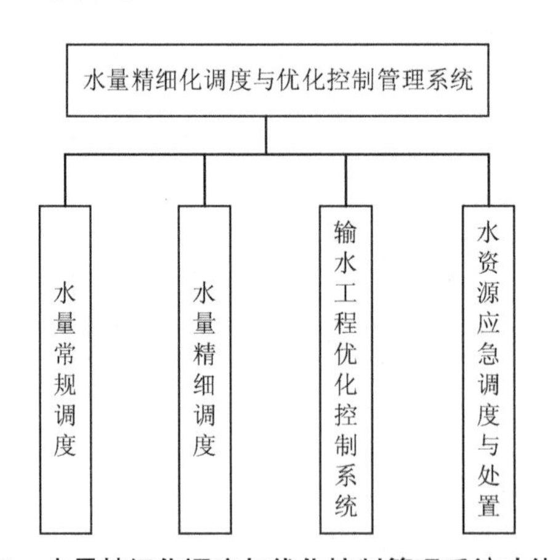

图 8-9 水量精细化调度与优化控制管理系统功能结构

1. 水量常规调度

水量常规调度与优化控制系统的运行目标是结合灌区水资源情况,对气象、水文、农作物等各种因素进行综合考虑,采用预测方法与优化技术,缓解可供水量、需调水量和渠道输水能力之间的矛盾,开发高效的水量调度系统,做出灌区来水量预测和灌区配水计划,同时保证制定的供水计划能安全、高效的实施,从而实现灌区的合理用水,实现灌区农业增产增收。

2. 水量精细调度

当水资源供给和需求形成矛盾，为使有限的水资源得到合理的利用及农业的可持续发展，提高水资源的利用效率，获得最大的灌溉效益，水量精细调度成为解决水资源问题的重要手段，同时对加强灌区水资源的现代化管理和提高经济效益意义重大。

3. 输水工程优化控制系统

输水工程优化控制系统是一个极为复杂的系统，它需要综合水利、网络、自动控制、通信、计算机技术等多种学科，在满足安全生产、供水水量、水质要求的前提下，最大限度地提高引水系统的经济效益和社会效益。因此，必须利用水利数学方法建立输水仿真模型，降低输水能耗，延长相关水利设施、设备的使用生命，提高水资源利用率，减少系统运营成本，提高水利工程管理效率，进而提高经济效益和社会效益。

4. 水资源应急调度与处置

（1）严重缺水条件下的水资源调度

在水资源极其短缺、供需矛盾异常尖锐的情况下，常规水资源调度方法往往难以及时、有效地进行水资源在时间和空间二维尺度上的合理调配。此时，水资源调度和配置需要以枯水流量演进为基础，在断面流量控制的同时，按照生活用水、城镇用水、农村生活用水、重要工程设施用水、农业用水、灌溉用水的顺序，以尽可能减小用水缺口为目标。

（2）输水工程险情应急处置

输水工程应急系统是专门为突发的紧急情况实施快速反应而建设的。该系统的目的是制定明确的应急反应机制，以便能够在出现紧急情况时，在第一时间内有条不紊地实施应急抢险工作。输水工程应急系统提供组织体系设置、抢险响应程序制定、抢险预案制定、抢险模拟演习、信息上报及发布、抢险指挥调度、抢险实施反馈、抢险方案评估存档、灾情评估、应急过程归档、历史数据查询、综合信息服务等功能。

8.3.7　大坝施工质量全过程实时监控系统

为实现对广西驮英水库堆石坝沥青心墙施工的坝料拌合、碾压全过程的有效监控，大坝施工质量全过程实时监控系统主要包括工作面小气候信息实时监控、沥青混凝土拌合质量实时监控、沥青心墙碾压质量实时监控等 3 个子系统。该系统总体框架如图 8-10 所示。

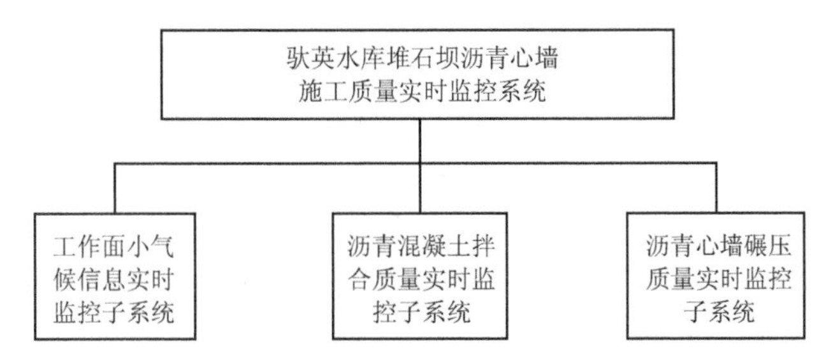

图 8-10　驮英水库堆石坝沥青心墙施工质量实时监控系统总体框架

1. 工作面小气候信息实时监控子系统

在施工工作面架设温度、湿度、风速、雨量等传感器，自动实时采集工作面小气候信息，对气候不达标情况做出报警提醒；同时，根据现场小气候信息及运输距离，可对沥青混合料出机口温度进行动态调整。

2. 沥青混凝土拌合质量实时监控子系统

通过在沥青混凝土拌合楼安装数据实时采集装置，对坝料拌合物的骨料加热温度、级配指数、油石比、出机口温度等指标进行自动监控，以确保拌合料达到设计标准要求。

3. 沥青心墙碾压质量实时监控子系统

在碾压机上安装高精度 GNSS（北斗或 GPS）接收机和自主研发的压实度监测装置，针对沥青心墙坝料，在碾压过程中自动监控振动频率、碾压遍数、行车速度、压实厚度以及压实度监测值（CV）等。

8.4 系统综合集成

作为一个大型的信息化系统，为满足广西水利信息化发展思路要求，广西左江治旱驮英水库及灌区工程综合管理信息系统的建设将以系统工程科学方法为指导，以用户需求为目标，在广西水利厅的信息化架构下，对系统中的各个子系统进行内部综合集成，从而将各个分离的“信息孤岛”连接成为一个完整、可靠、经济和有效的整体，并使之能彼此协调工作，达到系统优化的目的，充分发挥水库及灌区工程综合管理的整体效益；根据广西水利厅的硬件设备、操作系统、数据库系统、第三方插件，广西左江治旱驮英水库及灌区工程综合管理信息系统进行相应的运行环境集成，集成的结果即是一个在统一环境下高效协调运行的系统平台。

从驮英水库及灌区综合管理信息系统建设整体分析，系统集成的任务主要包括以下几方面。

1. 计算机硬软件集成

计算机硬软件集成主要是指在管理信息系统运行环境中起到关键作用的服务器、存储设备等硬件设备的集成，以及计算机系统中配置的系统软件的集成。计算机系统集成工作需要硬件厂商、软件厂商、用户和集成商的统一协调、密切配合。计算机系统的硬件配置必须与用户应用需求匹配，硬件厂商、用户又必须配合软件厂商进行系统联调、测试，完成系统稳定性、可靠性的测试。

通过双机热备、SAN 存储交换网络结构等技术实现服务器与存储设备的硬件集成；利用主流操作系统平台能良好兼容服务器软件、磁盘阵列系统软件、数据库管理软件以及 ArcGIS 软件等特性，搭建系统运行框架，实现显示、管理和存储的功能。管理信息系统商业软件部署在硬件环境之上，为应用系统提供支撑。

2. 用户界面集成

用户界面集成是一个面向用户的整合，它将系统的终端窗口和 PC 的图形界面使用一个标准的界面（如浏览器）来实现。应用程序终端窗口的功能可以一对一地映射到一个基于浏览器的图形用户界面。

3. 数据集成

通过从一个数据源将数据移植到另外一个数据源来完成数据集成。综合管理信息系统通过数据采集代理、ETL 工具、消息中间件、数据交换工具等实现数据的采集、传输、交换、管控，通过中心站节点与相关内部系统（如驮英水库管理所、各干渠管理所、管理局各科室等）进行数据交换。

4. 应用支撑平台定制集成

应用支撑平台定制集成是为了消除信息孤岛，实现应用系统间的互通互联。该系统是采用 J2EE 应用服务器构建的基于 Web 技术的三层体系机构。通过 Web 服务器提供的入口可访问应用服务层，并管理静态页面；应用服务器为应用程序提供 Web 运行环境，所有的业务逻辑和后台数据的访问逻辑都由应用服务器来处理；数据库管理和数据处理存储系统提供系统所需的所有数据资源，系统的数据资源统一由数据库服务器负责管理。系统的前端为浏览器应用，浏览器应用完成系统任务工作平台和系统管理平台的用户界面，通过 JSP 技术实现系统服务访问和动态页面生成，同时兼顾访问 EJB 的有效性。Web 服务器提供 HTTP 服务器接口支持 JSP 扩展。

5. 业务应用集成

业务应用集成是为了实现灌区管理业务应用之间的业务协同；为各个灌区管理业务应用提供单点登录、用户管理、公共配置、基础维护、运维支撑等公用功能组件的服务支撑。业务应用集成以统一的“应用集成支撑软件”为基础进行集成实施；提供统一的应用集成标准与规范；通过服务注册、服务路由、服务调用的模式实现业务应用的交互；通过数据共享实现应用协同。

6. 各级节点网络集成

灌区综合管理信息系统利用应用集成软件和消息软件与水行政主管部门和政府相关职能部门实现数据共享。

（1）系统可共享的信息

系统采集并整理的驮英水库及灌区内各监测站点基本信息、水位、水量、监测视频等信息。

（2）需从系统外共享的信息

①崇左市水利部门：灌区覆盖区域内的雨量站的降水量信息；水文站（点）的水位、流量、水质、墒情等地表水信息；地下水观测井水位、水质、水温等地下水信息；水库站的水位、雨量信息。

②环保部门：主要河流的水质监测信息。

③气象部门：降水、蒸发、风速、风向、卫星云图、热带风暴、台风等气象信息。

8.5　小结

本章首先介绍了研究区域基本概况、研究背景以及项目系统的总体框架。在此基础上，详细介绍了水情测报系统、水量自动监测系统、水资源调度决策支持系统、防洪应急管理系统、泵闸自动监控系统、水量精细化调度与优化控制管理系统、大坝施工质量全过程实时监控系统七个子系统的模块结构及模块功能。最后介绍了整个系统集成内容和相关技术。

广西左江治旱驮英水库及灌区工程综合管理信息系统实现了数据采集、处理、运算、决策、反馈全流程一体化、决策自动化以及管理智能化，最终形成了"全面监测、可靠保障、精心管理、科学决策"的信息化管理体系。通过集成相关的监测设备、软硬件平台，搭建了一套由专业模型和先进信息化技术支撑的功能完备的驮英水库及灌区工程智能监测调度管理平台，打造出中国水利信息化示范和标杆工程。

第 9 章　典型流域智慧系统示范

9.1　区域概况

小清河流域位于鲁北平原南部，东邻弥河，西靠玉符河，南依泰沂山脉，北以黄河、支脉河为界，地理坐标为东经 116° 50′~118° 45′，北纬 36° 15′~37° 20′，流域面积 10 433 km²，约占全省总面积的 1/15。小清河干流发源于济南市区四大泉群，自西向东流经 5 个市的 12 个县（市、区），汇集 20 个县（市、区）的来水，于寿光市羊口镇注入莱州湾，全长 229 km，是鲁中地区一条重要的排水河道，兼顾两岸农田灌溉、内河航运，具有海、河联运等多种功能。

小清河流域属于华北暖温带半湿润季风型大陆性气候，年内四季分明，温差变化大，暖空气活动较频繁，雨量较多，多年平均气温为 12.6 ℃，多年平均水面蒸发量为 1 000~1 200 mm，多年平均日照总时数达到 2 700 h 左右，根据流域实测降水资料（1951—2018 年）统计分析，多年平均降雨量为 641.5 mm，主要集中于汛期（6—9 月），多年汛期平均降雨量为 467.9 mm，占全年的 72.9%。

小清河流域地势南高北低，地形复杂，以胶济铁路为界，南部多为山丘区，北部多为平原和洼地。小清河流域水系复杂、支流众多，大多发源于南部低山丘陵区，由南岸注入干流，一级支流 48 条，呈典型的单侧梳齿状分布，多为山洪河道，比降上陡下缓，主要支流有巨野河、绣江河、杏花沟、孝妇河、淄河等。小清河干流位于流域北部的低洼地带，流向大致与黄河平行，比降平缓，是典型的平原河道。小清河流域内现有分洪道 2 处、水库 9 座、滞洪区 9 处及洼地 6 处，以及水文（水位）站 10 处、雨量站 60 余处。小清河流域水系分布简图如图 9-1 所示。

小清河流域洪水预报调度系统以满足小清河防洪调度实际需要为目标，兼顾防洪调度工作未来的发展，充分利用现有水文气象预报技术手段、小清河流域各种调度研究成果，通过对洪水预报方案的修订和补充、河湖库调度模型的研究，以实时水雨情和工情数据、历史洪水数据、图形数据等信息资源为基础，依托计算机网络环境，遵循统一的技术架构，全面建成覆盖小清河流域主要防洪地区的预报调度系统，为促进小清河流域水库、蓄滞洪区等水利工程科学统一调度提供技术支撑。

9.2　智慧系统框架

该预报调度系统采用业界成熟通行的实现方案和技术体系作为架构设计的基础。在设计中以信息安全和行业信息化标准作为开展工作的保障，充分采用 SOA 的设计思想，对系统进行纵向切分，包括业务应用、基础服务、数据存储三个层面。分类和分层的原则是用户可见的程度由浅入深，在切分的过程中对具体的应用系统与具体的数据存储通过中间的业务服务体系进行解耦，从而使系统中的业务应用与数据保持相对独立，减少应用系统各功能模块间的依赖关系,通过定义良好的访问接口与通信协议形成松散耦合型系统,在保证系统间信息交换的同时,还能尽可能保持各系统之间相对独立的运行。该预报调度系统总体框架如图 9-2 所示。

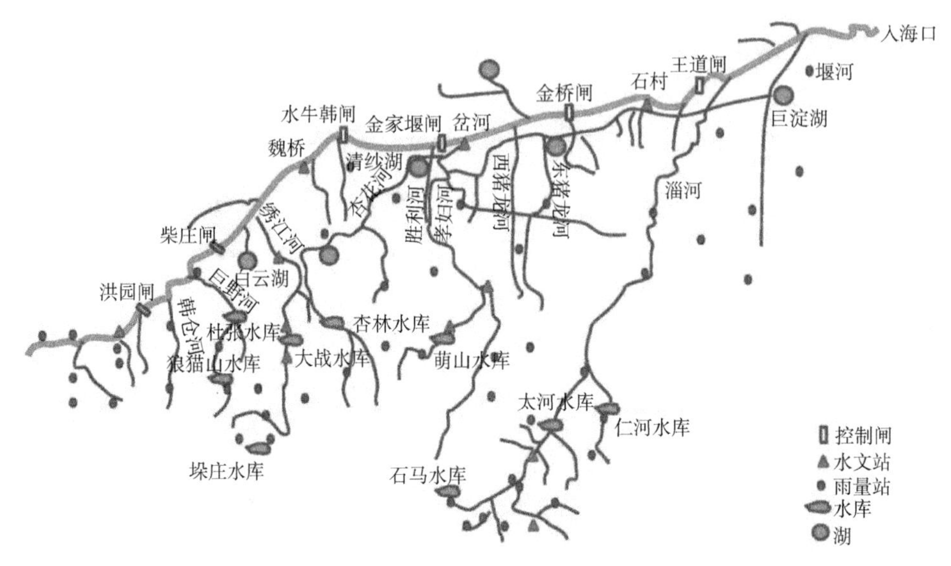

图 9-1　小清河流域水系分布简图

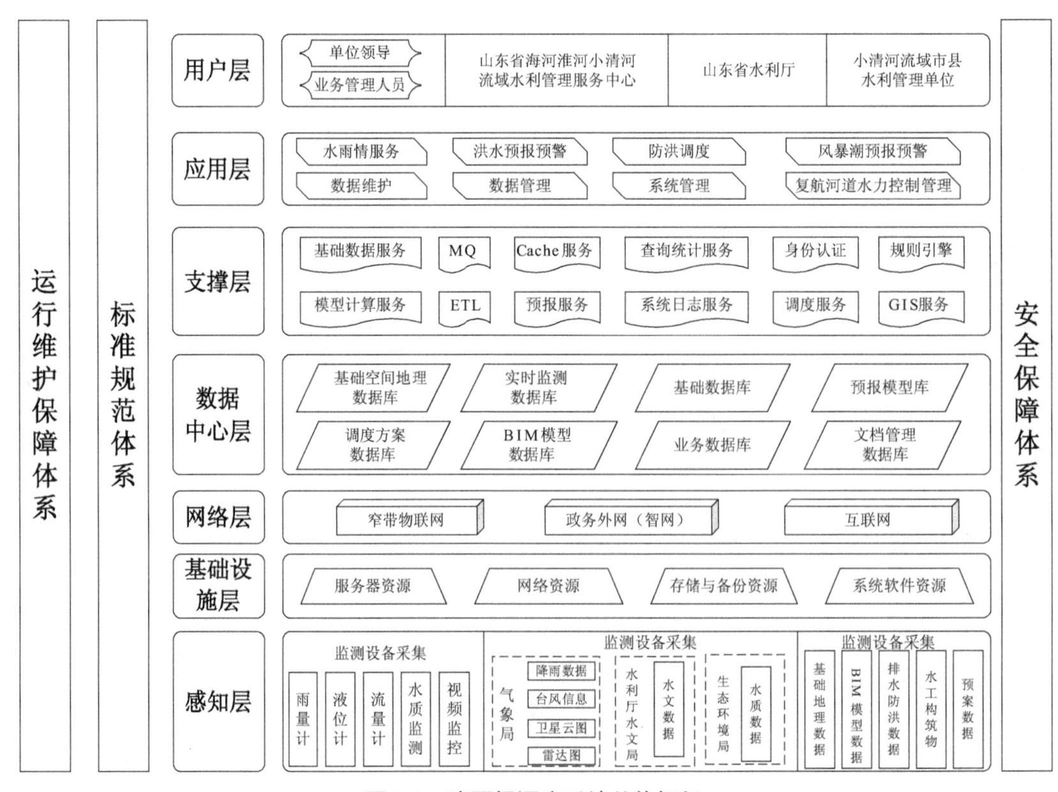

图 9-2　该预报调度系统总体框架

1. 感知层

感知层主要接收监测信息,感知数据主要包括:

①前端建设雨量计、水位计、流量计等监测设备,以形成监测体系采集信息,主要包括视频监控、雨量监测、水位监测、流量监测、水质监测等,建设成覆盖库、闸、站、河的天地一体化监测体系;

②外部数据共享,如气象数据、水文数据、生态环境数据等。

2. 基础设施层

基础设施层主要基于数据资源管理平台及硬件设备建设标段等,为系统提供运行环境,基础设施资源主要包括服务器资源、网络资源、存储与备份资源、系统软件资源、系统业务外网与内网等。

3. 网络层

网络层包括窄带物联网、政务外网(智网)、互联网等。

4. 数据中心层

数据源包含与系统相关的各类数据,包括前端监测体系的监测数据、业务人员的日常工作数据和其他相关部门共享交换的数据等。数据中心层包括基础空间地理数据库、实时监测数据库、基础数据库、预报模型库、调度方案数据库、BIM 模型数据库、业务数据库、文档管理数据库等。

5. 支撑层

支撑层包括基础数据服务、MQ、Cache 服务、查询统计服务、身份认证、规则引擎、模型计算服务、ETL、预报服务、系统日志服务、调度服务、GIS 服务等。

6. 应用层

应用层包括水雨情服务、洪水预报预警、防洪调度、风暴潮预报预警、数据维护、数据管理、系统管理、复航河道水力控制管理等。其中,洪水预报预警系统通过洪水预报模型和防洪调度模型对前端监测数据进行运算分析,可实现预警指标管理,并经过监测预警系统对超过阈值的监测信息进行提示告警,同时也能够对前端实时监测信息进行统一展现。

7. 用户层

用户层包括单位领导、业务管理人员及其用户。

8. 安全保障体系

对于关键性应用,如预警预报和科学调度的安全等级要满足《信息安全技术 网络安全等级保护安全设计技术要求》(GB/T 25070—2019)等相关文件要求。安全保障体系包括物理安全、网络安全、系统安全、数据安全、应用安全等。

9. 标准规范体系

标准规范体系包括排水防涝设施接入标准、基础数据标准、数据采集标准、数据交换标准、数据传输标准、数据存储标准等。

10. 运行维护保障体系

项目配备相应的系统运营支撑与运维保障人员,负责日常的巡检、维护等工作。

9.3 洪水预报预警系统

小清河洪水预报预警系统以河系预报简化图、专用数据库、水雨情信息、防洪预报相关模型等为基本支撑,实现模型与系统的紧密集成,通过人机交互方式,完成防洪形势分析、洪水预报调度、成果对比、成果管理、分析工具及调度监控等业务功能,实现“守候式”自动预报及“触发式”交互预报,有效支持流域防洪调度决策。

9.3.1 防洪形势分析模块

1. 综合查询

该功能可查看小清河全流域的水情、雨情、工情和灾情信息,通过站点位置标识可查看某一站点的测站信息及雨量过程,如图 9-3 所示。

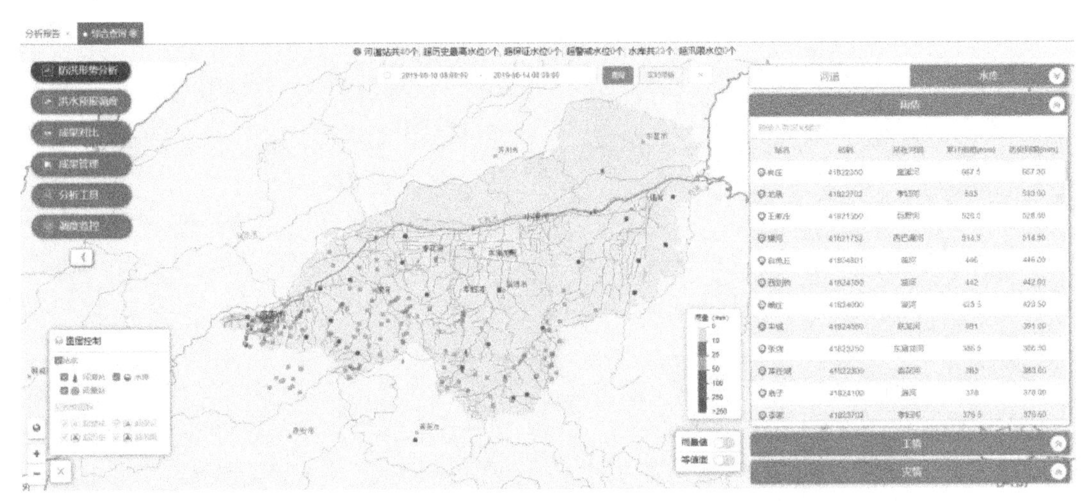

图 9-3 综合查询

2. 分析报告

该功能可查看小清河流域的防洪形势分析报告,可生成、查看、删除或导出已有报告,也可自行编辑生成新报告。

9.3.2 洪水预报调度模块

1. 预见期降雨设置

降雨查询功能可实现实时降雨、预报降雨和设定降雨展示。通过分析整理前端监测数据可显示当前实时降雨信息;利用预报预警系统分析结果可预知设置时间点后 72 小时的降雨信息;启用设定降雨功能,选择设定区域、设定时间段、输出步长,可给出降雨信息,同时也可以选择模板导入,自行导入所需降雨信息,如图 9-4 所示。

2. 洪水预报计算

洪水预报计算需设置河系、模型、降雨方案、计算开始时间和结束时间等参数,创建计算方案,如图 9-5 所示。进行洪水预报计算,生成初步预报结果,包括各个关键断面的流量及水位信息,同时给出预警水位。最后通过更改模型参数,生成不同参数下的模型预报结果,选择性保留较为合理的一组。

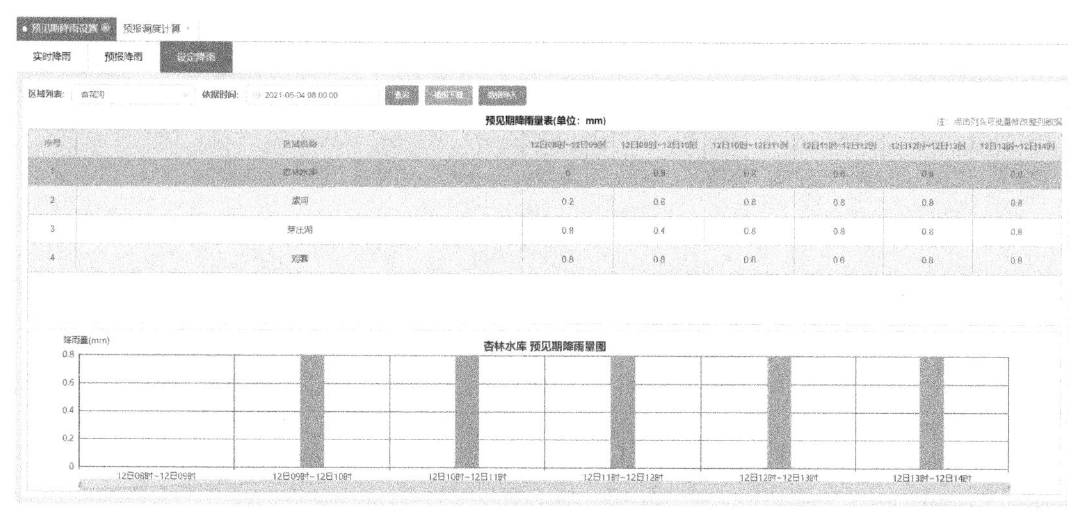

图 9-4　设定降雨信息

⊻模板下载　⊥数据导入

时间	夏庄	新城	辛店	横河	郝峪山顶	黄台
2021-06-01 08:00:00	5	3	2	2	6	[illegible]
2021-06-01 08:30:00	0.5	2	1	1.5	0.5	[illegible]
2021-06-01 09:00:00	1	4	2	3	1	[illegible]
2021-06-01 09:30:00	1.5	0.5	1	1	1	[illegible]
2021-06-01 10:00:00	3	1	2	2	2	[illegible]
2021-06-01 10:30:00	1	1.5	0.5	2.5	3	[illegible]
2021-06-01 11:00:00	2	3	1	5	6	[illegible]
2021-06-01 11:30:00	1.5	1	0.5	3	2	[illegible]
2021-06-01 12:00:00	3	2	1	6	4	[illegible]
2021-06-01 12:30:00	1	2.5	1	0.5	1	[illegible]

图 9-5　雨量数据设置

3. 防洪形势分析

结合天气信息、实时水雨情、降雨及洪水预报、实时工情和险情等各方面综合信息,分析防洪形势,如图 9-6 所示。

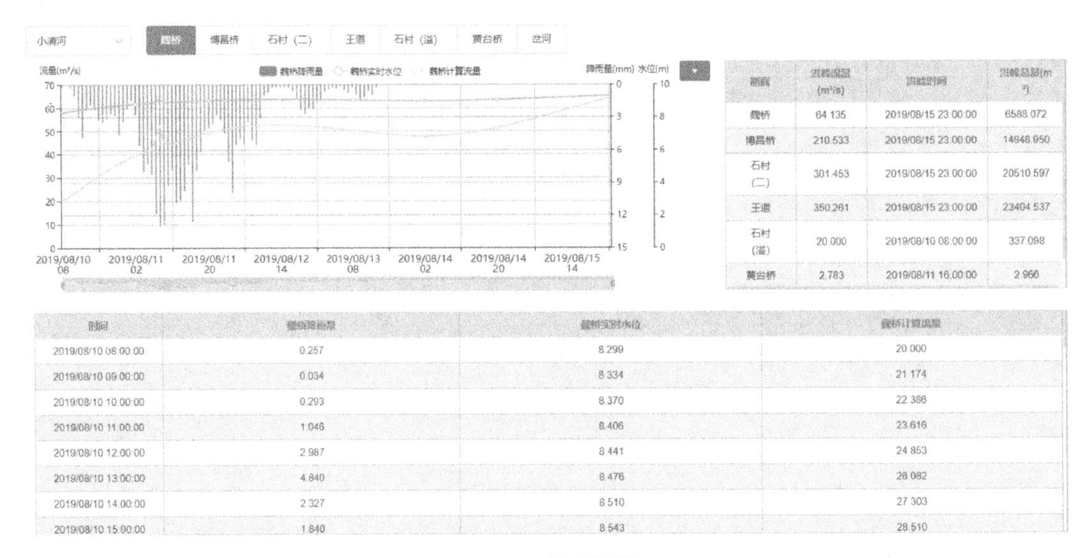

图 9-6 预报结果展示

9.3.3 成果对比模块

进入成果对比界面，在已经生成预报方案的基础上，点击选择相同河系的洪水预报方案，查看多个不同方案的不同预报结果，并进行对比，如图 9-7 所示。

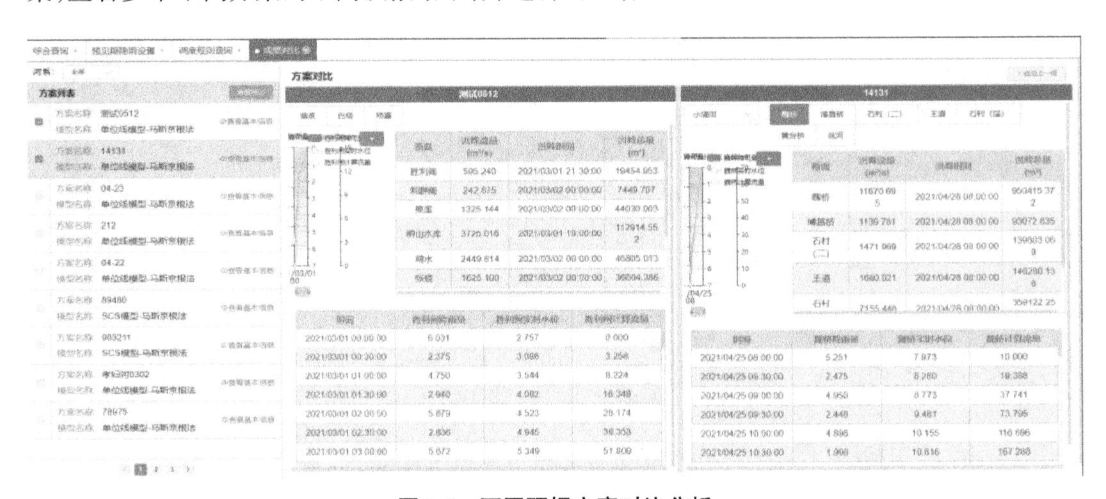

图 9-7 不同预报方案对比分析

9.3.4 成果管理模块

1. 成果管理

在成果管理界面，可查看已生成预报调度成果，对包含超过预警水位信息的方案进行预警，同时查看预报方案的预报结果，对具有参考意义的预报方案可进行发布，如图 9-8 所示。

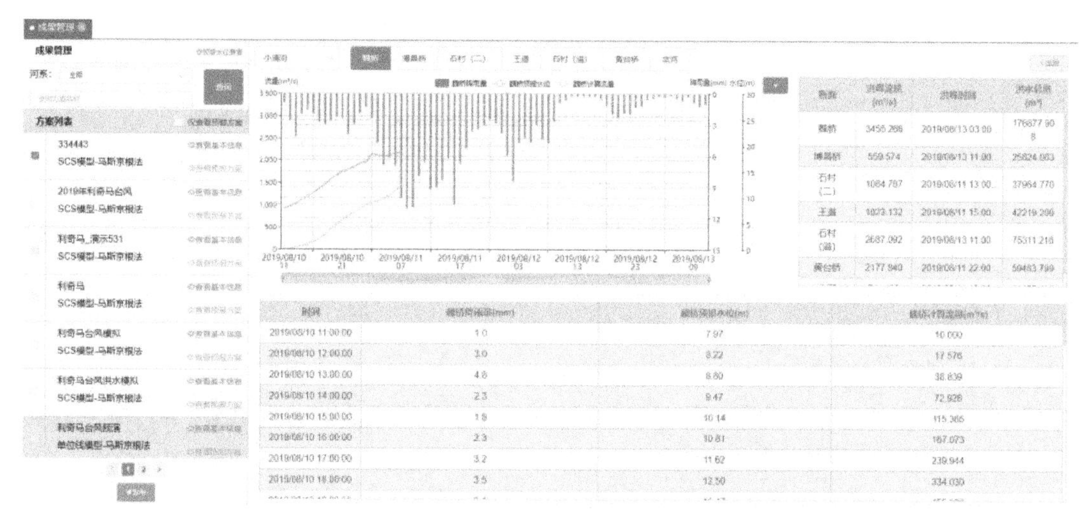

图 9-8　预报方案查询

2. 成果发布

通过成果管理模块下的成果发布子模块可进入成果发布界面,可对生成的预报方案信息和方案结果进行查看或删除。

9.3.5　不同分析内容模块

1. 雨洪对照分析

进入雨洪对照分析子模块,可进行雨洪对照分析,查阅方案的基本信息、雨量信息和触发预报信息,以及各断面预报时间内的雨洪对照分析情况,如图 9-9 所示。

[illegible]	[illegible]	[illegible]	[illegible]	[illegible]
1	测试0512	[illegible]	单位线模型	马斯京根法
2	14131	小清河	单位线模型	马斯京根法
3	04-21	小清河	单位线模型	马斯京根法
4	212	小清河	单位线模型	马斯京根法
5	04-22	[illegible]	单位线模型	马斯京根法
6	[illegible]	小清河	SCS模型	马斯京根法
7	903211	小清河	SCS模型	马斯京根法
8	[illegible]	[illegible]	单位线模型	马斯京根法
9	78675	小清河	单位线模型	马斯京根法
10	xjh418	[illegible]	单位线模型	马斯京根法
11	xhp418	[illegible]	单位线模型	马斯京根法
12	418	[illegible]	SCS模型	马斯京根法
13	测试418	[illegible]	SCS模型	马斯京根法

共 27 条　20条/页　1　2

图 9-9　雨洪对照分析

2. 分流比计算

进入分流比计算子模块,选择分洪道/滞洪区,输入上游洪峰流量,可计算出分洪道/滞洪区分流量。

3. 涨差分析

进入涨差分析子模块，选择起始水位站并设置起始水文站参数，输入水位涨幅/流量差，可计算出下游水位站的水位差/流量差。

4. 静库容反推入库

进入静库容反推入库子模块，选择水库，输入计算基本信息（起止时间、起始水位、结束水位和平均出库流量），可计算出水库的平均入库流量和水库始末库容变化量。

5. 分段库容反推入库

进入分段库容反推入库子模块，选择目标水库，输入起始时间、结束时间和输出步长，确定各分段开始时间和结束时间，输入分段的起始水位、结束水位和出库平均流量，计算生成分段入库流量的一维图和水库库容变化。

9.4 防洪调度系统

防洪调度是根据实时的水情、雨情、工情信息和预报成果，通过人机交互进行洪水实时计算，并进行调度成果的可视化。

9.4.1 洪水实时计算模块

1. 洪水模拟模型参数设置

人工输入方案名称后，选择需要设置的防洪保护区，对洪水实时计算所需的方案相关参数进行设置，如河道粗糙率、防洪保护区粗糙率等，然后选择调度洪水实时计算模型进行计算，可以实时展示计算结果，包括不同位置的淹没水深、淹没范围等，如图 9-10 所示。

2. 洪水方案信息查询

洪水方案生成后，可随时查看方案信息，包括方案基本信息、防洪保护区设置信息、边界条件、溃点位置、淹没过程、最大水深和全流域内涝，如图 9-11 所示。

3. 洪水方案比较

方案计算模块以计算方案为基本单位，一个方案由一套计算条件和计算结果组成，用户可以根据不同需要设定不同的计算条件，进而生成一个计算方案，向查询系统提供所有计算生成的方案结果数据，并完成多方案比选。

9.4.2 内涝风险分析模块

通过对小清河全流域内涝进行计算，达到对内涝位置、内涝程度的预报，最终达到减少内涝损失的目的。

1. 内涝风险计算

首先输入方案名称，选定计算的起止时间、输出步长和河道保护区粗糙率信息，随后接入实时雨量数据或导入雨量数据，计算内涝风险，如图 9-12 所示。

图 9-10　方案基本信息设置与边界条件设置

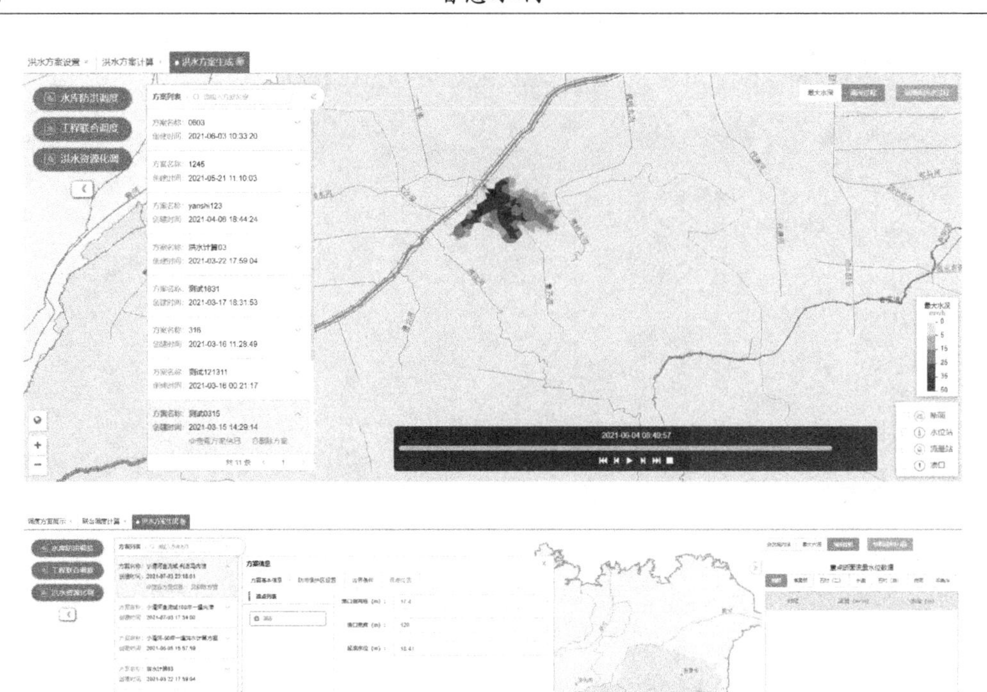

图 9-11　溃点位置与淹没过程

图 9-12　内涝风险计算

2. 内涝风险调度方案展示

进入内涝风险分析中的调度方案展示,可查看已计算方案的基本信息,如图 9-13 所示。

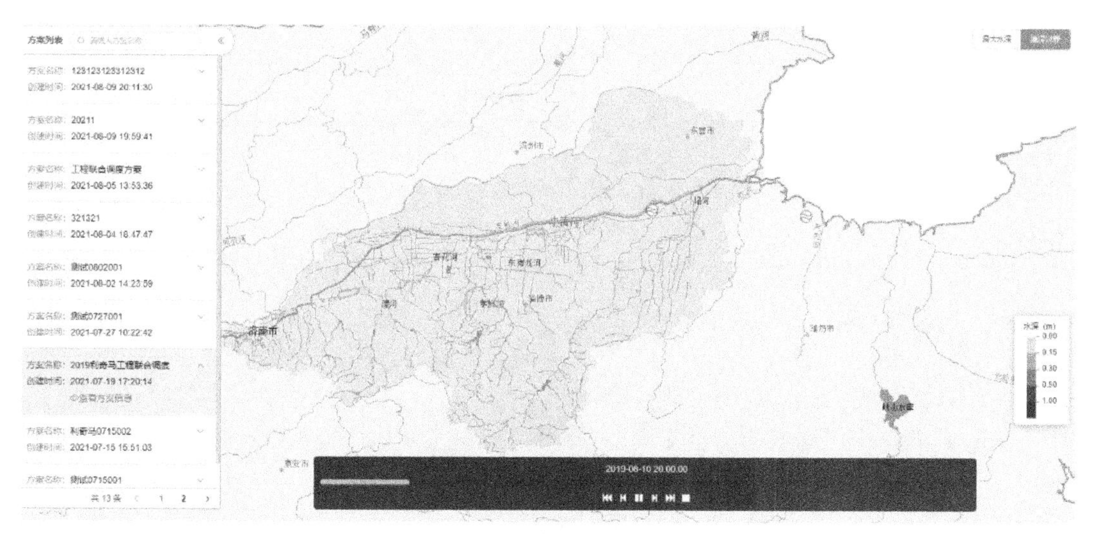

图 9-13　调度方案展示

3. 内涝风险调度方案比较

进入内涝风险分析中的调度方案展示,可对比查看已计算的两种内涝风险调度方案的基本信息,包括方案基本信息、雨量数据、流量数据、防洪保护区设置、边界条件、溃点位置和洪水内涝,如图 9-14 所示。

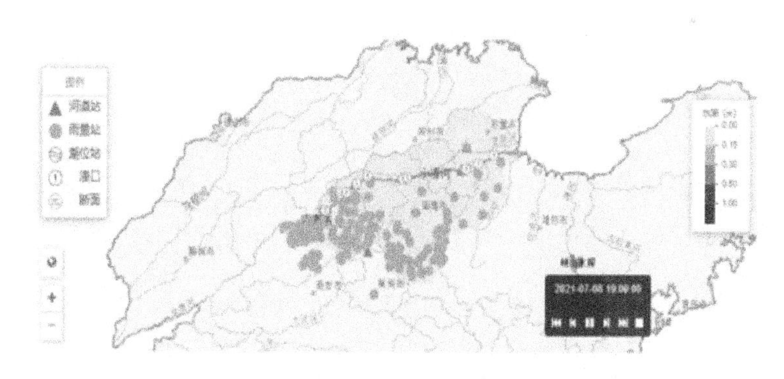

图 9-14　洪水内涝风险方案比较

4. 内涝风险调度方案管理

对已生成的内涝风险调度方案可进行方案基本信息的查看、洪水内涝情况的查看和方案的增删。

9.4.3　水库防洪调度模块

1. 水库防洪调度系统功能

水库防洪调度是根据防洪调度方案并结合调度场景实现对水库常规场景、应急情况及汛期汛限水位的调度，系统根据水库调度（调度模型将重点考虑水库下游河道行洪能力）、洪水实时计算实现对调度方案、淹没风险的展示及小清河流域中下游地区洪涝灾害风险的影响分析。

根据防洪调度的不同目标（小洪水、大洪水、特大洪水）实现对小清河河系内的 9 个水库进行单个水库的多目标调度。根据水库调度方案前置条件设置，调用一套水库调度模型中的不同调度规则，计算调度方案，并进行水库调度方案结果展示。

同时，可以对调度结果进行人机交互。依据调度规则和专家经验，通过人机交互方式，设定防洪工程的运用参数，或在自动生成的调度方案基础上，进一步修改水库、蓄滞洪区等防洪工程的运用参数，完成调度方案试算，生成一个或多个防洪工程调度运用方案。

2. 水库防洪调度计算

通过水库防洪调度模块可进入防洪调度界面子模块，选择需要进行调度计算的水库，并对该次调度方案进行命名，设置计算开始时间和结束时间，选取计算模型，接入河系雨量站雨量信息，然后调取目标水库的水文模型，即可进行该水库入库流量的预报计算，如图 9-15 所示。

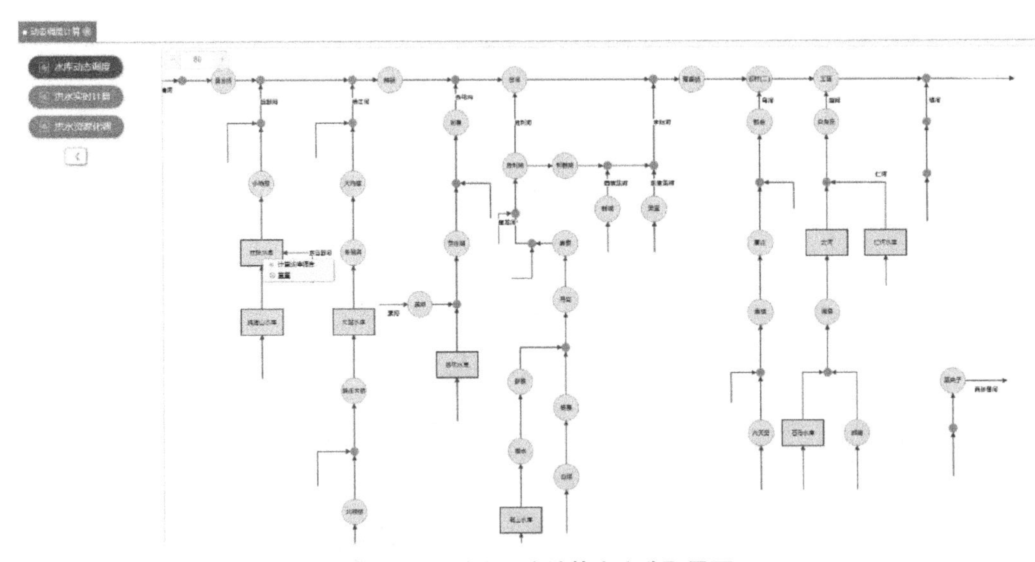

图 9-15 防洪调度计算水库选取界面

随后根据水文模型计算所得的流量过程数据，以及目标水库的边界条件，包括水库上游水位、初始下泄流量和起调水位，进行水库调度计算。

3. 调度方案展示

通过水库防洪调度模块下的调度方案子模块，可查看水库调度方案信息、各计算方案的基础信息和水库调度方案的计算结果，如图 9-16 所示。

4. 调度方案比较

调度方案比较可查看不同调度方案的比较结果，包括对比水库的入库流量、出库流量、实时水位等信息，如图 9-17 所示。

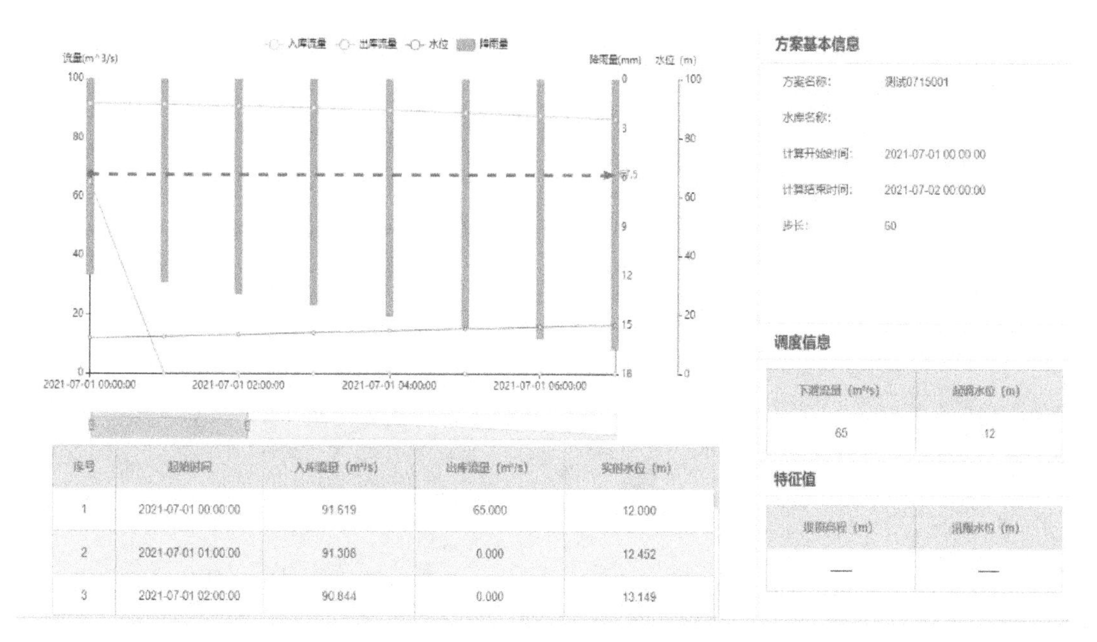

图 9-16　水库调度方案结果

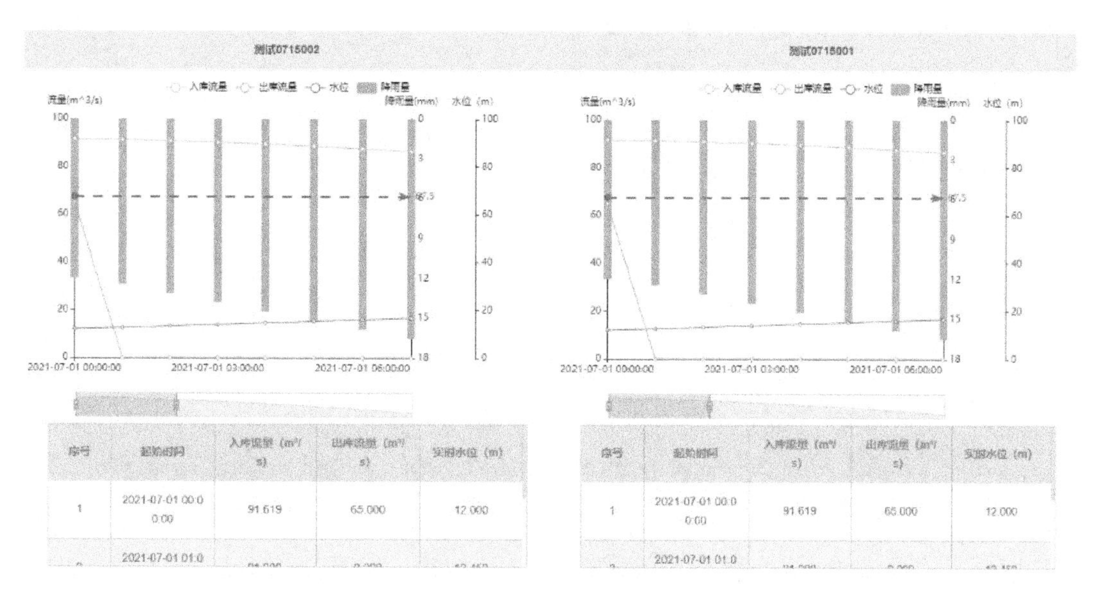

图 9-17　调度方案对比

9.4.4　洪水资源化调度模块

利用小清河流域洪水预报调度系统进行洪水资源化调度,可尽量发挥各蓄水工程拦蓄洪水的能力,延长滞留时间,恢复生态环境,实现水资源可持续利用。

1. 洪水资源化调度计算

①确定洪水资源化调度对象。

②设置方案基本信息,包括方案名称、计算开始及结束时间、输出步长、模型选择等,如图 9-18 所示。

③设置雨量信息,运行水文预报模型,进行洪水预报。

④设置水库相关调度参数,如图 9-18 所示。

⑤调取洪水资源化调度模型,进行资源化调度计算。

图 9-18 设置方案基本信息与水库相关调度参数

2. 调度方案展示

调度方案展示内容包括计算方案信息(前置条件)、洪水资源化调度结果,还可以对所需方案进行查询、查看、删除等管理,如图 9-19 所示。

3. 调度方案比较与管理

根据洪水资源化调度计算结果,选择需要对比的多个方案,以图和表的形式实现入库流量、出库流量和实时水位的对比展示,还可以进行方案的查询、查看、删除等管理,如图 9-20 所示。

9.4.5 水利工程联合调度模块

联合调度是统筹流域各防洪设施,充分发挥各设施的灾害防御能力,对流域内的水库、湖泊、堤防、分洪河道、闸坝和蓄滞洪区进行联合调度的过程。通过对小清河流域范围内的水库、蓄滞洪区的联合调度计算,支撑小清河流域的防洪调度。

1. 联合调度计算

①进入工程联合调度计算子模块,设置方案名称、计算起止时间和输出步长,如图 9-21 所示。

②系统能自动获取实时的雨量数据,也可通过模板自动导入雨量数据。

③进行预报计算,通过雨量数据计算获取流量过程数据。

④设置目标防洪保护区以及河道、保护区的粗糙率。

⑤设置边界条件,选择不同的边界和支流汇入点,同时可通过模板导入小清河上边界流量数据,如图 9-21 所示。

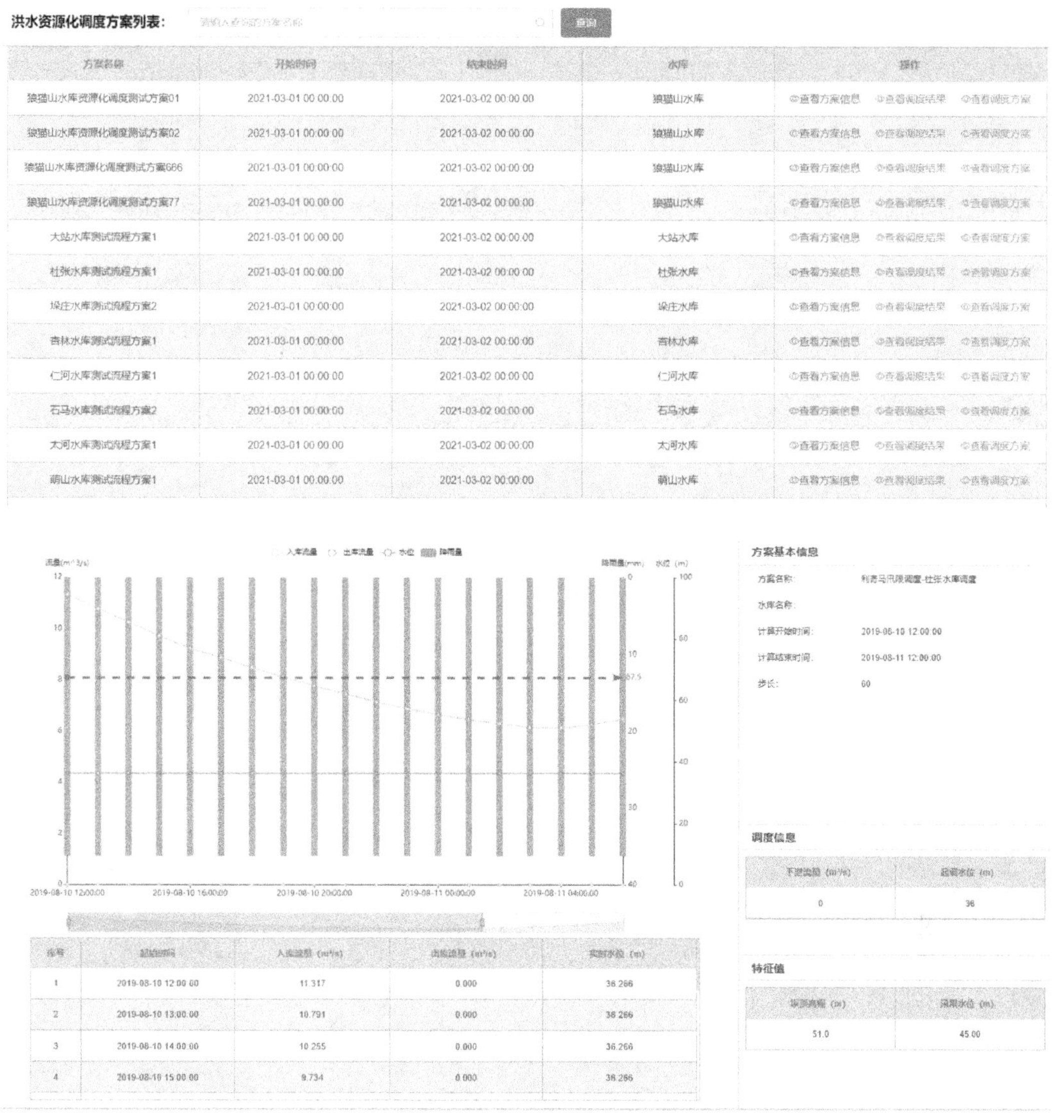

洪水资源化调度方案列表：

方案名称	开始时间	结束时间	水库	操作
狼猫山水库资源化调度测试方案01	2021-03-01 00:00:00	2021-03-02 00:00:00	狼猫山水库	查看方案信息　查看调度结果　查看调度方案
狼猫山水库资源化调度测试方案02	2021-03-01 00:00:00	2021-03-02 00:00:00	狼猫山水库	查看方案信息　查看调度结果　查看调度方案
狼猫山水库资源化调度测试方案666	2021-03-01 00:00:00	2021-03-02 00:00:00	狼猫山水库	查看方案信息　查看调度结果　查看调度方案
狼猫山水库资源化调度测试方案77	2021-03-01 00:00:00	2021-03-02 00:00:00	狼猫山水库	查看方案信息　查看调度结果　查看调度方案
大站水库测试流程方案1	2021-03-01 00:00:00	2021-03-02 00:00:00	大站水库	查看方案信息　查看调度结果　查看调度方案
杜张水库测试流程方案1	2021-03-01 00:00:00	2021-03-02 00:00:00	杜张水库	查看方案信息　查看调度结果　查看调度方案
垛庄水库测试流程方案2	2021-03-01 00:00:00	2021-03-02 00:00:00	垛庄水库	查看方案信息　查看调度结果　查看调度方案
吉林水库测试流程方案1	2021-03-01 00:00:00	2021-03-02 00:00:00	吉林水库	查看方案信息　查看调度结果　查看调度方案
仁河水库测试流程方案1	2021-03-01 00:00:00	2021-03-02 00:00:00	仁河水库	查看方案信息　查看调度结果　查看调度方案
石马水库测试流程方案2	2021-03-01 00:00:00	2021-03-02 00:00:00	石马水库	查看方案信息　查看调度结果　查看调度方案
太河水库测试流程方案1	2021-03-01 00:00:00	2021-03-02 00:00:00	太河水库	查看方案信息　查看调度结果　查看调度方案
萌山水库测试流程方案1	2021-03-01 00:00:00	2021-03-02 00:00:00	萌山水库	查看方案信息　查看调度结果　查看调度方案

方案基本信息

方案名称：　列吾马汛限调度-杜张水库调度

水库名称：

计算开始时间：　2019-08-10 12:00:00

计算结束时间：　2019-08-11 12:00:00

步长：　60

调度信息

下泄流量（m³/s）	起调水位（m）
0	36

特征值

坝顶高程（m）	汛限水位（m）
51.0	45.00

序号	起始时间	入库流量（m³/s）	出库流量（m³/s）	实时水位（m）
1	2019-08-10 12:00:00	11.317	0.000	36.266
2	2019-08-10 13:00:00	10.791	0.000	36.266
3	2019-08-10 14:00:00	10.255	0.000	36.266
4	2019-08-10 15:00:00	9.734	0.000	36.266

图 9-19　调度方案与调度结果显示界面

⑥设置溃口，选择设置计算不同的溃口，修改溃口高程、宽度和起溃水位。

2. 调度方案展示

联合调度方案展示可查看计算方法的基础信息，包括方案基本信息、雨量数据、流量数据、防洪保护区设置、边界条件、溃点位置和洪水淹没过程等，如图 9-22 所示。

3. 调度方案比较

进入联合调度方案比较界面，可查看不同调度方案的对比结果，如图 9-23 所示。

4. 调度方案管理

调度方案管理模块可查看方案的基本信息和结果，也可以增加或删除方案，如图 9-24 所示。

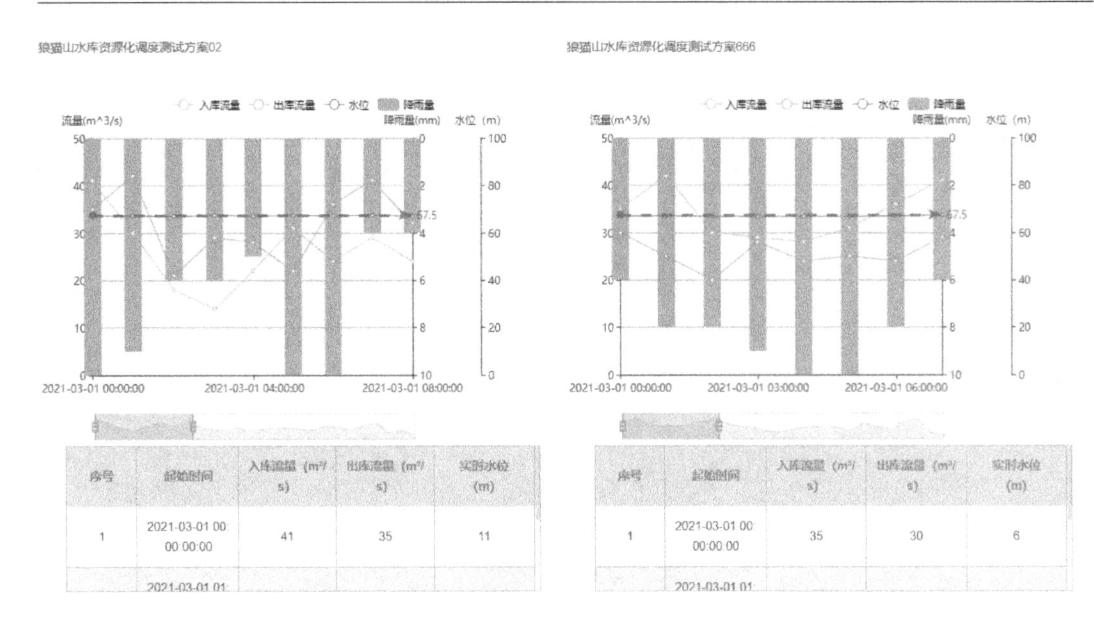

图 9-20 调度方案比较与管理

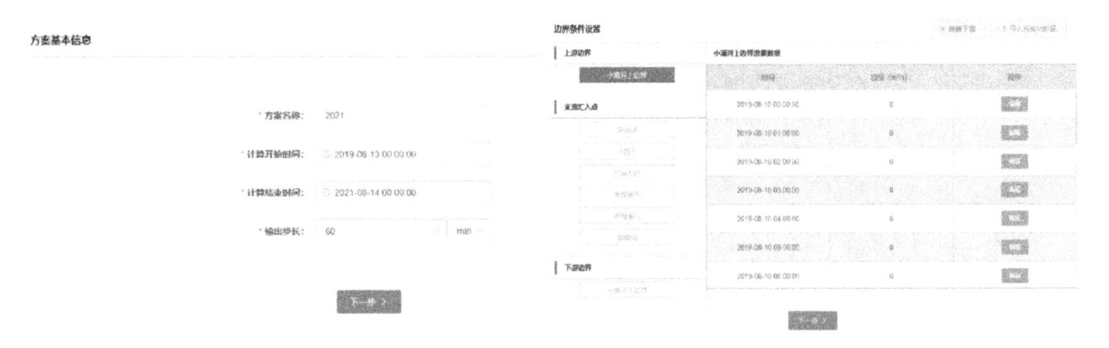

图 9-21 设置方案基本信息与边界条件

图 9-22 调度方案展示

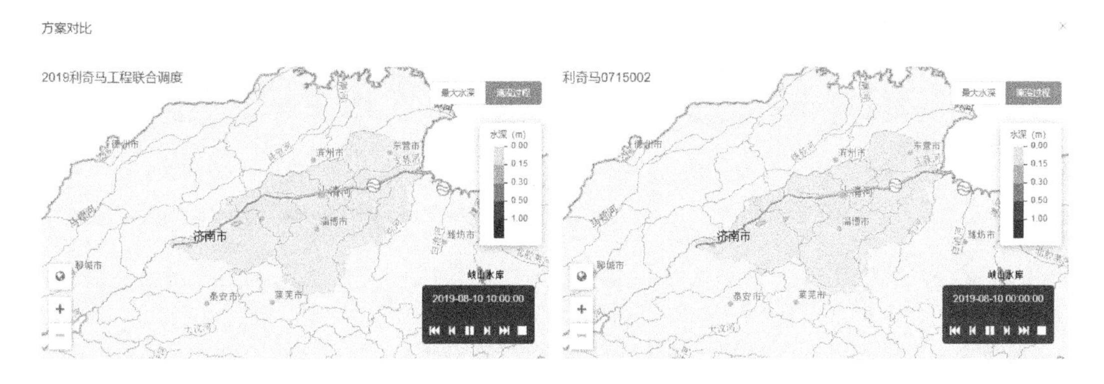

图 9-23　调度方案比较

工程联合调度方案列表：

方案名称	开始时间	结束时间	操作		
123123123312312	2019-08-10 00:00	2019-08-11 00:00	查看方案信息	查看洪水淹没	删除
20211	2019-08-10 00:00	2019-08-11 00:00	查看方案信息	查看洪水淹没	删除
工程联合调度方案	2021-07-09 00:00	2021-07-10 00:00	查看方案信息	查看洪水淹没	删除
321321	2019-06-09 00:00	2019-06-12 00:00	查看方案信息	查看洪水淹没	删除
测试0802001	2021-07-08 10:00	2021-07-09 10:00	查看方案信息	查看洪水淹没	删除
测试0727001	2021-07-08 10:00	2021-07-09 10:00	查看方案信息	查看洪水淹没	删除
2019利奇马工程联合调度	2019-08-10 10:00	2019-08-13 10:00	查看方案信息	查看洪水淹没	删除
利奇马0715002	2019-08-10 10:00	2019-08-13 10:00	查看方案信息	查看洪水淹没	删除
测试0715001	2019-08-10 10:00	2019-08-13 10:00	查看方案信息	查看洪水淹没	删除
调试方案090	2021-06-01 00:00	2021-06-02 00:00	查看方案信息	查看洪水淹没	删除
调试方案23	2021-06-01 00:00	2021-06-02 00:00	查看方案信息	查看洪水淹没	删除
联合调度03	2021-03-01 00:00	2021-03-02 00:00	查看方案信息	查看洪水淹没	删除
工程联合调度	2021-04-01 00:00	2021-04-02 00:00	查看方案信息	查看洪水淹没	删除

图 9-24　调度方案管理

9.5　小结

本章首先介绍了小清河流域概况以及该流域智慧系统建设思路和系统框架。在此基础上，详细说明了洪水预报预警系统的各模块功能，包括防洪形势分析模块、洪水预报调度模块、成果对比模块、成果管理模块及不同分析内容模块等。最后对防洪调度系统各模块功能和一些模型参数设置进行了分析介绍，包括洪水实时计算模块、内涝风险分析模块、水库防洪调度模块、洪水资源化调度模块及水利工程联合调度模块等。

小清河洪水预报预警与防洪调度智能系统以防洪调度业务为核心，以预报、演进、调度、风险分析一体化为重点，以控制性工程、蓄滞湖泊的智能自动化控制为手段，以通信传输网络为载体，以各类基础信息和测报预报数据为支撑，是一个准确高效、实时快速、要素齐全、智能联动的自动化防洪调度指挥系统，全面提升了小清河流域洪水自动化调度指挥能力，促进了流域一体化防洪工程体系的形成。

第10章　典型河道智慧系统示范

10.1　区域概况

黄河宁夏段全长397 km，由峡谷段、库区段和平原段三部分组成，其长度分别为86.1 km、44.1 km和266.8 km。其中，平原段按其特征可分为三个河段：下河沿—仁存渡为非稳定分汊型河段，河床以砂卵石为主，心滩较高，主支汊兴衰消长；仁存渡—头道墩为过渡弯曲型河段，河床为砂质，因河道右岸抗冲能力较强，河岸多为单向侧蚀展宽，边滩发育，大河湾明显；头道墩—石嘴山为游荡型河段，河床为砂质，河槽宽浅，流势散乱，主流摆动不定。平原河段是黄河宁夏段防汛的重点位置。

根据黄河宁夏段防汛、防凌及防洪工程管理工作需求，需结合物联网技术、无人机遥测技术、卫星遥感技术、云存储及计算技术、移动互联技术等先进技术与理念，初步建成集监测设施（包括重点堤段定点安全监测和遥测安全监管）和智能管理软件于一体化的黄河宁夏段堤坝安全监测成套系统，并探索建立适用于黄河宁夏段典型堤坝的防汛安全预警指标体系，形成黄河宁夏段防洪工程智能管理运行维护机制，为全面开展黄河宁夏段堤坝安全监测和防洪工程安全智能管理提供理论和实践指导，以促进宁夏黄河经济带社会经济健康发展。

黄河宁夏段堤坝安全智能管理系统建设内容包括综合监测信息、险情预警信息、日常运维管理、基本信息管理、监测数据接收管理以及安卓版移动平台等，具体内容如下。

10.2　智慧系统框架

智慧系统总体架构如图10-1所示。

1. 堤坝安全监测体系

该体系包括三方面内容：一是充分利用当地已经建成的常规监测，主要包括水雨情监测、已建视频监测和凌情监测，也包括当地结合防汛工作以及河长制管理需求开展的河流、堤坝巡查，这些常规监测手段所收集的堤坝安全信息对于分析堤坝安全具有一定的指导意义；二是结合信息传感技术、信息传输技术，实现对防汛重点堤段、窗口堤段的堤坝安全定点监测，获取包括标准堤防坡面位移、标准堤防试验断面的堤顶水平位移、沉降、浸润线和水位、河道整治工程的表面沉降、入黄主要河流和重点排水沟的视频和水位等成套安全信息，以确保堤坝险情的及时发现和准确预判；三是结合无人机遥测和卫星遥感技术，实现黄河宁夏段的安全巡检。

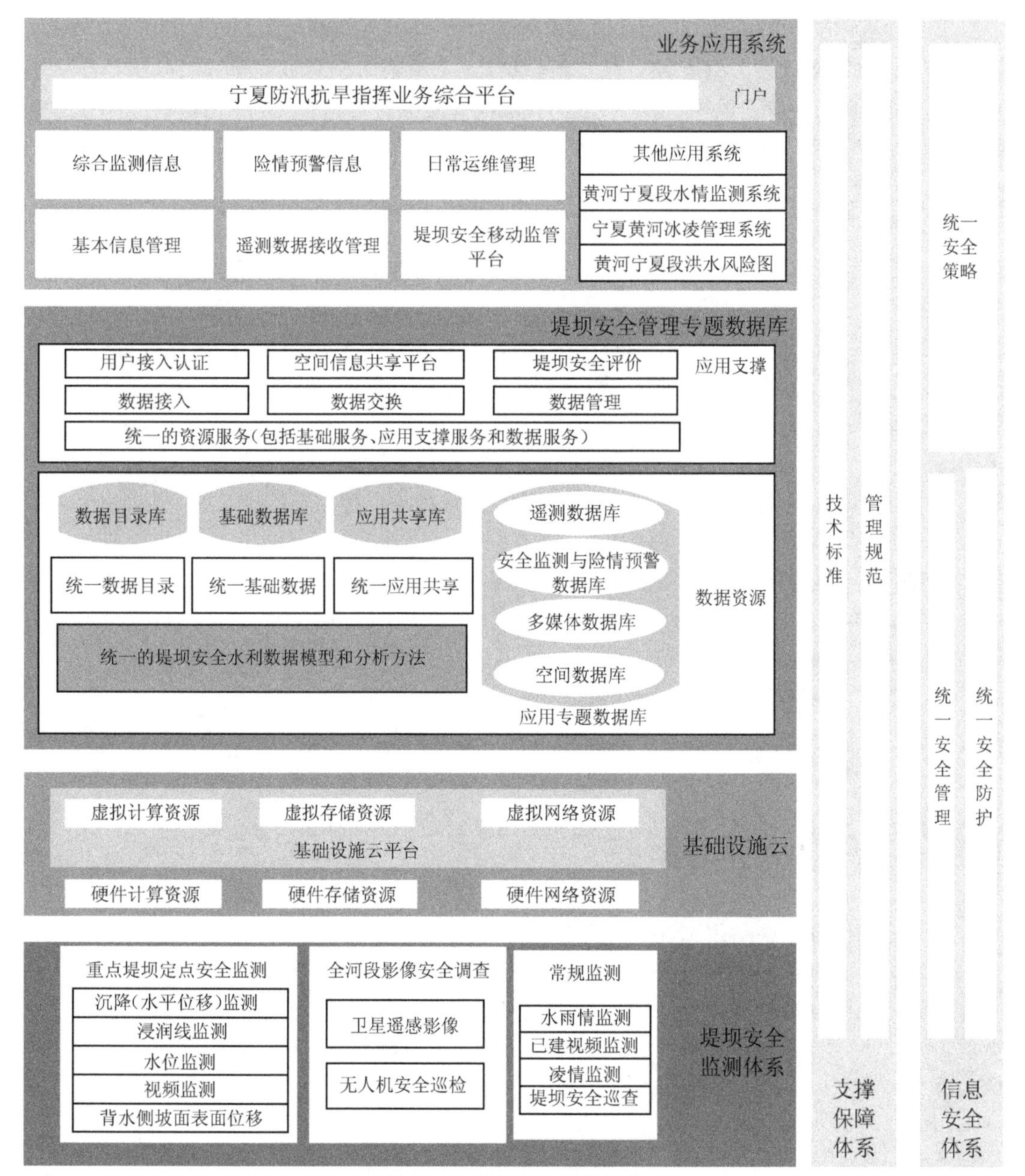

图10-1 智慧系统总体架构

2. 基础设施云

根据水利信息化资源整合共享目标,充分利用自治区“智慧宁夏”电子政务云平台和电子政务外网成果,实现网络互联互通、机房安全统一、计算弹性服务、存储按需分配,为堤坝安全智能管理系统提供建设集约、性能优良的基础支撑。

3. 堤坝安全管理专题数据库

该数据库由两部分组成:一是利用宁夏水利厅构建的水利云数据中心,实现统一用户数据共享目录、统一基础数据、统一应用共享,并根据堤坝安全管理业务需要,构建统一的堤坝安全水利数据模型和分析方法,设计包括遥测数据库、安全监测库、安全险情及处置数据库、多媒体数据库以及空间数据库等专题应用数据库;二是利用宁夏水利厅统一的应用支撑平台,包括GIS、报表工具、全文检索、工作流引擎等具有通用性的第三方产品,对堤坝安全智能管理系统建设形成支撑,作为可复用的系统功能组件,形成统一的数据交换、地图服务和用户管理,然后在此基础上封装可调用的服务,通过服务的调用和再封装等技术,实现各业务应用系统之间的协同。

4. 业务应用系统

该系统可为宁夏水利厅及黄河宁夏段4个地市水利部门提供统一的堤坝安全管理信息服务,提供包括综合监测信息服务、险情预警管理、日常运维管理、基本信息管理、遥测数据接收管理和堤坝安全移动监管平台;实现包括黄河宁夏段水情监测系统、黄河宁夏段二期防洪工程智能管理系统、黄河宁夏段洪水风险图等已建的相关黄河业务管理系统的链接集成,集中部署一套业务应用系统,并通过整合和集成宁夏水利厅统一用户认证接口,采用用户单点登录和分权分域的数据访问控制方法,实现内容聚合和个性化定制等。

5. 支撑保障体系

水利信息化支撑保障条件主要包括建立体制机制、规范资金使用、强化人才培养和完善标准规范等。本项目在利用宁夏水利厅已有的支撑保障体系基础上,结合项目建设形成堤坝安全监测运行维护机制。

6. 信息安全体系

信息安全体系建设是在梳理系统安全需求基础上,制定水利信息安全策略(包括安全目标、原则、要求等),根据安全策略,完善安全管理体系和安全防护体系,保障信息系统安全。

10.3 综合监测信息系统

综合监测信息系统利用WebGIS技术,结合地图、图表、多媒体、声光、时间轴、过程线等多种维度的展示方式,通过空、天、地三种方式实时展现堤坝安全状况,并利用统计分析、趋势分析、关联分析等算法模型对堤坝未来的安全状态进行分析和预测,从而为管理者和工作人员提供科学、合理的数据支撑,主要包括监测预警信息展示、凌情监测信息展示、遥感影像展示以及无人机安全应急巡检信息展示和地图操作等内容。

10.3.1 监测预警信息展示

监测预警信息展示模块主要是以监测断面和测站为组织单元,通过地图和列表的方式展示监测断面和测站的详细信息。其中,监测断面信息主要包括空间位置信息、基本信息、断面内测站的最近监测信息、断面设计图、断面实时安全状态(正常、预警、险情)以及断面内各测站监测指标关联分析等内容;测站信息主要包括测站在监测断面内的位置布局、测站基本信息、实时和历史监测信息、过程线展示、测站实时安全状态(正常、预警)以及测站监测指标的统计分析和趋势分析等内容。

该模块可通过安全状态类型、监测断面类型、测站类型(GPS、沉降、浸润线、水位、坡面位移)、监测时间等筛选条件实现各类信息的查询和详情展示,并利用图表互动功能实现地图和列表信息的联动。同时,通过分析功能实现监测信息的统计、趋势、关联等分析,分析的结果以图表展示。此外,该模块以图层控制的方式展示视频和人工险情信息在地图上的显示与隐藏,并以声光效应反映出现的、未处理完成的监测断面预警、险情及人工上报险情等。

1. 断面监测预警信息展示

以地图、列表和统计图的方式展示监测断面实时安全状态、基本信息、最近监测信息(水位、坡面位移、浸润线、沉降、水平位移、视频)、断面设计图以及监测断面的关联,实现地图和列表的联动。

(1)监测断面实时安全状态展示

监测断面的综合值由该监测断面内所有测站的实时监测值计算得到,当综合值超过预警阈值时,将产生险情,用红色圆圈◉表示;当综合值没有超过预警阈值,但监测断面内有测站预警时,则该监测断面处于预警状态,用橘黄色圆圈◉表示;当监测断面内所有测站都正常时,断面处于安全状态,用绿色圆圈◉表示,如图 10-2 所示。

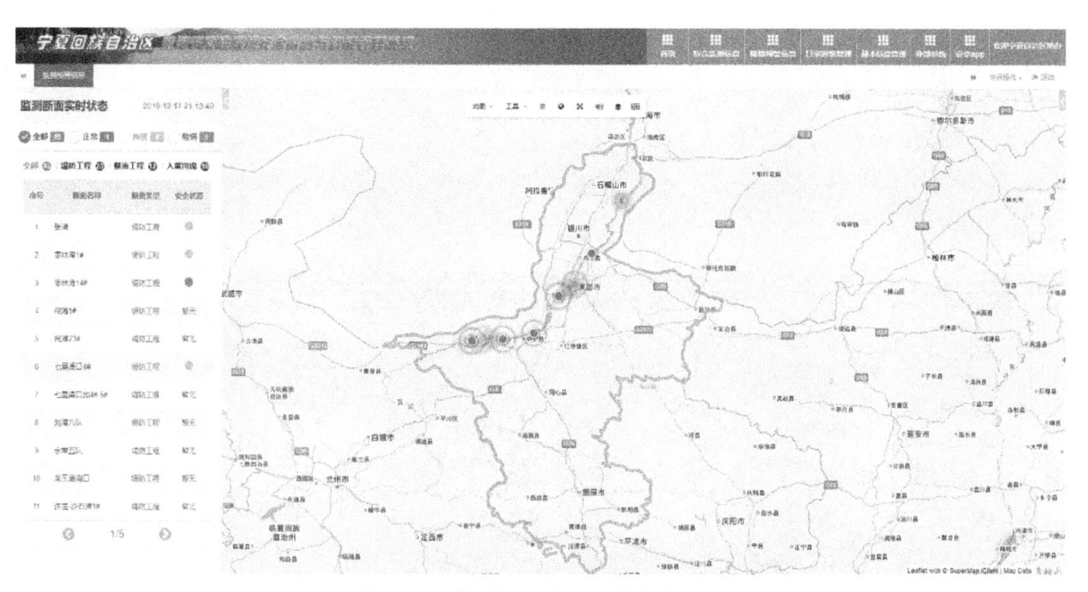

图 10-2　监测断面实时安全状态展示

(2)监测断面基本信息展示

该模块展示监测断面的基本信息,如断面名称、桩号、断面类型、所在行政区、岸别、建设日期、经纬度、断面图片等内容,其中断面图片采用轮播的方式展示,并可以放大,如图 10-3 所示。

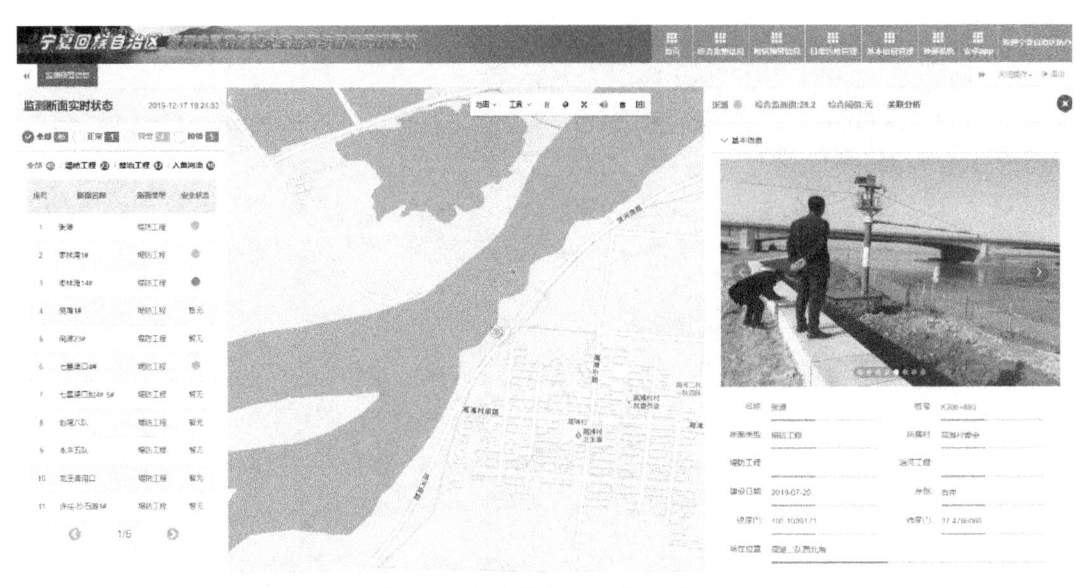

图 10-3 监测断面基本信息展示

（3）监测断面最近监测信息展示

该模块按水位、坡面位移、浸润线、GPS、沉降等测站类型，对监测断面下所有测站的最近监测信息和安全状态进行展示，通过“详情”按钮可进入测站的详细界面，如图 10-4 所示。

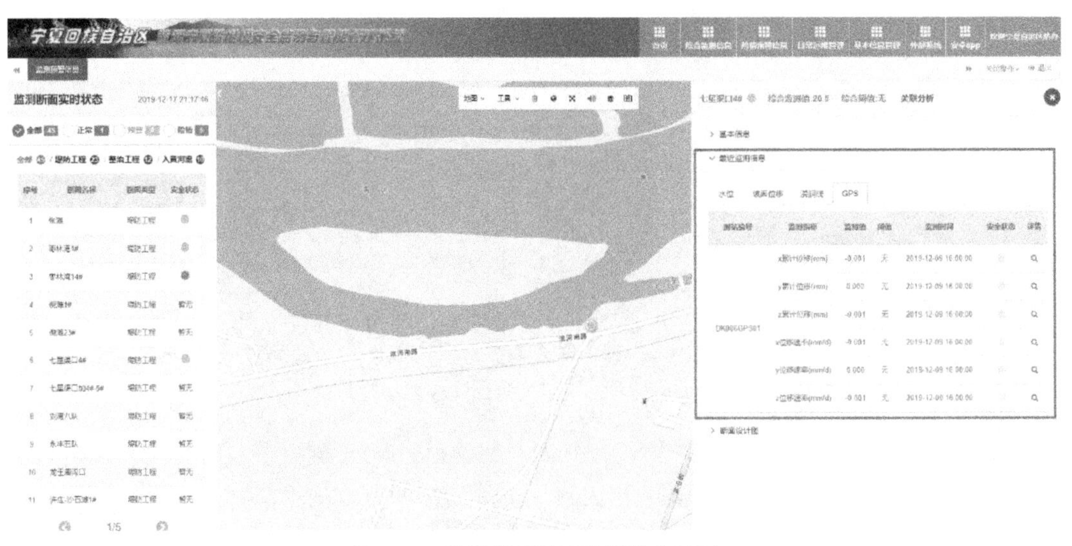

图 10-4 监测断面最近监测信息展示

（4）监测断面设计图展示

该模块以断面设计图的形式展示该监测断面所有测点的布设位置，可通过测点名称进入该测点获得详细信息，并以绿色、橘黄色、红色表示测点的安全状态，其中绿色表示正常，橘黄色表示预警，红色表示险情，如图 10-5 所示。

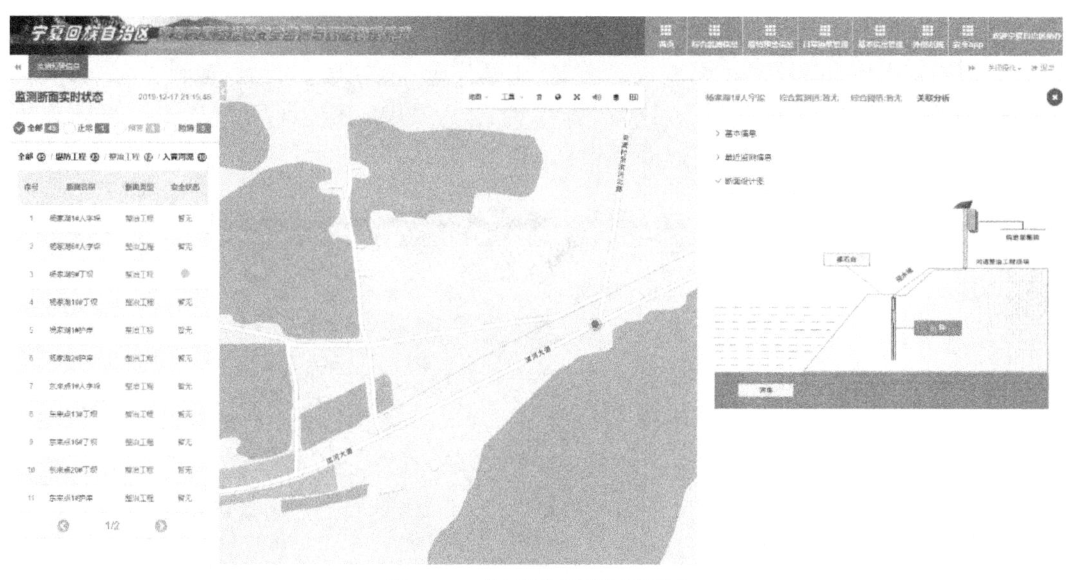

图 10-5　监测断面设计图展示

2. 测站监测预警信息展示

以地图、列表和统计图的方式展示测站实时安全状态、基本信息、历史监测信息(水位、坡面位移、浸润线、沉降、水平位移、视频)、监测数据过程线以及统计分析和趋势分析等信息。

(1)测站实时安全状态展示

测站的安全状态是由测站的实时监测值和预警阈值比较得到的,当实时监测值超过预警值时,则该测站处于预警状态,用橘黄色圆圈◎表示;当实时监测值没有超过预警值时,则该测站处于安全状态,用绿色圆圈◎表示,如图 10-6 所示。

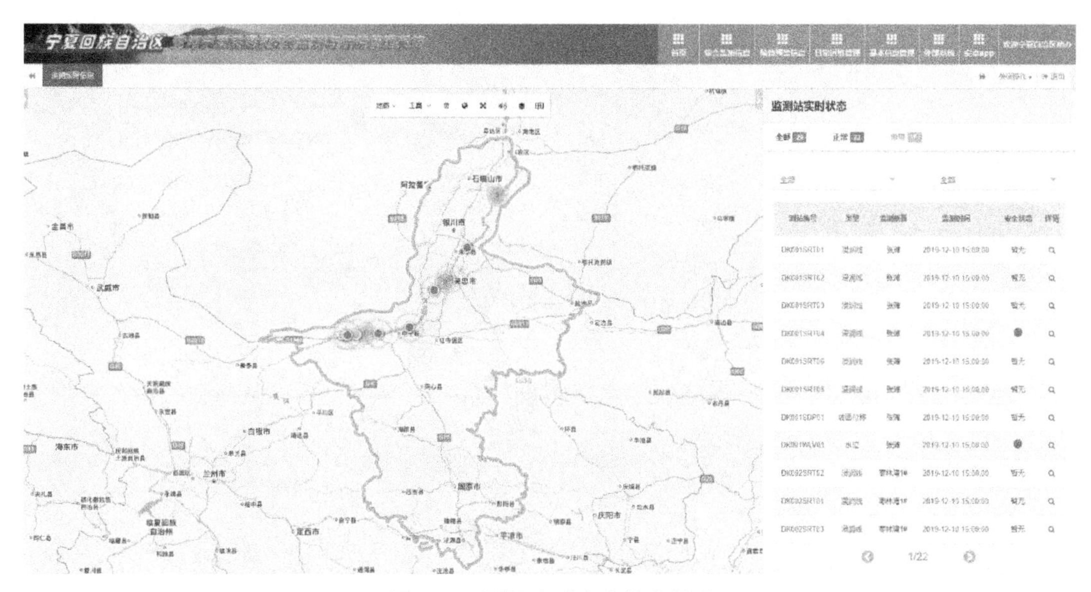

图 10-6　测站实时安全状态展示

（2）测站基本信息展示

测站的基本信息以面板的形式展示，包括测站代码、测站类型、设计高程、断面名称、仪器编码、建设单位、经纬度、测站图片等内容，其中测站图片采用轮播的方式展示，并可以放大，如图10-7所示。

图10-7 测站基本信息展示

（3）测站历史监测信息展示

测站历史监测数据以列表的方式展示，通过“时间”按钮可选择时间段内测站的历史监测信息，并可用Excel表导出选择的历史监测数据，同时过程线和数据联动展示，如图10-8所示。

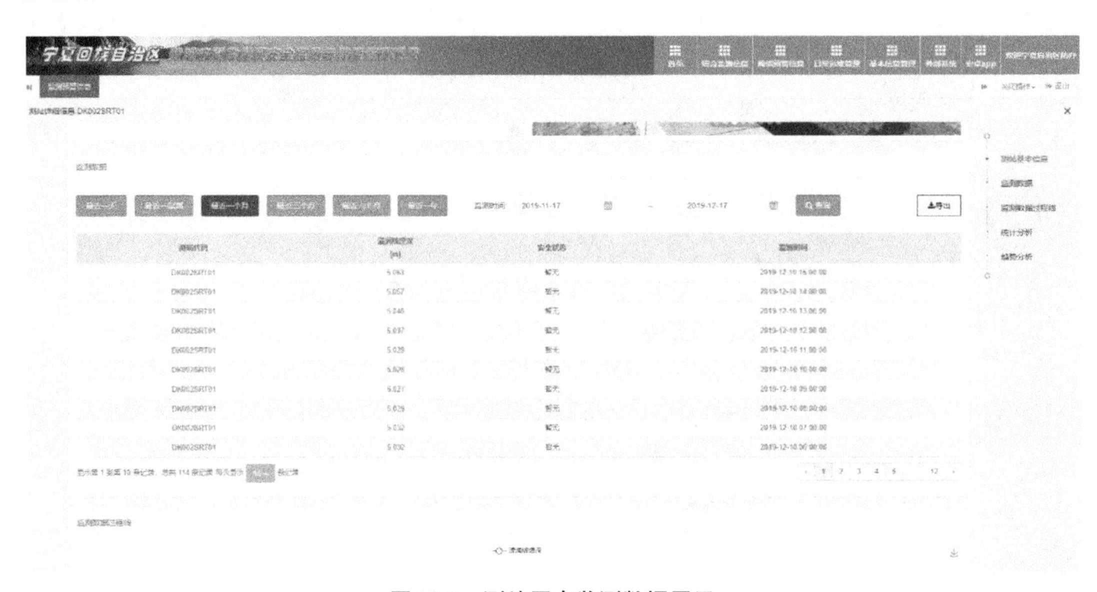

图10-8 测站历史监测数据展示

(4)测站统计分析及趋势分析

测站统计分析功能是对某个时间段内监测指标进行最大值、最小值、极差、平均值、标准差等计算分析;测站趋势分析功能是根据测站的历史监测数据,利用 GM(1, 1)模型进行预测,最多可以预测 5 期,如图 10-9 所示。

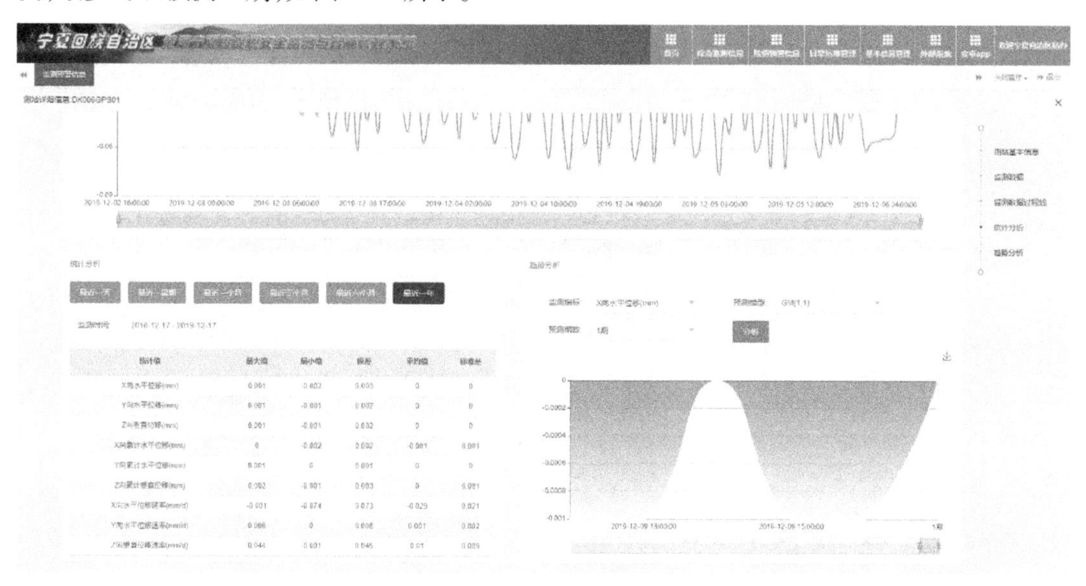

图 10-9　测站统计分析和趋势分析

(5)GPS 监测预警信息

GPS 监测数据主要包括 X 向水平位移、Y 向水平位移、Z 向垂直位移、X 向累计水平位移、Y 向累计水平位移、Z 向累计垂直位移、X 向水平位移速率、Y 向水平位移速率、Z 向垂直位移速率,如图 10-10 和图 10-11 所示。监测值有正负之分,其中 X 正向垂直于堤防纵断面,并朝向背水侧;Y 正向平行于堤防纵断面,并朝向黄河下游;Z 正向垂直于堤防面向上。系统中用橘黄色箭头 表示堤防下沉(Z 为负值),用绿色圆圈表示安全,用橘黄色圆圈 表示预警。

监测数据

最近一天　最近一星期　最近一个月　最近三个月　最近六个月　最近一年　监测时间 2019-11-17 -- 2019-12-17　查询　导出

测站代码	X向水平位移(mm)	Y向水平位移(mm)	Z向垂直位移(mm)	X向累计水平位移(mm)	Y向累计水平位移(mm)	Z向累计垂直位移(mm)	X向水平位移速率(mm/d)	Y向水平位移速率(mm/d)	Z向垂直位移速率(mm/d)	安全状态	监测时间
DK006GPS01	-0.001	0	-0.001	-0.001	0	-0.001	-0.001	0	-0.001	暂无	2019-12-09 16:00:00
DK006GPS01	-0.001	0	0	-0.001	0	0	-0.001	0	0	暂无	2019-12-09 15:00:00
DK006GPS01	0	0	0	-0.001	0	0	-0.003	0	0	暂无	2019-12-09 14:00:00
DK006GPS01	-0.001	0	0	-0.001	0	0	-0.001	0	0	暂无	2019-12-09 13:00:00
DK006GPS01	-0.001	0	0	-0.001	0	0	-0.001	0	0	暂无	2019-12-09 12:00:00
DK006GPS01	0.001	0	0.001	-0.001	0	0.001	-0.048	0	0.013	暂无	2019-12-06 06:00:00
DK006GPS01	-0.001	0	-0.001	-0.002	0	0	-0.05	0	0.011	暂无	2019-12-06 05:00:00
DK006GPS01	0	0	0	-0.001	0	0.001	-0.053	0	0.012	暂无	2019-12-06 04:00:00
DK006GPS01	0	0	0	-0.001	0	0.001	-0.054	0	0.013	暂无	2019-12-06 03:00:00
DK006GPS01	0	0	0.001	-0.001	0	0.001	-0.055	0	0.014	暂无	2019-12-06 02:00:00

显示第 1 到第 10 条记录,总共 161 条记录 每页显示 10 条记录　‹ 1 2 3 4 5 … 17 ›

图 10-10　GPS 历史监测数据

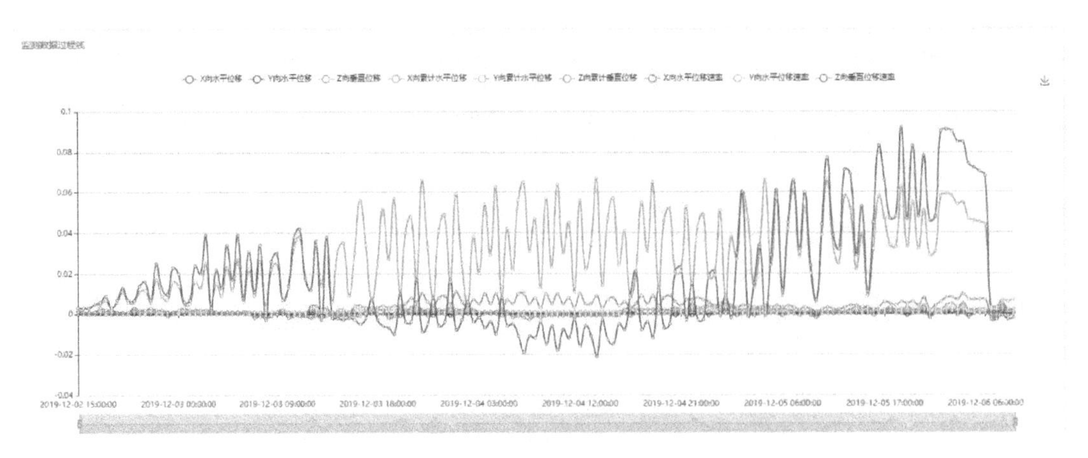

图 10-11　GPS 历史监测数据过程线

(6)沉降监测预警信息

沉降监测数据主要包括沉降量、累计沉降量、沉降速率。系统中用橘黄色箭头 表示堤防下沉,沉降量为负值,用绿色圆圈表示安全,用橘黄色圆圈 表示预警,如图 10-12 所示。

监测数据

最近一天　最近一星期　最近一个月　最近三个月　最近六个月　最近一年　监测时间 2019-11-17 — 2019-12-17　查询　导出

测站代码	沉降量 (mm)	累计沉降量 (mm)	沉降速率 (mm/d)	安全状态	监测时间
CP001SMT01	0.001	0.164	0.158		2019-12-10 15:00:00
CP001SMT01	0	0.163	0.157		2019-12-10 14:00:00
CP001SMT01	-0.001	0.163	0.157		2019-12-10 13:00:00
CP001SMT01	-0.003	0.164	0.331		2019-12-10 12:00:00
CP001SMT01	-0.002	0.167	0.336		2019-12-10 11:00:00
CP001SMT01	-0.003	0.169	0.341		2019-12-10 10:00:00
CP001SMT01	-0.002	0.172	0.346		2019-12-10 09:00:00
CP001SMT01	-0.003	0.174	0.351		2019-12-10 08:00:00
CP001SMT01	-0.002	0.177	0.356		2019-12-10 07:00:00
CP001SMT01	-0.002	0.179	0.36		2019-12-10 06:00:00

显示第 1 到第 10 条记录，总共 116 条记录 每页显示 10 条记录　‹ 1 2 3 4 5 … 12 ›

图 10-12　沉降历史监测数据

(7)浸润线监测预警信息

GPS 监测数据主要为浸润线埋深,当浸润线埋深小于阈值时为异常状态,用橘黄色圆圈 表示,反之用绿色圆圈表示,如图 10-13 所示。

图 10-13　浸润线历史监测数据

（8）坡面位移监测预警信息

背水侧坡面位移监测数据主要包括沉降量、累计沉降量、沉降速率。系统中用橘黄色箭头表示堤防滑坡，沉降量为负值，用绿色圆圈表示安全，用橘黄色圆圈表示预警。

（9）水位监测预警信息

水位监测数据主要包括水位、水位变化速率，用绿色圆圈表示安全，用橘黄色圆圈表示预警，如图 10-14 所示。

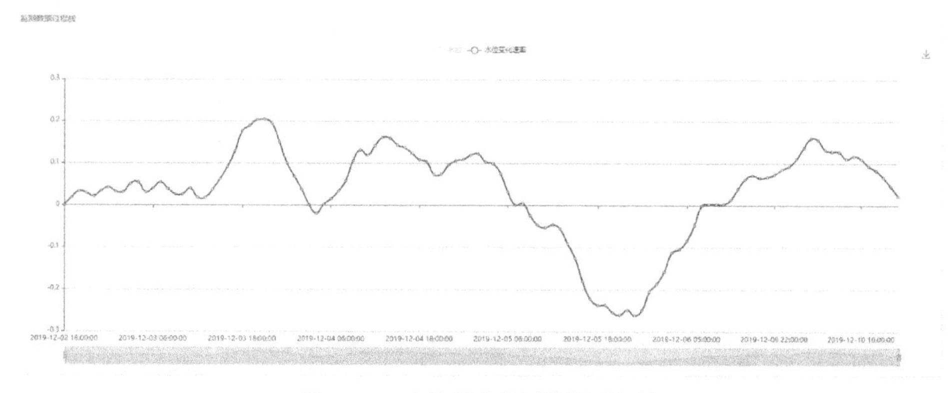

图 10-14　水位历史监测数据过程线

（10）视频监控信息

视频监控信息主要包括实时视频监控和历史监控图片，每隔半小时获取一张图片。

10.3.2　凌情监测信息展示

凌情监测信息展示模块主要是实现冰凌信息、封河信息、开河信息、冰坝信息、防凌薄弱部位等内容的查询展示，根据项目需求以及宁夏水利厅信息系统现状，本系统将对原宁夏黄河冰凌信息管理系统的“凌情系统展示”模块进行集成，实现凌情信息的查询展示。

10.3.3　遥感影像展示

遥感影像可以辅助工作人员从宏观的角度，定期查看黄河宁夏段堤坝安全信息，遥感影像展示平台则是基于 WebGL 技术和时间轴展示的方式对上传的遥感影像进行时序展示和轮播,同时可通过时间控件、添加控件、删除控件以及复位控件对遥感影像进行选择展示、添加、删除以及复位等操作。

①展示功能:采用时间轴轮播的方式展示遥感影像;通过时间轴上的“时间”按钮选择要展示的影像;通过“播放”和“暂停”按钮实现影像的向前展示、向后展示以及轮播的暂停等功能。

②时间控件:根据时间控件,选择要展示的遥感影像。

③影像添加功能:按照给定的影像服务格式,添加 SuperMap iServer 已发布的遥感影像 REST 服务,然后在平台上进行展示。

④影像删除功能:删除当前展示的遥感影像。

10.3.4 无人机安全应急巡查信息展示

无人机由于具有调度机动灵活、云下作业、低成本、载荷多样、数据精度高等特点,可在一定程度上代替工作人员进行防汛抗旱救灾应急状况和灾情收集救援工作,通过收集高清照片和影像,了解河道运行状况、变化趋势以及危及范围。

无人机安全应急巡查信息展示模块是以巡查事件为组织单元对无人机安全应急巡查的图片和视频信息进行上报和管理,并以地图和列表的方式进行展示,主要包括最近巡查信息、巡查管理、巡查上报等内容,其中巡查的航拍图片可以在地图上进行定位展示。

1. 最近巡检信息

以地图和列表的方式展示各巡检单位最近的巡检信息,巡检信息包括巡检单位、巡查记录等文字信息、图片信息以及视频信息,其中巡查图片在地图上根据经纬度展示。

2. 巡查管理

以地图和列表的方式对各巡查单位的巡查事件信息进行展示,并可对巡查事件进行查询、查看、修改、删除等操作,如图 10-15 所示。

图 10-15 巡查管理

3. 巡查上报

对无人机巡查信息进行上报,上报的内容包括事件名称、巡查时间、巡查单位、负责人员、起始位置、终止位置、巡查内容记录、巡查图片、巡查视频等信息。

10.3.5　地图操作

1. 地图切换

对行政区划图、遥感影像图、DEM 图进行切换展示，默认展示行政区划图，地图缩放级别为 7~16 级，如图 10-16 所示。

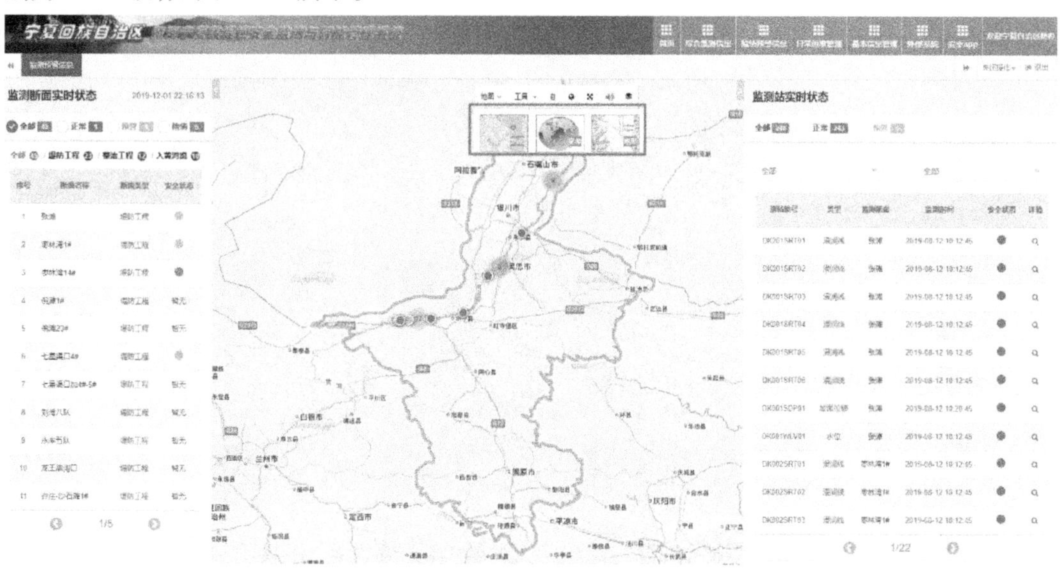

图 10-16　行政区划图

2. 地图工具

可在地图上进行测距、测面积、放大和缩小，以及对测距和测面积的结果进行删除，将地图全屏或恢复到初始设置状态，如图 10-17 所示。

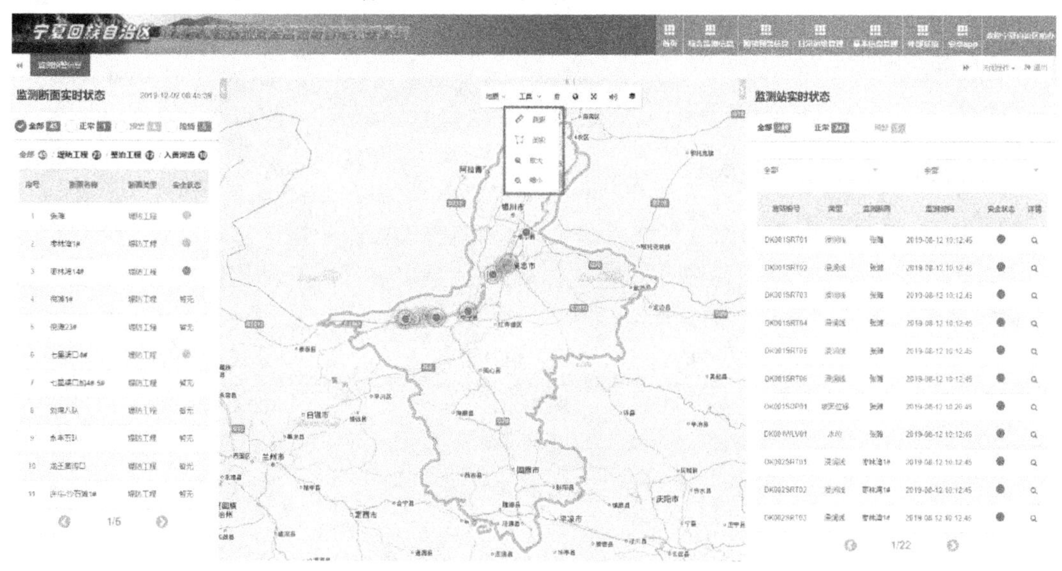

图 10-17　地图工具栏

3. 三维展示

采用 Cesium 技术,以三维地图形式展示地图要素,如图 10-18 所示。

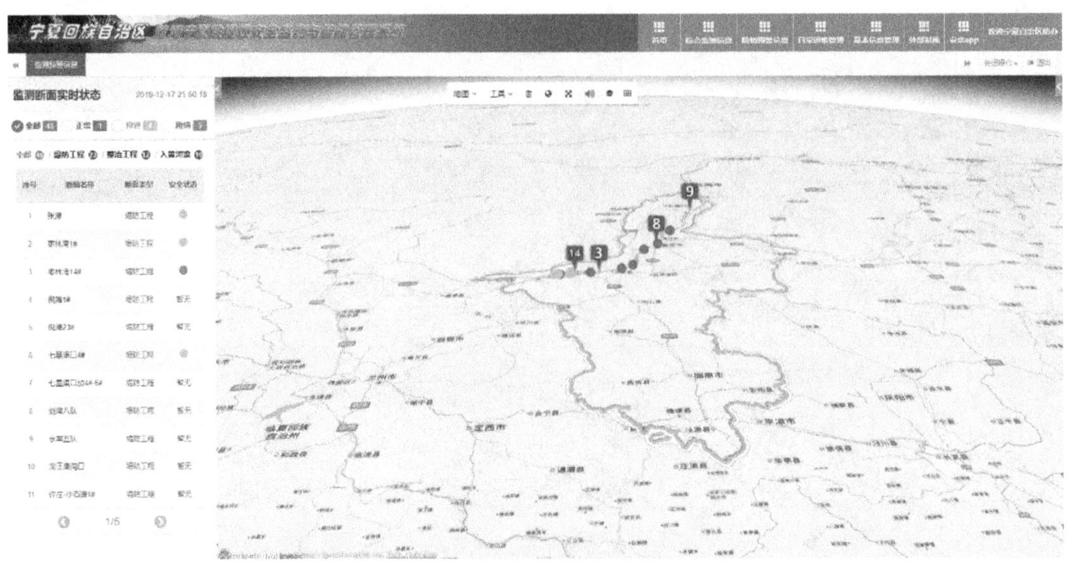

图 10-18　三维展示

10.4　险情预警信息系统

险情预警信息系统能够实现对监测断面出现的预警信息、险情信息、人工上报险情信息等进行会商、处置、修改、查看、删除等,并依据黄河宁夏段堤坝沉降预警指标及其定量分析结果为每个测站动态配置预警阈值和监测断面的综合阈值,从而为堤坝监测断面的安全状况提供判别标准,此外还能够通过 PC 端进行堤坝险情的人工上报以及提供险情会商、处置时所需的险情预案管理,主要包括险情预警管理、人工险情上报、险情阈值配置以及险情预案管理等。

10.4.1　险情预警管理

险情预警管理模块是对出现的测站预警信息、监测断面的险情信息以及人工上报的险情信息进行集中管理。其中,测站预警信息界面包括预警信息的展示、查看、查询和统计等内容;监测断面的险情信息界面包括监测断面险情信息的会商、处置、查看、查询和统计等内容;人工上报的险情信息界面包括人工上报堤坝险情信息的会商、处置、修改、查看、查询、删除和统计等内容。监测断面险情和人工上报险情需要相关水利部门进行会商处理,险情状态包括未处理、处理中、已处理三种状态。其中,未处理和已处理的险情会在“监测预警信息”中展示,处理完成后,险情信息会在“监测预警信息”中消失。

1. 预警信息管理

对获取的预警信息进行查询展示和统计展示,列表和统计图联动,如图 10-19 所示。

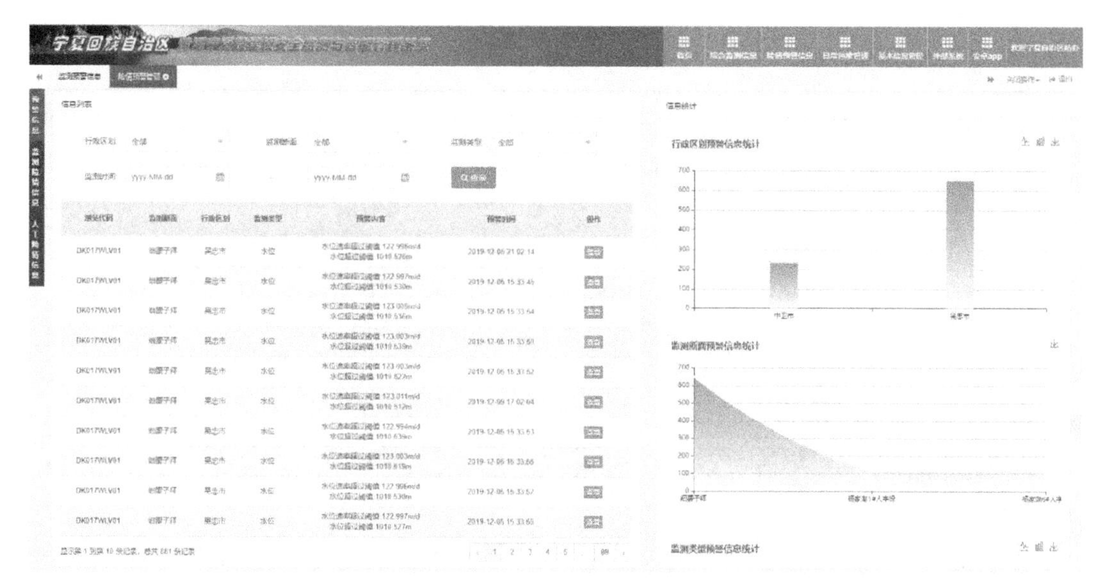

图 10-19　预警信息管理

2. 监测险情信息管理

对监测险情信息进行查询展示、会商、处置及统计。

(1)险情查询展示

险情查询展示是用列表方式展示查询的监测断面险情信息,查询的条件为行政区划、监测断面、监测类型、监测时间等。

(2)险情会商

险情会商内容包括会商内容、人员、概述、险情预案、会商照片、会商结果方案等信息,保存会商信息后,险情状态变为“处理中”。

(3)险情处置

上传险情的处置信息包括处置内容、人员、处置说明、处置照片、处置视频、处置方案等内容。点击“暂存”,险情状态变为“处理中”;点击“处理完成”,险情状态变为“已处理”。

(4)险情统计

险情统计信息是按险情处理状态、行政区划、监测类型、监测断面、监测时间等类型进行险情信息统计,以直方图、面积图、饼状图的方式展示统计结果,且统计图和信息列表动态联动,监测断面险情信息可按年统计,年内险情信息统计可以自选统计年份。

3. 人工上报险情信息管理

对人工上报险情信息进行查询展示、会商、处置和统计,内容基本和监测险情信息管理一样,只是增加了删除和修改功能。

10.4.2　人工险情上报

人工险情上报模块是在 PC 端可对黄河宁夏段发生的险情信息进行填报和上传,填报内容包括险情名称、险情类型、险情等级、险情时间、上报人、联系电话、险情经纬度、险情地址、险情概述以及险情图片和视频等信息。

10.4.3 险情阈值配置

险情预警阈值是在“黄河宁夏段堤坝沉降预警指标及其定量分析”研究成果基础上提出的，用于判断监测断面出现预警和险情信息。通过险情阈值配置模块可对断面的配置状态进行查询和展示，还可实现动态配置各监测断面的综合阈值和断面内各测点监测指标的预警阈值，从而为黄河宁夏段堤坝安全监测预警提供科学依据。

1. 查询展示

查询展示模块用列表方式展示查询的监测断面配置状态，当监测断面没有进行配置时，配置时间为红色，当监测断面配置完成后，显示监测断面的配置时间；查询的筛选条件为行政区划、断面类型，如图 10-20 所示。

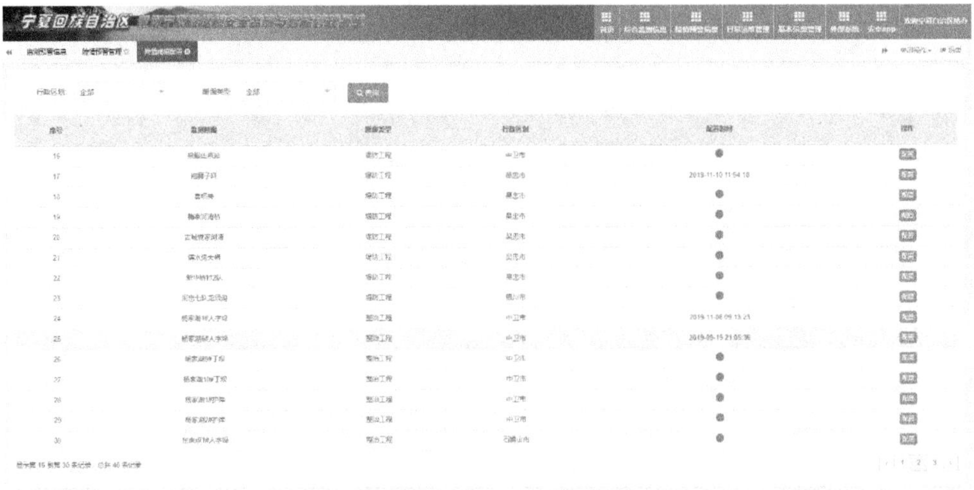

图 10-20 查询展示界面

2. 阈值配置

阈值配置模块可对监测断面综合阈值以及各个测点监测指标进行配置，界面默认是不可编辑形式，不可进行配置或修改，只有进入编辑状态后，阈值配置界面才进入配置状态，如图 10-21 所示。

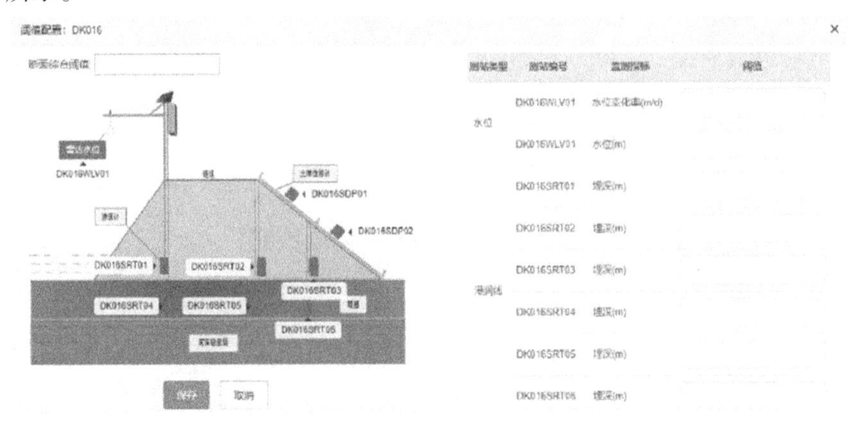

图 10-21 阈值配置展示界面

10.4.4 险情预案管理

险情预案管理模块主要具有以下功能。

1. 查询展示

用列表方式展示查询的险情预案信息，查询的条件为预案名称、编制单位、行政区划、预案类型、预案等级、是否生效、年度等。

2. 预案添加

添加的预案信息包括预案名称、年度、编制日期、预案等级、生效日期、预案类型、编制单位、文档状态、审批单位、审批日期、发布单位、发布日期、险情描述、上传的 PDF 文档等。

3. 详情查看

查看已上传的预案详细信息，包括预案名称、年度、编制日期、预案等级、生效日期、预案类型、编制单位、文档状态、审批单位、审批日期、发布单位、发布日期、险情描述、上传的 PDF 文档等。

4. 预案修改

可修改已上传的预案详细信息，包括预案名称、预案类型、预案对象、上传人、发布时间、预案描述、预案的 PDF 附件等。

5. 预案删除

删除已上传的预案信息，但当预案信息被险情会商调用后，则无法删除。

10.5 基本信息管理系统

基本信息管理系统的功能主要包括人员信息管理、堤防工程管理、断面信息管理、测站信息管理及安全教育信息等。

10.5.1 人员信息管理

人员信息管理模块包括添加、删除、修改、查看、展示和查询等功能。人员的信息主要包括姓名、所属部门、职称、职位、邮箱、电话、图片等内容。

10.5.2 堤防工程管理

堤防工程管理模块对堤防工程进行管理，包括添加、删除、修改、查看、展示和查询等功能。堤防工程属性主要包括堤防名称、起点位置、终点位置、起点桩号、终点桩号、建成时间、岸别、堤防形式、堤防长度、管理部门等内容，如图 10-22 所示。当堤防作为巡检对象时，无法删除。

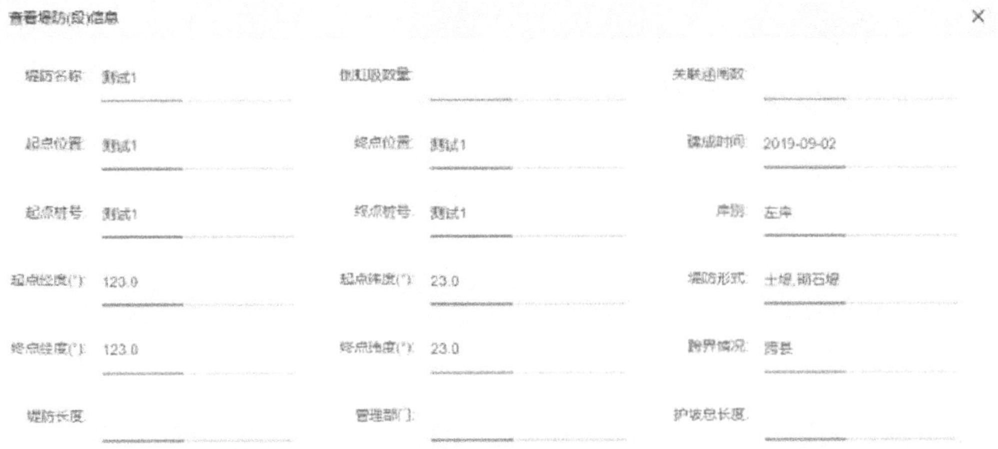

查看堤防(段)信息　　×

堤防名称:	测试1	创建段数量:		关联[illegible]数:	
起点位置:	测试1	终点位置:	测试1	建成时间:	2019-09-02
起点桩号:	测试1	终点桩号:	测试1	岸别:	左岸
起点经度(°):	123.0	起点纬度(°):	23.0	堤防形式:	土堤,砌石堤
终点经度(°):	123.0	终点纬度(°):	23.0	跨界情况:	跨县
堤防长度:		管理部门:		护坡总长度:	

图 10-22　堤防详情展示

10.5.3　断面信息管理

断面信息管理模块包括添加、删除、修改、查看、展示和查询等功能。断面信息主要包括断面名称、桩号、断面类型、行政区划、建设日期、岸别、所在位置、经纬度、断面设计图、断面基础图等内容，如图 10-23 所示。如果断面包含实时监测数据或作为巡检对象，则无法删除。

宁夏回族自治区[illegible]

断面类型 全部　行政区划 全部　岸别 全部　查询

序号	断面代码	断面名称	断面类型	行政区划	建设日期	岸别	所在位置	操作
1	DK001	[illegible]	堤防工程	中卫市	2019-07-29	右岸	[illegible]	
2	DK002	[illegible]1#	堤防工程	中卫市	2019-07-31	右岸	[illegible]	
3	DK003	[illegible]14#	堤防工程	中卫市	2019-08-01	右岸	[illegible]	
4	DK004	[illegible]1#	堤防工程	中卫市	2019-08-04	右岸	中卫黄河大桥[illegible]	
5	DK005	[illegible]23#	堤防工程	中卫市	2019-08-09	右岸	中卫黄河大桥[illegible]	
6	DK006	七星渠口[illegible]	堤防工程	中卫市	2019-08-11	右岸	[illegible]	
7	DK007	七星渠口[illegible]	堤防工程	中卫市	2019-08-13	右岸	[illegible]	
8	DK008	[illegible]八队	堤防工程	中卫市	2019-08-14	右岸	[illegible]	
9	DK009	永丰五队	堤防工程	中卫市	2019-08-14	右岸	[illegible]	
10	DK010	[illegible]	堤防工程	中卫市	2019-08-15	右岸	[illegible]1000米左右	
11	DK011	[illegible]1#	堤防工程	中卫市	2019-08-18	右岸	[illegible]750米左右	
12	DK012	[illegible]25#	堤防工程	中卫市	2019-08-21	右岸	[illegible]750米左右	
13	DK013	[illegible]	堤防工程	中卫市	2019-08-21	右岸	[illegible]	
14	DK014	[illegible]	堤防工程	中卫市	2019-08-22	右岸	[illegible]	
15	DK015	[illegible]	堤防工程	中卫市	2019-08-28	右岸	[illegible]	

显示第 1 到第 15 条记录，总共 45 条记录　　1 2 3

图 10-23　断面信息展示

10.5.4　测站信息管理

测站信息管理模块包括添加、删除、修改、查看、展示和查询等功能。测站信息主要包括所属断面、测站类型、测站等级、管理单位、建设单位、高程基面、建站日期、经纬度、测站基础图等内容，如图 10-24 所示。如果测站含有实时监测信息，则无法删除。

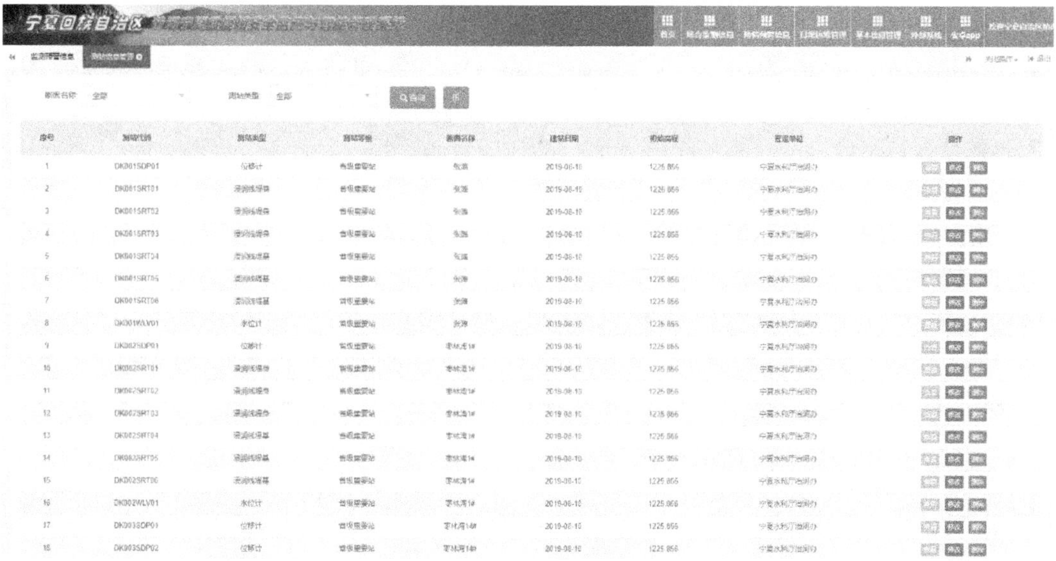

图 10-24　测站信息展示

10.5.5　安全教育信息

安全教育信息模块主要对水利安全相关科普知识进行展示、查询、添加、删除、修改等管理。

10.6　遥测数据接收管理系统

遥测数据接收管理系统主要实现变形（水平位移、沉降、坡面位移）、水位、浸润线等堤坝安全监测要素实时监测信息的接收、解析、入库及监测站点的配置管理等功能，主要包括数据接收、处理、入库管理、监测站配置与控制管理、远程召测等。

10.6.1　数据接收与处理

1. 数据接收

采集现场传感器获取的原始报文，包括 GPS 导航电文，渗压计频率、电阻、温度，土体位移计频率、电阻、温度，雷达水位计测量到水面的距离以及单点位移计模数、电阻、温度等数据，数据接收模块主要在后台运行，如图 10-25 所示。

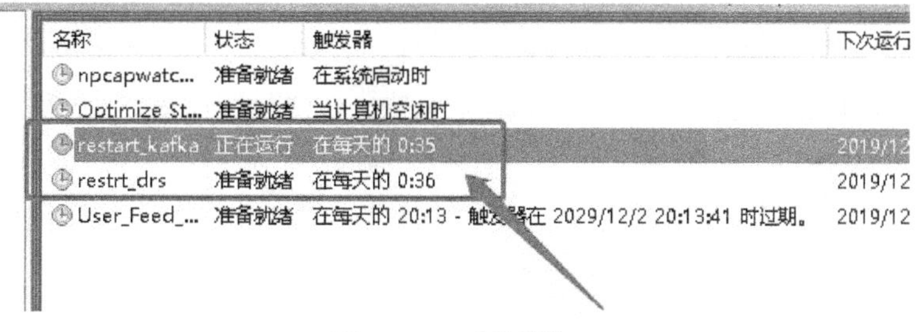

图 10-25　采集服务

2. 数据处理

利用指定的公式算法，对 GPS 导航电文，渗压计频率、电阻、温度，土体位移计频率、电阻、温度，雷达水位计测量到水面的距离以及单点位移计模数、电阻、温度等数据进行计算处理，生成具有特定含义的业务监测数据值，方便业务人员理解。

3. 数据入库

数据入库是指把由现场传感器获取的原始报文数据和生成具有特定含义的业务监测数据值保存到数据库中，并在遥感数据接收管理平台上进行可视化展示，展示的方式是列表和过程线。其中，开始界面中展示的是最新监测数据，详情界面中展示的是历史监测数据，可以通过设置条件筛选展示。此外，原始报文数据和处理后生成的监测数据都可以用 Excel 表下载到本地。

10.6.2 监测站配置与控制管理

1. 采集终端配置

在添加采集终端时，需对采集终端的属性信息进行配置，主要包括所属工程、采集仪类型、采集仪 ID、采集仪名称、采集仪通道数、数据采集方式（间隔采集、定点采集）、数据发送方式（间隔发送、定点发送）、工作模式等信息。

2. 采集终端管理

利用遥测数据接收管理平台，对采集终端进行删除和配置修改等操作，同时对修改后的配置信息可入库和读取。

3. 测站配置

当采集终端添加配置完成后，在采集终端的子界面上添加配置测站信息，包括所属工程名称、所属采集终端、测站使用采集终端的通道号、测站使用的传感器名称、出厂编号、厂家、传感器类型、仪器型号、激励类型、监测物理量、计算公式、公式参数等信息。

4. 测站管理

利用遥测数据接收管理平台，在采集终端子界面下对所包含的测站进行删除和配置修改等操作。

10.7 小结

本章详细介绍了黄河宁夏段防洪工程智能建设与管理系统中的综合监测信息子系统、险情预警信息子系统、基本信息管理子系统及遥测数据接收管理子系统等的内容和功能。该堤坝安全智能管理系统的建设将促进黄河宁夏段重点城市各级水利部门之间堤坝安全管理以及整个区域防汛工作的互联互通和信息共享，使各级部门能够及时掌握区域水利工程险情信息及其发展趋势，提高各级各部门之间的应急联动，提升综合防灾减灾能力，提高堤坝险工科学管理水平；同时系统的公众服务功能也彰显了宁夏水利部门响应国家号召，促进相关部门从管理型职能向服务型职能转变。

参考文献

[1] 中华人民共和国水利部. 关于推进智慧水利建设的指导意见和实施方案[J]. 水利建设与管理,2022,42(1):5.

[2] 中华人民共和国水利部. 智慧水利建设顶层设计[Z]. 2021.

[3] 中华人民共和国水利部. "十四五"智慧水利建设规划[Z]. 2021.

[4] 中华人民共和国水利部. 关于大力推进智慧水利建设的指导意见[Z]. 2021.

[5] 中华人民共和国水利部. "十四五"期间推进智慧水利建设实施方案[Z]. 2021.

[6] 中华人民共和国水利部. 数字孪生流域建设技术大纲[Z]. 2022.

[7] 中华人民共和国水利部. 加快推进智慧水利的指导意见[Z]. 2019.

[8] 中华人民共和国水利部. 智慧水利总体方案[Z]. 2019.

[9] 钟登华,时梦楠,崔博,等. 大坝智能建设研究进展[J]. 水利学报,2019,50(1):38-52,61.

[10] 钟登华,王飞,吴斌平,等. 从数字大坝到智慧大坝[J]. 水力发电学报,2015,34(10):1-13.

[11] 钟登华,宋洋. 大型水利工程三维可视化仿真方法研究[J]. 计算机辅助设计与图形学学报,2004(1):121-127,154.

[12] 苑希民. 宁夏黄河防洪工程智能建设与管理系统项目成果报告[R]. 天津大学,2017.

[13] 苑希民. 黄河宁夏段堤坝安全监测与智能管理系统成果报告[R]. 天津大学,2019.

[14] 蔡阳,成建国,曾焱,等. 加快构建具有"四预"功能的智慧水利体系[J]. 中国水利,2021(20):2-5.

[15] 苑希民. 广西左江治旱驮英水库及灌区工程综合管理信息系统项目成果报告[R]. 天津大学,2021.

[16] 冶运涛,蒋云钟,梁犁丽,等. 数字孪生流域:未来流域治理管理的新基建新范式[J]. 水科学进展,2022,33(5):683-704.

[17] 王忠静,王光谦,王建华,等. 基于水联网及智慧水利提高水资源效能[J]. 水利水电技术,2013,44(1):1-6.

[18] 苑希民. 黄河宁夏段二期防洪工程设计优化与智能监管关键技术[Z]. 宁夏回族自治区,宁夏回族自治区水旱灾害防御中心,2020.

[19] 冶运涛. 智慧水利大数据理论与方法[M]. 北京:科学出版社, 2020.

[20] 刘昌军,吕娟,任明磊,等. 数字孪生淮河流域智慧防洪体系研究与实践[J]. 中国防汛抗旱,2022,32(1):47-53.

[21] 苑希民. 大型水库及灌区智能调控与施工在线监控技术[Z]. 广西壮族自治区,崇左市左江治旱工程管理中心,2022.

[22] 蒋云钟,冶运涛,赵红莉. 智慧水利大数据内涵特征、基础架构和标准体系研究[J]. 水利信息化,2019(4):6-19.

[23] 苑希民, 李鸿雁, 刘树坤, 等. 人工神经网络与遗传算法在水科学领域的应用[M]. 北

京：中国水利水电出版社，2002.
[24] 蒋云钟，刘家宏，梅超，等. 智慧水利 DIS 体系构建研究与展望[J]. 中国水利水电科学研究院学报（中英文），2022，20（6）：492-496.
[25] 苑希民，练继亮，刘业森. 重大防汛应急决策三维电子沙盘关键技术及应用[M]. 北京：中国水利水电出版社，2020.
[26] 张万顺，王浩. 流域水环境水生态智慧化管理云平台及应用[J]. 水利学报，2021，52（2）：142-149.
[27] 苑希民，刘树坤，陈浩. 基于人工神经网络的多泥沙洪水预报[J]. 水科学进展，1999，10（4）：393-398.
[28] 李文学，寇怀忠. 关于建设数字孪生黄河的思考[J]. 中国防汛抗旱，2022，32（2）：27-31.
[29] 陈胜，刘昌军，李京兵，等. 防洪"四预"数字孪生技术及应用研究[J]. 中国防汛抗旱，2022，32（6）：1-5，14.
[30] 李文正. 数字孪生流域系统架构及关键技术研究[J]. 中国水利，2022（9）：25-29.
[31] 苑希民，韩超，徐浩田，等. 基于分形理论与 SVM 的河冰高分遥感影像智能识别方法研究[J]. 自然灾害学报，2021，30（2）：117-126.
[32] 陈文龙，宋利祥，邢领航，等. 一维-二维耦合的防洪保护区洪水演进数学模型[J]. 水科学进展，2014，25（6）：848-855.
[33] 田福昌，张兴源，苑希民. 溃堤山洪淹没风险评估水动力耦合模型及应用[J]. 水资源与水工程学报，2018，29（4）：127-131.
[34] 苑希民，田福昌. 宁夏黄河防洪保护区洪水分析与风险图编制研究[M]. 北京：中国水利水电出版社，2016.
[35] 刘苏峡，刘昌明，赵卫民. 无测站流域水文预测（PUB）的研究方法[J]. 地理科学进展，2010，29（11）：1333-1339.
[36] 苑希民，王亚东，田福昌. 溃漫堤洪水多维耦联数值模型及应用[J]. 天津大学学报（自然科学与工程技术版），2018，51（7）：675-683.
[37] 赵建世，王忠静，翁文斌. 水资源复杂适应配置系统的理论与模型[J]. 地理学报，2002（6）：639-647.
[38] 苑希民，曾勇红，王秀杰，等. 防洪减灾与地理信息系统应用[M]. 天津：天津大学出版社，2019.
[39] 滕振敏，苑希民，田福昌. 广西左江治旱工程综合监测预警与智能调控信息系统研发[J]. 中国水利，2022（21）：81-84.
[40] 李鸿雁，刘寒冰，苑希民，等. 提高人工神经网络洪水峰值预报精度的研究[J]. 自然灾害学报，2002（1）：57-61.
[41] 金菊良，陈鹏飞，陈梦璐，等. 水文水资源学家陈守煜先生学术研究的知识图谱分析[J]. 水利学报，2019，50（10）：1282-1290.
[42] 苑希民，李鸿雁. 人工神经网络与遗传算法在河道洪水预报中的应用[J]. 水利发展研究，2002（12）：50-55，58.
[43] 田福昌，苑希民，何立新，等. 寒区河道-堤防-泛区凌汛灾害风险评估防控研究进展[J].

水利学报,2022,53(5):549-559,573.
[44] 苑希民,李达,田福昌,等. 基于 AE-RCNN 的洪水分级智能预报方法研究[J]. 水利学报,2023,54(9):1070-1079.
[45] 黄艳. 数字孪生长江建设关键技术与试点初探[J]. 中国防汛抗旱,2022,32(2):16-26.
[46] 苑希民,薛文宇,冯国娜,等. 溃堤洪水分析的一、二维水动力耦合模型及应用[J]. 水利水电科技进展,2016,36(4):53-58.
[47] 苑希民,薛文宇,冯国娜,等. 基于自然邻点插值计算的溃堤洪水二维模型[J]. 南水北调与水利科技,2016,14(4):14-20.
[48] 智慧水利科技创新发展联盟. 水利遥感与智慧水利探索实践[M]. 北京:中国水利水电出版社, 2019.
[49] 滕振敏. 驮英水库及灌区综合管理信息系统设计与应用[J]. 广西水利水电,2020(6): 1-2,5.
[50] 苑希民, 田福昌, 王丽娜. 漫溃堤洪水联算全二维水动力模型及应用[J]. 水科学进展, 2015, 26(1):83-90.
[51] 苑希民,王小姣,田福昌,等. 旱涝交替下驮英灌区年内水资源优化调控研究[J]. 水资源保护,2023,39(3):8-15.
[52] 王桂平,张巧惠,肖晓春,等. 智慧水利全面感知关键应用技术研究报告[M]. 北京:中国水利水电出版社, 2020.
[53] 徐健,徐坚,魏思奇,等. 区块链技术在智慧水利体系建设中的应用展望[J]. 长江科学院院报,2023,40(4):150-154,163.
[54] 王秀杰, 王丽娜, 田福昌, 等. 基于时空动态耦合的漫滩、溃堤与防洪保护区洪水联算二维模型[J]. 自然灾害学报, 2015(6):57-63.
[55] 陈述,纪勤,陈云,等. 基于知识图谱的智慧水利研究进展[J]. 河海大学学报(自然科学版),2023,51(3):143-153.
[56] 王秀杰,王玲,滕振敏,等.VMD-PSO-LSTM 模型的日径流多步预测[J]. 水利水运工程学报,2023(4):81-90.
[57] 孙健,万毅."十四五"智慧水利建设水资源管理业务应用架构探讨[J]. 中国水利, 2023(11):23-27.
[58] 马瑞,杨爱明,李双平,等. 三维地理信息技术在智慧水利建设中的应用研究[J]. 水利水电快报,2022,43(6):132-136.
[59] 连彬,魏忠诚,赵继军. 智慧水利关键技术与应用研究综述[J]. 水利信息化, 2021(5): 6-18,31.
[60] 高念高. 数字孪生水利工程中的大数据应用初探[J]. 信息技术与标准化, 2023(8): 87-91.
[61] 朱思宇,杨红卫,尹桂平,等. 基于数字孪生的智慧水利框架体系研究[J]. 水利水运工程学报,2023(3):68-74.
[62] 李佰霖. 面向水电站设备检修的虚拟仿真及自动规划方法研究与实践[D]. 武汉:华中科技大学, 2020.

[63] GLAESSGEN E，STARGEL D . The digital twin paradigm for future NASA and U.S. air force vehicles[C]// Aiaa/asme/asce/ahs/asc Structures，Structural Dynamics & Materials Conference Aiaa/asme/ahs Adaptive Structures Conference Aiaa. 2012.
[64] 陈月华，林少喆，赵梦杰. 淮河流域防洪“四预”试点和演练[J]. 中国防汛抗旱，2022，32(2):32-35.
[65] 李琛亮. 永定河“四预”智慧防洪系统建设初探[J]. 中国防汛抗旱，2022,32(3):57-60.
[66] 甘郝新，吴皓楠. 数字孪生珠江流域建设初探[J]. 中国防汛抗旱，2022，32(2):36-39.
[67] 魏玉良. 互联网人物摘要知识图谱构建方法研究[D]. 哈尔滨:哈尔滨工业大学,2020.
[68] 刘峤,李杨,段宏,等. 知识图谱构建技术综述[J]. 计算机研究与发展，2016，53(3)：582-600.
[69] 朱小龙. 地质文本中油气藏特征提取及成藏知识图谱构建研究[D]. 武汉:中国地质大学,2021.
[70] VRANDECIC D，KRTOETZSCH M .Wikidata：a free collaborative knowledgebase[J]. Communications of the Acm，2014，57(10):78-85.
[71] ASHBURNER M，BALL C A，BLAKE J A，et al.Gene ontology：tool for the unification of biology[J].Nature genetics，2000，25(1):25-29.
[72] 樊冰，张联洲，赵志刚,等. 基于大数据驱动的山东水利信息高效管理系统建设研究[J]. 中国水利，2017(10):55-58.
[73] PAULHEIM H，CIMIANO P .Knowledge graph refinement：a survey of approaches and evaluation methods[J].Semantic web，2017，8(3):489-508.
[74] 陈悦,陈超美,刘则渊,等.CiteSpace 知识图谱的方法论功能[J]. 科学研究，2015，33(2):242-253.
[75] 姜云飞,马宁. 一种基于规划知识图的规划识别算法[J]. 软件学报，2002，13(4)：686-692.
[76] RUBEN V，MIEL V S，OLAF H，et al.Triple pattern fragments：a low-cost knowledge graph interface for the Web[J].Journal of web semantics：science，services and agents on the world wide web，2016,37-38(1):184-206.
[77] 徐增林,盛泳潘,贺丽荣,等. 知识图谱技术综述[J]. 电子科技大学学报,2016,45(4)：589-606.
[78] 陈悦,刘则渊,陈劲,等. 科学知识图谱的发展历程[J]. 科学研究,2008(3):449-460.
[79] 官赛萍,靳小龙,贾岩涛,等. 面向知识图谱的知识推理研究进展[J]. 软件学报,2018,29(10):2966-2994.
[80] 陈涛,刘炜,单蓉蓉,等. 知识图谱在数字人文中的应用研究[J]. 中国图书馆学报,2019,45(6):34-49.
[81] 陆锋,余丽,仇培元. 论地理知识图谱[J]. 地球信息科学学报,2017,19(6):723-734.
[82] 马忠贵,倪润宇,余开航. 知识图谱的最新进展、关键技术和挑战[J]. 工程科学学报,2020,42(10):1254-1266.
[83] YOON H G，SONG H J，PARK S B，et al.A translation-based knowledge graph embed-

ding preserving logical property of relations[C]//Proceedings of the 2016 Conference of the North American Chapter of the Association for Computational Linguistics：Human Language Technologies.2016.

[84] 项威. 事件知识图谱构建技术与应用综述[J]. 计算机与现代化,2020(1):10-16.

[85] MONTEIRO S D，MOURA M A .Knowledge graph and "semantization" in cyberspace：a study of contemporary indexes[J].Knowledge organization，2014，41(6):429-439.

[86] 冯钧,徐新,陆佳民. 水利信息知识图谱的构建与应用[J]. 计算机与现代化，2019(9):35-40.

[87] 熊永兰,张志强，Wei Y P,等. 基于科学知识图谱的水文化变迁研究方法探析[J]. 地球科学进展,2014,29(1):92-103.

[88] 赵楠,李万渠,陈燕萍. 基于 BIM 技术的水利工程全生命周期管理研究[J]. 四川水利,2022,43(4):116-121.

[89] 田英,袁勇,张越,等. 水利工程智慧化运行管理探析[J]. 人民长江,2021,52(3):214-218.

[90] 徐健,李国忠,徐坚,等. 智慧水利信息平台设计与实现:以福建省沙县智慧水利信息平台为例[J]. 人民长江,2021,52(1):230-234.

[91] 赵亚永,崔航飞,郑秋灵. 水利工程运维管理系统的应用[J]. 河南科技，2020(19):79-81.

[92] 任寿所,黄国芳,张宗杰. 基于水利水电工程施工阶段的质量管理研究[J]. 科技创新与应用,2020(17):180-181.

[93] 叶磊. 水利工程数字化模型管理平台设计与实现[D]. 杭州:浙江大学,2019.

[94] 王胜军.BIM 4D 虚拟建造在施工进度管理中的应用[J]. 人民黄河，2019，41(3)：145-149.

[95] 赵继伟. 水利工程信息模型理论与应用研究[D]. 北京:中国水利水电科学研究院,2016.

[96] 郑丽娟. 水利水电工程施工安全评价与管理系统研究[D]. 保定:河北农业大学,2015.

[97] 郑霞忠,肖玲,张光飞. 水利水电工程施工安全管理与安全控制[J]. 水电能源科学,2010,28(10):103-104,22.

[98] 吴苏琴. 基于计算机技术的水利工程管理信息化系统研究[D]. 西安:西安理工大学,2010.

[99] 徐俊. 水利工程项目施工成本控制与管理优化研究[D]. 南昌:南昌大学,2009.

[100] 高玉琴,方国华,韩春晖,等. 水利工程管理现代化内涵、目标及内容分析[J]. 三峡大学学报(自然科学版),2009,31(4):45-48,60.

[101] 佟大威. 水电工程施工进度与质量实时控制研究[D]. 天津:天津大学,2009.

[102] 袁永博. 工程项目管理的信息技术研究和系统开发[D]. 大连:大连理工大学,2007.

[103] 尹艳青. 水利工程管理体制模式的研究[D]. 北京:北京工业大学,2006.

[104] 向东. 我国水电工程项目管理模式选择研究[D]. 成都:四川大学,2005.

[105] 王仁钟,章为民,蔡跃波,等. 我国水利工程建设与管理[J]. 水利水电技术,2001(1):31-34.

[106] 左美云,周彬. 实用项目管理与图解[M]. 北京:清华大学出版社,2004.
[107] 李敏,高广利. 水利卫星应急通信网络管理系统的设计与实现[J]. 数字通信世界,2021(4):1-2.
[108] 蓝兰,何亚军,吴创福. 广西水闸工程信息化管理系统初探[J]. 人民珠江,2011,32(4):58-63.
[109] 张玉龙. 2006年上半年制、修订水利水电勘测设计行业标准及相关标准目录[J]. 水利技术监督,2006(5):64-68.
[110] 黄牧涛. 供水自动化监控系统及其数据通信网络设计[J]. 长江科学院院报,2003(6):44-47.
[111] 张绿原,胡露骞,沈启航,等. 水利工程数字孪生技术研究与探索[J]. 中国农村水利水电,2021(11):58-62.
[112] 蒋亚东,石焱文. 数字孪生技术在水利工程运行管理中的应用[J]. 科技通报,2019,35(11):5-9.
[113] 杨林邦. 智慧水利水情监测与预警系统设计与实现[J]. 现代计算机,2022,28(22):80-85.
[114] 曾德山. 智慧水利感知系统通信传输的设计与实现[J]. 数字通信世界,2022(11):32-34,94.
[115] 冯炜桦. 基于物联网技术的新型智慧水利系统研究[J]. 电脑编程技巧与维护,2022(10):119-121.
[116] 李骥. 基于某水系连通工程的智慧水利系统研究[J]. 工程技术研究,2022,7(19):172-174.
[117] 刘满杰,谢津平. 智慧水利创新与实践[M]. 北京:中国水利水电出版社,2020.
[118] 娄保东,张峰,薛逸娇. 智慧水利数字孪生技术应用[M]. 北京:中国水利水电出版社,2021.
[119] 葛英芳,朱勇. 水利信息化基础与智慧水利建设研究[M]. 北京:中国华侨出版社,2021.
[120] 张焱,肖涵,黄佳杰,等. 基于知识图谱和微服务的智慧水利一张图系统实现[J]. 水利信息化,2021(4):17-21.
[121] 徐文辉,刘春林. 新时代基于物联网技术的智慧水利信息化系统研究[J]. 信息技术与信息化,2020(4):200-201.
[122] 张臻,高正,张鹏,等. 智慧水利关键技术及系统设计[J]. 浙江水利科技,2019,47(4):66-70.
[123] 吴丹,安方辉. 基于物联网技术的智慧水利系统研究[J]. 科技创新与应用,2019(16):55-56.
[124] 袁园. 基于NB-IoT技术的智慧水利系统[J]. 电子技术与软件工程,2019(1):252.
[125] 孙国庆,陈江天,张文剑,等. 智慧水利水闸系统设计与实现[J]. 物联网技术,2017,7(10):97-98.
[126] 黄凤岗. 基于物联网的智慧水利工程信息管理系统[J]. 中国水能及电气化,2013(7):

47-50.
[127] 芮晓玲,吴一凡. 基于物联网技术的智慧水利系统[J]. 计算机系统应用,2012,21(6):161-163,156.
[128] 李鸿雁,侯光明. 提高洪水智能预报中洪峰预报精度方法的研究[J]. 自然灾害学报,2004(4):128-134.
[129] 张海亮. 洪水智能预报方法与系统研究[D]. 咸阳:西北农林科技大学,2006.
[130] 王春平,王金生,梁团豪. 人工智能在洪水预报中的应用[J]. 水力发电,2005(9):12-15.
[131] 刘郁. 不同水文模型在干旱及半干旱地区适用性研究[D]. 邯郸:河北工程大学,2016.
[132] LIU C, WANG G. The estimation of small-watershed peak flows in China[J].Water resources research,1980,16(5):881-886.
[133] GOSWAMI M, O'CONNOR K M, BHATTARAI K P. Development of regionalisation procedures using a multi-model approach for flow simulation in an ungauged catchment[J]. Journal of hydrology,2006,333(2):517-531.
[134] 庄广树. 基于地貌参数法的无资料地区洪水预报研究[J]. 水文,2011,31(5):68-71.
[135] TOKAR S A, JOHNSON A P. Rainfall-runoff modeling using artificial neural networks[J]. Journal of hydrologic engineering,1999,4(3):232-239.
[136] SAHA K S, SUJITH K, POKHREL S, et al. Effects of multilayer snow scheme on the simulation of snow: offline Noah and coupled with NCEP CFSv2[J]. Journal of advances in modeling earth systems,2017,9(1):271-290.
[137] SATTARI T M, APAYDIN H, OZTURK F. Flow estimations for the Sohu Stream using artificial neural networks[J]. Environmental earth sciences,2012,66(7):2031-2045.
[138] ALP M, CIGIZOGLU K H. Suspended sediment load simulation by two artificial neural network methods using hydrometeorological data[J]. Environmental modelling and software,2007,22(1):2-13.
[139] SRIDHARAN M. Generalized regression neural network model based estimation of global solar energy using meteorological parameters[J]. Annals of data science, 2023, 10(4):1107-1125.
[140] FRANK B, DAVE W. Bayesian regularization of neural networks[J]. Methods in molecular biology,2008:458.
[141] EL-BAKRY M. Feed forward neural networks modeling for K-P interactions[J]. Chaos, solitons and fractals,2003,18(5):995-1000.
[142] 徐兴亚,方红卫,张岳峰,等. 河道洪水实时概率预报模型与应用[J]. 水科学进展,2015, 26(3):356-364.
[143] 江衍铭, 张建全, 明焱. 集合神经网络的洪水预报[J]. 浙江大学学报(工学版),2016, 50(8):1471-1478.
[144] 王建金, 石朋, 瞿思敏, 等. 与马斯京根汇流模型耦合的 BP 神经网络修正算法[J]. 中国农村水利水电, 2017(1):113-117.

[145] 史良胜,查元源,胡小龙,等. 智慧灌区的架构、理论和方法之初探[J]. 水利学报,2020,51(10):1212-1222.

[146] TICKNOR L J. A Bayesian regularized artificial neural network for stock market forecasting[J]. Expert systems with applications,2013,40(14):5501-5506.

[147] ZHAO J W, LI J D, QIE H T, et al. Predicting flatness of strip tandem cold rolling using a general regression neural network optimized by differential evolution algorithm[J]. The international journal of advanced manufacturing technology,2023,126(7-8):3219-3233.

[148] 齐学斌,黄仲冬,乔冬梅,等. 灌区水资源合理配置研究进展[J]. 水科学进展, 2015, 26(2):287-295.

[149] 李慧伶,王修贵,崔远来,等. 灌区运行状况综合评价的方法研究[J]. 水科学进展,2006,17(4):543-548.

[150] 高占义. 我国灌区建设及管理技术发展成就与展望[J]. 水利学报,2019,50(1):88-96.

[151] 张礼兵,喻海闵,金菊良,等. 基于联系数的大型灌区水资源空间均衡评价与优化调控[J]. 水利学报,2021,52(9):1011-1023.

[152] 付银环,郭萍,方世奇,等. 基于两阶段随机规划方法的灌区水资源优化配置[J]. 农业工程学报,2014,30(5):73-81.

[153] ISLAM M M, LEE G, HETTIWATTE N S. Application of a general regression neural network for health index calculation of power transformers[J]. International journal of electrical power and energy systems,2017,93:308-315.

[154] TURAN E M, YURDUSEV A M. River flow estimation from upstream flow records by artificial intelligence methods[J]. Journal of hydrology,2009,369(1):71-77.

[155] AWCHI A T. River discharges forecasting in northern Iraq using different ann techniques[J]. Water resources management,2014,28(3):801-814.

[156] 陈晓楠,段春青,邱林,等. 基于粒子群的大系统优化模型在灌区水资源优化配置中的应用[J]. 农业工程学报,2008(3):103-106.

[157] 张礼兵,白亚超,金菊良,等. 基于模糊集对分析的灌区水库旱限水位及供水策略优化研究[J]. 水利学报,2022,53(10):1154-1167.

[158] DENG L, YU D. Deep learning: methods and applications[J]. Foundations & trends in signal processing, 2014, 7(3):197-387.

[159] YASEEN Z M, FU M, WANG C, et al. Application of the hybrid artificial neural network coupled with rolling mechanism and grey model algorithms for streamflow forecasting over multiple time horizons[J]. Water resources management, 2018, 32(5):1-17.

[160] 万玉文,苏超,方崇. 灰色预测模型在广西达开水库灌区农业灌溉用水管理中的应用[J]. 节水灌溉,2012(9):58-60,66.

[161] 蔺宝军,张芮,高彦婷,等. 灌区信息化建设发展现状及发展对策规划[J]. 水利技术监督,2019(3):74-75,243.

[162] 王俊,程海云,郭生练,等. 智慧流域水文预报技术研究进展与开发前景[J]. 人民长江,2023,54(8):1-8,59.

[163] YAN D H, WANG H, ZHANG J Y, et al. Construction of an ecological sponge-smart river basins: from changing status to improving capability[J]. Advances in water science, 2017, 28(2):302-310.

[164] 饶小康,马瑞,张力,等.数字孪生驱动的智慧流域平台研究与设计[J].水利水电快报,2022,43(2):117-123.

[165] YE Y T, JIANG Y Z, YANG H H, et al. Smart basin and lts application in integrated management of river basin[J]. Environmental technology and resource utilization II, 2014, 676(1):818-825.

[166] 周蕴,丁瑶,张亚玲.北方地区智慧流域业务应用建设构想[J].水利信息化,2020(3):10-15.

[167] 卢卫,李红石,王明琼.浙江省"智慧流域"建设思路探讨[J].人民长江,2014,45(18):104-107.

[168] ROCKO A B, GREGORY B P. How to build a digital river[J]. Earth-science reviews, 2019, 194(2):283-305.

[169] 张莹,陈赟,王奇.强化"四预"助力太湖流域防汛智慧化[J].中国水利,2022(8):39-40,46.

[170] NTULI N, ABU-MAHFOUZ A .A simple security architecture for smart water management system[J].Procedia computer science, 2016, 83:1164-1169.